Historisches für Führungskräfte

Jan Demas

Haufe Mediengruppe
Freiburg · Berlin · München · Zürich

Bibliografische Information der Deutschen Bibliothek

Die Deutsche Bibliothek verzeichnet diese Publikation in der Deutschen Nationalbibliografie; detaillierte bibliografische Daten sind im Internet über http://dnb.ddb.de abrufbar.

ISBN 3-448-06791-1 Bestell-Nr. 00016-0001

Postanschrift: Postfach, 82142 Planegg
Hausanschrift: Fraunhoferstraße 5, 82152 Planegg
Tel. 089 89517-0, Fax 089 89517-250
Internet: www.haufe.de
E-Mail: online@haufe.de
Redaktion: Agentur Gorus, Eugen und Berlin
Lektorat: Stephan Kilian

Kontakt zum Autor: jd@jan-demas.de

Umschlaggestaltung: Simone Kienle
Satz/Layout: S6-media GmbH, 82166 Gräfelfing
Druck: J.P. Himmer GmbH & Co. KG, 86167 Augsburg

Zur Herstellung der Bücher wird nur alterungsbeständiges Papier verwendet.

Jan Demas · Historisches für Führungskräfte

Für P. K.

Inhaltsverzeichnis

Vorwort

Ein strahlender Sommertag in Berlin. Am frühen Nachmittag bin ich in einem Café am Potsdamer Platz zu einer geschäftlichen Besprechung verabredet. Es ist eines dieser typischen Akquisegespräche. Die Leistungen unseres Beratungsunternehmens hat sich mein potenzieller Kunde längst im Internet angesehen – jetzt will er vor allem wissen, mit wem er es da zu tun bekäme. Umgekehrt möchte ich herausfinden, ob er für eine Beratung überhaupt offen ist und ich mir eine fruchtbare Zusammenarbeit vorstellen kann. Nach der Begrüßung kommen wir schnell auf den Ort zu sprechen, an dem wir uns begegnen. Vor 15 Jahren war hier nur eine riesige Brache, nachdem die Stadt jahrzehntelang von einer Mauer geteilt gewesen war. Aber in den 1920er Jahren pulsierte das Großstadtleben. Der Potsdamer Platz war der verkehrsreichste Platz Europas. Und heute? Die Quirligkeit kehrt zurück, allen Schwarzsehern der Neunzigerjahre zum Trotz, die hier eine Geisterstadt entstehen sahen. Daimler-Chrysler, Sony, Otto Beisheim und andere haben viel investiert. Mein Gegenüber hätte es genauso gemacht. Und bedauert, dass viele Investoren zurzeit so zögerlich und abwartend sind.

Wer etwas bewegen wollte, hat es immer schon schwer gehabt, sage ich. Der Freiherr vom Stein, der große preußische Reformer, wurde überall nur ausgebremst. Einen „Mietlingsgeist", zu dem ein allzuständiger Staat erziehe, beklagte er vor 200 Jahren. Über Stillstand und Werteverfall regte er sich auf. Oder nehmen Sie die großen technischen Innovatoren: Gutenberg, der Erfinder des Buchdrucks, wurde von seinem Investor über den Tisch gezogen. Als Alexander Bell das Telefon erfand, beschrieb es die Presse als netten Gag ohne praktischen Nutzen.

Bald bin ich mit meinem Gegenüber mitten in einem anregenden Gespräch über das, was Menschen immer wieder zu großen Leistungen angetrieben hat, und darüber, ob uns davon heute etwas fehlt oder nicht. Dabei lerne ich sehr viel über die Persönlichkeit meines Gesprächspartners – ohne dass unser Austausch vorschnell zu privat würde. Die Geschichte ist wie ein ferner Spiegel, in dem sich unsere Welt mit einem beruhigenden Sicherheitsabstand betrachten lässt.

In meiner Schulzeit fand ich Geschichte meistens eher langweilig. Vielleicht ist es Ihnen ja ähnlich ergangen? Irgendein Fürst klaut sich irgendein Land von einem anderen Fürsten – und dazu muss man die exakte Jahreszahl kennen. Das war ziemlich unspannend. Interessant wurde es für mich erst, als ich in der Geschichte lauter Parallelen zur heutigen Welt – auch zur heutigen Businesswelt – entdeckt habe. Und nicht nur allgemein Parallelen, sondern auch meine ganz persönlichen Vorlieben und Abneigungen. Menschen, mit deren Lebensweg ich mich positiv identifizieren kann, die mir als Vorbilder Impulse geben, und andere, die für genau das stehen, worüber ich mich gerade wieder einmal ärgere.

Sich mit solchen Parallelen und Affinitäten zu beschäftigen, kann den Horizont beträchtlich erweitern. Es regt zum eigenen Nachdenken an und gibt Anregungen, anderen Leuten Denkanstöße zu geben. Es macht nicht zuletzt auch gelassener gegenüber mancher alltäglichen Kleinkariertheit oder übertriebenen Aufgeregtheit. Denn man weiß ja, was Menschen in früheren Zeiten an Schwierigkeiten bewältigt haben, welches Potenzial also in uns allen steckt. Heute spreche ich sehr oft Historisches an: Beim Smalltalk ebenso wie in Präsentationen und bei Meetings – oder wenn ich einmal schnell eine kleine Glückwunschrede improvisieren muss.

Mit diesem Buch möchte ich Sie einladen, die Geschichte für sich neu zu entdecken. Geben Sie Ihrer täglichen Kommunikation im Business eine besondere, zum Nachdenken anregende Note, indem Sie einmal über Dinge sprechen, die gewesen sind, wenn Sie Dinge meinen, die sind oder kommen sollen. Entdecken Sie Ihre Welt im Vergangenen und seien Sie dabei am besten ganz unbefangen. Was hat Friedrich der Große mit Mergers and Acquisitions zu tun? Gab es für den Staat Israel so etwas wie einen Businessplan? Verstand Seneca etwas von Coaching? Oder Englands Karl II. von Personalführung? Kann man aus dem Lebensweg Erwin Rommels etwas über Wirtschaftsethik lernen? Finden Sie es heraus! Lassen Sie sich ein auf anregende Gedankenspiele, auch wenn einige zunächst etwas ungewöhnlich scheinen.

Mit dem kommentierten Inhaltverzeichnis können Sie sich erst einmal einen Überblick verschaffen, um welche Themen, Ereignisse und Personen es geht. Das Buch ist nach Businessthemen geordnet, zu denen ich für Sie treffende Analogien in der Geschichte gefunden habe. Die einzelnen Kapitel sind immer gleich aufgebaut: Zunächst finden Sie ein paar Stichworte dazu, aus welchem Anlass im Geschäftsleben diese historische Episode für Sie interessant sein könnte. Der erste Absatz fasst dann kurz und präzise die historischen Fakten zusammen, die den Rahmen für die folgende Erzählung bilden. So können Sie diese gleich richtig verorten. Im Anschluss an jede Episode verrate ich Ihnen noch einmal etwas ausführlicher, welche Parallele zur heutigen Businesswelt sich mir persönlich hier aufdrängt. Das ist als Anstoß für Ihre eigenen Überlegungen gedacht – in denen Sie mir manchmal mehr und manchmal weniger zustimmen werden.

Im Anhang des Buches finden Sie ein Personenregister sowie ein Themenverzeichnis, mit dessen Hilfe Sie nach historischen Entsprechungen zu bestimmten Businessthemen suchen können. Auf Fußnoten habe ich um der Lesefreundlichkeit willen bewusst verzichtet. Das Literaturverzeichnis legt dafür die wichtigsten Quellen offen, auf die sich die Darstellung stützt. Sie finden hier auch einige Empfehlungen für eine weiterführende Lektüre zu einzelnen Personen und Ereignissen. Schließlich soll eine Zeittafel Ihnen dabei helfen, die einzelnen Episoden in einen chronologischen Zusammenhang einzuordnen.

Danken möchte ich an dieser Stelle Herrn Stephan Kilian vom Haufe Verlag, der die Idee hatte, „Historisches für Führungskräfte" in Buchform zu bringen, und ganz besonders Oliver Gorus von der Agentur Gorus. Er hat nicht nur als Literaturagent einen richtig guten Deal mit dem Verlag ausgehandelt, sondern auch die Konzeption dieses Buches maßgeblich vorangetrieben und mich beim Schreiben sachkundig und immer mit dem Blick auf den größtmöglichen Nutzen für Sie als Leser unterstützt.

Jetzt bleibt mir nur noch, Ihnen eine Gewinn bringende und geistig anregende Lektüre zu wünschen.

Berlin, im August 2005 — Jan Demas

1

Selbstdarstellung – Friedrich III. von Brandenburg und der Aufstieg Preußens: Selbstbewusstsein von Anfang an. Wer ganz vorne mitspielen will, braucht auch den passenden Auftritt. Der Spott der Etablierten darf Newcomer nicht ausbremsen.

„Wenn ich alles habe, warum soll ich nicht König heißen?“

Am 18. Januar 1701 setzte Kurfürst Friedrich III. von Brandenburg sich und seiner Ehefrau im Königsberger Schloss die Königskrone auf. Von dieser Rangerhöhung, die rückblickend betrachtet das eigentliche Gründungsereignis des Staates Preußen ist, erhoffte sich Friedrich, endlich in der Liga der Großen mitspielen zu können. Bei den Feierlichkeiten wurde denn auch an nichts gespart.

Es kommt nicht allzu oft vor, dass ein politischer Aufbruch zu einem so spiegelbildlichen Geschehen gerinnt wie am 17. Dezember 1700 in Berlin. Der kontinentale Winter lässt die damals beschauliche Residenzstadt an der Spree seinen Eishauch spüren, als vor dem kurfürstlichen Schloss schon in den frühen Morgenstunden eine nie da gewesene Betriebsamkeit um sich greift. Tausende Pferde werden vor Reisekutschen und Gepäckwagen gespannt, bis diese eine nicht enden wollende Kolonne bilden. Am Schluss sind es über 1.800 Wagen, die mit Koffern und Kisten beladen werden, als wolle der gesamte Hofstaat umziehen.

Doch kein Umzug steht an, sondern eine Krönungsfeier, und die wird nach dem Willen des Kurfürsten und künftigen Königs an der Ostsee, im 650 Kilometer nordöstlich von Berlin gelegenen Königsberg, stattfinden. Allein mehr als zweihundert Hofbeamte sollen ihn und seine Frau begleiten und dann Zeugen der prächtigen Zeremonie werden. Drei Kompanien der Garde du Corps und hundert Schweizer sind abkommandiert, um unterwegs für Sicherheit zu sorgen. Der Oberhofzeremonienmeister Johann von Besser wird sich später erinnern, die Reisegesellschaft sei „wegen ihres zu großen Gefolges in vier unterschiedliche Haufen verteilt“ gewesen, wobei „alle zusammen sich an Mannschaft so stark befanden, dass sie außer ihren eigenen Pferden noch bis auf 30.000 Vorspannpferde gebrauchten und nicht anders denn wie vier unterschiedene Kriegsheere daherzogen."

Rund zwei Wochen dauert die Reise, denn nur am Vormittag geht es wirklich voran. An den Nachmittagen und Abenden erholt sich die Gesellschaft von den Strapazen der Fahrt über die schneebedeckten und vereisten Wege – von Straßen kann keine Rede sein – bei üppigen Mahlzeiten, Musik und Tanz. Man hat alles eingepackt, um auch noch in der schneeverwehten Einöde formvollendete Bälle und Bankette veranstalten zu können. Natürlich ist den Bewohnern der Dörfer, durch welche die winterliche Reise führt, das Ereignis im Voraus angekündigt worden, und so versuchen sie sich mit Festschmuck an ihren Häusern gegenseitig zu übertreffen. In einigen Dörfern ist der Durchfahrtsweg mit Tüchern ausgelegt, um den hohen Herrschaften die Ehre zu erweisen und ihnen gleichzeitig eine kleine Verbesserung des Fahrkomforts zu bieten. Am 29. Dezember trifft der Hof schließlich an seinem Ziel ein. Doch wozu überhaupt der ganze Aufwand?

Bei einem Treffen mit dem englischen König hatte man Friedrich einen einfachen Sessel zugewiesen, während sein gekrönter Gesprächspartner die Hände entspannt auf Armlehnen hatte ruhen lassen.

Kurfürst Friedrich III. von Brandenburg war es leid, von niemandem ernst genommen zu werden. Er verfügte zwar dank der Erbschaften seiner Vorgänger über einen Besitz, der in Europa nicht zu übersehen war – Länder vom Niederrhein bis an die Memel –, und dennoch ließen ihn alle spüren, dass ein Kurfürstenhut nun einmal keine Königskrone war. Kürzlich, bei einem Treffen mit dem englischen König Wilhelm III. von Oranien in Kleve, hatte man Friedrich doch tatsächlich einen einfachen Sessel zugewiesen, während sein gekrönter Gesprächspartner die Hände entspannt auf Armlehnen hatte ruhen lassen. Ein kleiner, aber vielsagender Unterschied. Der Kurfürst zog es daraufhin vor, auf seinem Zimmer zu speisen.

Und dann erst die Blamage in Rijswijk! In dem holländischen Ort verhandelten die Mächtigen Europas über einen Friedensschluss im Pfälzischen Krieg. Nun hatten weder dieser Krieg noch die Verhandlungen an sich eine größere Bedeutung, da zu dieser Zeit fast immer irgendein Land über ein anderes herfiel und alle übrigen sich dann einmischten. Dann wurde irgendwann über den Frieden verhandelt – manchmal, während die Kämpfe noch andauerten, und bisweilen, während anderswo schon wieder ein neuer Krieg ausgebrochen war. Wichtig, und zwar sehr wichtig, war einzig, zu denen zu gehören, die die Bedingungen eines Friedensvertrages bestimmten. Und da hatte man den Brandenburgern an dem holländischen Konferenzort gezeigt, wo ihr Platz im europäischen Machtspiel sein sollte. Nämlich bestenfalls am Katzentisch. Brandenburgs Söldner hatten zwar mitgekämpft, aber das war in den Augen einiger schon Ehre genug. Welche weiteren Ansprüche sollte ein Kurfürst haben, der in seiner Hauptstadt bis dato nicht einmal ein zeitgemäß repräsentatives Schloss besaß?

Keine Frage, die Königskrone war die notwendige Voraussetzung, um beim Spiel der Großen und Mächtigen mitmachen zu dürfen. Das hatten auch die lieben Fürstenkollegen längst begriffen und entfalteten entsprechende Aktivitäten: Der bereits erwähnte Wilhelm von Oranien hatte es inzwischen geschafft, sich auf einen Königsthron zu setzen – und ließ es die ehemals Ranggleichen auch prompt spüren. Gleichzeitig spekulierten die Hannoveraner schon auf die Nachfolge Wilhelms auf dem englischen Thron, während August von Sachsen gerade zum König von Polen gewählt worden und damit ebenfalls in die Riege der gekrönten Häupter aufgestiegen war.

Friedrich musste sich also dringend etwas überlegen. Tatsächlich dachte er schon seit Jahren an kaum noch etwas anderes als daran, wie er endlich König werden könnte. Die Sache war bloß nicht so einfach. Auf irgendeinen fremden Thron zu hoffen war schon angesichts der Konkurrenz müßig. So fand der Hohenzoller denn immer mehr Gefallen an dem Gedanken, einfach eines seiner eigenen Länder zu einem Königreich zu machen, um so in die Rolle eines Königs hineinschlüpfen zu können. Diese für damalige europäische Verhältnisse eher abwegige Idee schien dem Kurfürsten aus Berlin – eitel und exaltiert wie er war – nur recht und billig. An seinen Geheimrat Paul von Fuchs schrieb er 1699 in einem Aktenvermerk: „Wenn ich alles habe, was zu der königlichen Würde gehört, auch noch mehr als andere Könige, warum soll ich dann auch nicht trachten, den Namen eines Königs zu erlangen?“ Nun war der Wunsch das eine, die Umsetzung etwas ganz anderes. Wenn sich innerhalb Europas irgendein Kurfürst plötzlich zum König hätte erklären wollen, dann wäre die Reaktion der anderen Könige wohl ziemlich reserviert ausgefallen, getreu dem Motto: Da könnte ja jeder kommen. Ohne diplomatische Anerkennung aber wäre eine Königskrönung wohl kaum eine Rangerhöhung, sondern vielmehr eine einzige Peinlichkeit geworden.

Friedrich tüftelte weiter an einer Lösung für sein Problem, bis er irgendwann den richtigen Hebel gefunden hatte. Ganz weit im Osten besaß er nämlich ein unbedeutendes Land namens Preußen, das einer seiner Vorgänger von dem letzten Ordensmeister des Deutschen Ordens, einem Hohenzoller, geerbt hatte. Dieses Land lag praktischerweise außerhalb des Heiligen Römischen Reiches Deutscher Nation, innerhalb dessen die Hackordnung kaum zu verändern gewesen wäre. Wenn Friedrich dieses Land nun zum Königreich erheben und sich in dessen Residenzstädtchen, das schon den durchaus treffenden Namen Königsberg trug, zum König krönen würde, dann wäre er zwar nur in diesem Preußen wirklich König, doch könnte kaum jemand etwas dagegen einwenden, wenn er seine Krone auch zu Hause in Berlin trüge. Schließlich hatte es dieser Sachse mit Polen ganz ähnlich gemacht und ließ sich nun von seinen Dresdnern mit „königliche Hoheit" anreden.

„Was brauche ich einen neuen Vandalenkönig an der Ostsee?", fragte sich der deutsche Kaiser in Wien.

Allerdings würde auch dieser Trick nur funktionieren, wenn der Deutsche Kaiser seine Zustimmung gäbe. Dieser saß in Wien, war nebenbei noch Chef des mächtigen Hauses Habsburg – oder vielmehr umgekehrt – und nicht gerade leicht davon zu überzeugen, dass es in Mitteleuropa auf ein Königreich mehr oder weniger nicht ankäme. Schließlich schaffte es aber Friedrichs bester Diplomat, Christian von Bartholdi, den ranghöchsten Herrscher Europas weich zu kochen, nachdem zunächst Bestechungsgelder an die Wiener Spitzenbeamten in Höhe von insgesamt 300.000 Talern wirkungslos verpufft waren. Was brauche er einen neuen „Vandalenkönig an der Ostsee", hatte sich Kaiser Leopold gefragt, doch am 16. September 1700 gab der Habsburger seine Zustimmung zum so genannten Krönungskonkordat.

Darin sicherte Friedrich ihm unter anderem zu, Habsburg im sich anbahnenden Spanischen Erbfolgekrieg zu unterstützen und 8000 Soldaten zu stellen – und zwar anders als damals üblich kostenlos. Ganz ohne Kuhhändel ging die Sache also nicht über die Bühne, wobei für Habsburg letztlich ausschlaggebend gewesen sein wird, das ehrgeizige Brandenburg an sich zu binden und damit andere Bündnisse zu verhindern. Als die Tinte unter dem Vertrag trocken war, gab es in Berlin kein Halten mehr. Friedrich wollte seine Krönung mit einer Feier begehen, von der man nach Jahrhunderten noch sprechen würde.

Für den Ablauf der Feierlichkeiten hat der künftige König sich nach einiger Überlegung die Kaiserkrönungen in Frankfurt am Main zum Vorbild genommen. Buchstäblich mit Pauken und Trompeten, unter Glockengeläut und Kanonendonner, begleitet von den Hochrufen der örtlichen Bevölkerung, zieht Friedrich in Königsberg ein. Herolde in blauen Samtmänteln mit gestickten königlichen Wappen kündigen das kommende Königreich an. Nachdem es in der Nacht zuvor geschneit und gehagelt hat, beginnt der 18. Januar mit strahlendem Sonnenschein.

Auf dem Sterbebett lässt Königin Sophie Charlotte ihrem Mann übermitteln, er habe durch ihren Tod nun „Gelegenheit zu prachtvollen Beisetzungsfeierlichkeiten.

Den Auftritt Friedrichs beschreibt ein Hofbeamter so: „Am Krönungstage selbst, morgens, bereits vor acht Uhr, erschien Friedrich im großen Saal des Königsberger Schlosses im stattlichsten Krönungsornate; er trug ein Scharlachkleid, dessen Knöpfe Diamanten, je 3000 Dukaten an Wert, waren, und einen Mantel von purpurfarbenem Samt; er war über und über mit goldgestickten Kronen und Adlern bestreut und ward von einer prachtvollen Agraffe von drei großen Diamanten, eine Tonne Goldes wert, zusammengehalten.“ In diesem Aufzug besteigt er jetzt den Thron im großen Saal des Schlosses, bekommt von seinem Oberkammerherrn die Krone gereicht und setzt sie sich selbst auf den Kopf. Dann geht er in das Zimmer der Königin, um sie ebenfalls zu krönen. Auch über ihre Erscheinung findet sich ein genauer Bericht: „Sie trug ein Kleid von Goldstoff mit Ponceau-Blumen durchwirkt, in dem alle Nähte und die ganze Brust mit Diamanten bedeckt waren; dazu trug sie noch rechts an der Brust einen Strauß der schönsten Perlen und übrigens einen Purpurmantel mit goldenen Kronen und Adlern, ganz wie der König.“ Sophie Charlotte macht gute Miene zum bösen Spiel, denn die ihrem Mann intellektuell weit überlegene Hannoveranerin kann der „Krönungskomödie“, wie sie es nennt, wenig abgewinnen. Sie schämt sich vor den wirklich großen Königshäusern für diese Inszenierung in einem Kaff am Ende der Welt und wird das ihrem Mann nie verzeihen. Auf dem Sterbebett lässt sie ihm übermitteln, er habe durch ihren Tod nun „Gelegenheit zu prachtvollen Beisetzungsfeierlichkeiten.“

Von Kritik an seinem Auftreten ließ sich Friedrich jedoch nie großartig beeindrucken. Schließlich, so fand er, war ja auch das Volk auf seine Kosten gekommen: Nach der Krönungszeremonie wurde auf dem Schlossplatz ein mit lauter kleineren Tieren gefüllter Ochse gebraten, und aus zwei Brunnen sprudelten 4000 Liter Wein. Außerdem wurden 6000 Taler in silbernen und goldenen Krönungsmünzen unters Volk geworfen.

Diese Ausgabe fiel allerdings kaum ins Gewicht, als der Hofkämmerer schließlich die Gesamtkosten für die Krönung mit sechs Millionen Talern bezifferte – bei einem Jahreshaushalt des Landes Brandenburg von vier Millionen Talern. Und dennoch sollte das Königreich, das da im Januar 1701 unter den amüsierten Blicken der europäischen Fürstenhäuser geschmiedet wurde, innerhalb weniger Jahrzehnte zu einer echten Großmacht werden.

> Existenzgründer und junge Unternehmer sind oft unsicher, welche Form sie ihrer Firma geben und mit welchem Anspruch sie nach außen auftreten sollen. Die Geschichte Preußens zeigt zweierlei: Einmal, wie schnell sich das zunächst scheinbar Überdimensionierte als genau richtig erweisen kann. Und dann vor allem auch, wie ein selbstbewusster Auftritt nach innen hin kräftigend und motivierend wirkt und somit die mentalen Voraussetzungen für künftiges Wachstum schafft.

2

Unternehmerpersönlichkeit – John Adams und die Gründung der USA: Was es heißt, zum Unternehmer heranzureifen. Viele, die den Schritt vom Angestellten zum Existenz- bzw. Unternehmensgründer oder den Schritt von der Arbeitskraft zur Führungskraft erfolgreich gegangen sind, merken plötzlich, dass zwischen ihrem Denken und dem ihrer ehemaligen Kollegen Welten liegen.

Staatsgründern gebührt die höchste Ehre überhaupt

In der zweiten Hälfte des 18. Jahrhunderts verschlechterte sich das Verhältnis der Kolonien Nordamerikas zu Großbritannien immer mehr. Nach jahrelangen, auch gewaltsamen Auseinandersetzungen erklärte Amerika am 4. Juli 1776 seine Unabhängigkeit. Zu den Wegbereitern der Staatsgründung zählte John Adams (1735–1826), der 1797 zweiter Präsident der USA wurde.

Unter den Gründervätern der Vereinigten Staaten von Amerika ist John Adams der am wenigsten bekannte. George Washington und Thomas Jefferson, wohl noch James Madison – so heißen die Helden der „Amerikanischen Revolution". John Adams blieb den Amerikanern immer ein Fremder, selbst Historiker konnten lange Zeit wenig mit ihm anfangen. Vielleicht fehlte die große Einzeltat. Möglicherweise wurde sein Andenken auch von der verbreiteten Meinung bestimmt, er sei nach der erfolgreichen Unabhängigkeitserklärung von 1776 immer skeptischer, zynischer und konservativer geworden, bis von dem idealistischen Revolutionär nicht mehr viel übrig geblieben sei. Zu Lebzeiten bestritt John Adams das energisch, beteuerte stattdessen, von den Grundsätzen der Revolution nie abgewichen zu sein.

Als zweiter Präsident der USA, der er 1797 wurde, nachdem er viele Jahre an der Seite George Washingtons ein ebenso loyaler wie einflussloser Vize gewesen war, galt John Adams als glücklos. Auch dieses Urteil, ob zu Recht oder zu Unrecht gefällt, brachte ihn späteren Generationen von Amerikanern nicht näher. Unbestritten ist dabei, dass Adams der belesenste, der politisch und juristisch mit Abstand gebildetste der Unterzeichner der amerikanischen Unabhängigkeitserklärung war.

„Er meint es gut mit seinem Land, ist immer ein ehrlicher, oft ein weiser Mann, bloß manchmal und in manchen Dingen vollkommen übergeschnappt", urteilte Benjamin Franklin.

Adams, der Denker unter den amerikanischen Gründern, war immer auch ein Querdenker, bildete sich seine Meinung abseits des Hauptstroms und verteidigte sie, wenn es sein musste, bis an die Grenze der Verbohrtheit. Dass er damit nicht zum Helden taugte, war ihm selbst bewusst. „Mausoleen, Statuen, Monumente wird man mir nie errichten", schrieb er einmal, „noch wird man Lobreden sprechen, um mich der Nachwelt in leuchtenden Farben zu überliefern." Dabei mangelte es ihm keineswegs an Ehrgeiz. Er wollte durchaus unsterblichen Ruhm erlangen. Auch war sich kaum jemand der historischen Bedeutung des 4. Juli 1776 so bewusst wie er. Doch der John Adams seiner Tagebücher war selten der Mann, den die Weggefährten vor sich glaubten – Selbstbild und Fremdbild des Politikers stimmten wenig überein. Benjamin Franklin schrieb über Adams: „Er meint es gut mit seinem Land, ist immer ein ehrlicher, oft ein weiser Mann, bloß manchmal und in manchen Dingen vollkommen übergeschnappt."

John Adams wuchs als Sohn eines Farmers im dünn besiedelten Hinterland der britischen Kolonie Massachusetts auf. Als er sein Studium an der Harvard-Universität begann, wollte er noch, dem Herzenswunsch des Elternhauses entsprechend, protestantischer Geistlicher werden. Doch die Rechthaberei, das Dogmatische seiner calvinistischen Lehrer stieß ihn immer mehr ab. Gleichzeitig bekam er Zugang zu Diskussionszirkeln von Freidenkern, Philosophen und religiösen Sektierern. Ihn beeindruckte die freundliche Gelassenheit, mit der diese Männer abweichende Meinungen akzeptieren konnten, ohne ihren Vertretern sofort empört mit der Hölle zu drohen. Adams, dem Calvin schließlich „steril" vorkam, entschied sich für die geistige Freiheit, die sich ein Theologe nicht leisten konnte. Er studierte Jura und ließ sich 1758 in Boston als Rechtsanwalt nieder.

Glücklich war John Adams zu dieser Zeit nicht. Er sah sich irgendwo am Ende der Welt verortet, wo es wenig Bildung und Kultur gab, dazu verurteilt, ein Hinterwäldler zu sein und zu bleiben. Sein Name würde bald vergessen sein, fürchtete er, allenfalls das Jahrbuch seiner Universität könnte ihn der Nachwelt überliefern. In seinen Tagträumen, die er in bester puritanischer Tradition der Gewissenserforschung seinem Tagebuch anvertraute, sah er sich dagegen vor großen Aufgaben und wünschte sich nicht weniger, als in die Geschichte einzugehen. Adams suchte nach einem Hebel, etwas Großes leisten und sich profilieren zu können, und fand ihn schließlich im Protest der Kolonisten gegen die „Stempelakte" des britischen Mutterlandes.

Die Stempelakte war ein 1765 vom britischen Parlament erlassenes Gesetz, das den amerikanischen Kolonien für Dokumente und Druckwerke aller Art eine Steuer auferlegte. Mit den Einnahmen wollte England die für den militärischen Schutz der Kolonien anfallenden Kosten wieder hereinholen. Das Gesetz goss Öl ins Feuer eines schon länger schwelenden Konflikts zwischen den Kolonien und London, es löste einen Sturm der Entrüstung aus. Die Kolonisten fühlten sich in ihren Rechten als Bürger Großbritanniens beschnitten, wo keine Besteuerung ohne die Zustimmung der Betroffenen oder ihrer Vertreter möglich sein sollte.

Es kam zu Boykottaktionen gegen britische Einfuhren und gewaltsamen Ausschreitungen. Im kommenden Jahrzehnt bis zur amerikanischen Unabhängigkeitserklärung sollte sich die Lage nicht mehr grundsätzlich beruhigen. Bei der „Boston Tea Party" von 1773, gewissermaßen dem ersten Terroranschlag der amerikanischen Geschichte, warfen als Indianer verkleidete Kolonisten mehrere aus England kommende Schiffsladungen Tee in das Hafenbecken der Hauptstadt von Massachusetts.

Der Anwalt John Adams, mittlerweile Mitglied im Repräsentantenhaus von Massachusetts, kämpfte leidenschaftlich für die Sache der Amerikaner. Rückblickend würde er das Jahr 1765, als der Streit um die Stempelakte ausbrach, einmal als das „bemerkenswerteste" seines Lebens bezeichnen. Adams stand an einem Wendepunkt seines politischen Bewusstseins. Er hielt den Konflikt mit England zwar im Wesentlichen für einen Verfassungsstreit – freilich einen, an dem er zum ersten Mal sein ganzes über Jahre erworbenes juristisches Wissen anwenden und damit glänzen konnte –, stilisierte die Stempelakte aber bald zu einem Fanal, einem Warnsignal für den Beginn einer Versklavung Amerikas. Adams suchte die Öffentlichkeit, schrieb, teilweise unter Pseudonym, Essays und Kommentare in Zeitungen und Monatsschriften. 150 Jahre kolonialer Selbstverwaltung seien in Gefahr, mahnte er.

Doch es dauerte noch einige Jahre, bedurfte einer Verschärfung des Konflikts und erster Gefechte zwischen amerikanischen Milizen und der britischen Armee, bis Adams keine Möglichkeit einer Einigung mit England mehr sah. Für ihn, den Juristen und Staatsphilosophen, war nun das Wichtigste, dass die einzelnen Kolonien sich eigene Verfassungen gaben. Er wurde zum Berater der Kolonien in Verfassungsfragen, eine Aufgabe, der er sich mit großer Hingabe annahm.

„Man muss die Menschen ermutigen, das ganze Gebäude auf dem breitesten Fundament mit ihren eigenen Händen zu errichten."

Sein ganzes erwachsenes Leben hatte er sich auf solch einen Moment vorbereitet. Er kannte alle historischen Modelle für Verfassungen und wusste gleichzeitig, dass sich in der Neuzeit noch nie ein Staat eine komplett neue Ordnung gegeben hatte. Endlich also die große Aufgabe! Adams wählte einen neuen, radikal demokratischen Ansatz: „Man muss die Menschen ermutigen, das ganze Gebäude auf dem breitesten Fundament mit ihren eigenen Händen zu errichten. Das ist nur möglich in Versammlungen aus vom Volk gewählten Repräsentanten." Damit erfand John Adams die Verfassunggebende Versammlung, ein erster Beitrag Amerikas zur westlichen Verfassungsgeschichte. In North Carolina, Virginia, New Jersey und seinem Heimatland Massachusetts wurden die Verfassungen schließlich auch inhaltlich wesentlich von John Adams geprägt.

Der nächste Meilenstein im Leben des John Adams war seine Berufung zum Mitglied des ersten „Kontinentalkongresses" im Jahr 1774. Hier bildeten Abgesandte aus allen amerikanischen Kolonien eine politische Versammlung, und hier erfuhr sein Ehrgeiz noch einmal einen gewaltigen Schub. In seinem Tagebuch kennt er kein Halten mehr: „Eine neue große Szene liegt vor mir", schreibt er, „mit den weisesten Männern des Kontinents werde ich konferieren." Adams spricht von der „Würde und Größe der amerikanischen Sache" und vergleicht den Kongress mit dem Aeropag der alten Griechen und dem Hohen Rat des biblischen Israel. Für die Mitarbeit in dieser erlauchten Versammlung, die ihn bald als ihren klügsten Kopf ansehen wird, fühlte sich Adams zwar noch nicht richtig vorbereitet, notiert aber in sein Tagebuch, er sei bereit, fleißig dazuzulernen. Ein amerikanischer Staatsmann seiner Zeit müsse mehr wissen und können als jemals ein englischer Parlamentarier oder römischer Senator, findet Adams.

In Philadelphia, dem Tagungsort des Kongresses, stürzt sich John Adams in einen 18-Stunden-Tag, schreibt unermüdlich Entwürfe, wird Mitglied in dreißig Kommissionen und führt in einigen davon den Vorsitz. Nebenbei liest er monatelang die Werke der großen Freiheitskämpfer der Geschichte, der berühmten Staatsmänner und Volkstribunen der Antike, wie Demosthenes oder Cicero. Politik, so sein Resümee, sei zwar ein Leidensweg, doch Männer mit großen Fähigkeiten müssten folgen, wenn die Pflicht rufe. Er jedenfalls sei bereit, Leben, Eigentum und Ehre der Gerechtigkeit und Freiheit Amerikas zu widmen.

Dann, am 1. Juli 1776, kommt seine große Stunde. Der Kongress beschließt, nach einer Aussprache darüber entscheiden zu wollen, ob die

Kolonien sich von Großbritannien lossagen sollen oder nicht. Die Versammlung ist gespalten, Unschlüssigkeit und Zögerlichkeit bestimmen das Klima. Jede Seite will nun ihren besten Mann reden lassen. Zunächst hält der Abgesandte John Dickinson eine flammende Rede gegen die Unabhängigkeitserklärung Amerikas. Die Rede ist hervorragend vorbereitet und verfehlt ihre Wirkung nicht. Der Kongress ist beeindruckt.

Von den Befürwortern der Unabhängigkeit hat niemand einen Beitrag vorbereitet, deshalb herrscht zunächst Schweigen. Dann erhebt sich John Adams von seinem Platz und improvisiert ein Plädoyer für Amerikas Selbstständigkeit. Seine Belesenheit kommt ihm jetzt zugute, er redet tatsächlich wie ein zweiter Cicero, appelliert an Vernunft und Leidenschaft gleichermaßen. Das Blatt wendet sich eindeutig. Der Kongress votiert für die Unabhängigkeit. Drei Tage später, am vierten Juli, dem späteren amerikanischen Nationalfeiertag, tritt eine ausgearbeitete „Declaration of Independence" in Kraft.

„Wir sind zu einer Zeit auf die Welt gekommen, zu der die größten Gesetzgeber der Antike sich gewünscht hätten leben zu dürfen."

Die Amerikanische Revolution ließ eine Hand voll Männer aus dem hintersten Winkel des Erdballs in die Reihe der Großen der Weltgeschichte vorrücken. John Adams sah sich selbst so: als einen Hinterwäldler, der nach einem langen Weg den Helden des Altertums in nichts mehr nachstand. Er bestand sogar darauf, dass die Antike den Gesetzgeber stets mehr geschätzt habe als den Eroberer. „War nicht Solon größer als Perikles?", fragte er. Und bei anderer Gelegenheit ließ er sich zu dem Satz hinreißen: „Wir sind zu einer Zeit auf die Welt gekommen, zu der die größten Gesetzgeber der Antike sich gewünscht hätten leben zu dürfen." Warum? Um sich mit gewaltigem Pathos gegen ein England aufzulehnen, das es doch so schlecht mit seinen Kolonien gar nicht meinte, das nur hier und da die Steuern etwas erhöhen wollte? Aber das spielte jetzt keine Rolle mehr. Der Geist der Freiheit griff um sich und war nicht mehr zu zügeln.

Existenzgründer fallen nicht vom Himmel, als Unternehmer wird niemand geboren. Auf dem Weg in die Selbstständigkeit sind nicht nur äußere Hürden zu nehmen; vielmehr machen Gründer immer auch eine innere Entwicklung durch. Das gilt umso mehr, wenn die Existenzgründung als Option in der Biografie nicht von Anfang an im Blick ist, der Entschluss also erst reifen muss. Unzufriedenheit mit der bisherigen Lebenssituation und Schlüsselerfahrungen, die plötzlich neue Perspektiven eröffnen, spielen dann oft eine wesentliche Rolle.

3

Geschäftsplan – Theodor Herzls „Judenstaat" und David Ben Gurions Ausrufung des Staates Israel: Vision plus Realismus sind Voraussetzungen erfolgreicher Gründungen. Um andere von seiner Idee überzeugen zu können, muss der Gründer selbst hundertprozentig von ihr überzeugt sein.

„Für mich hat das Leben aufgehört und die Weltgeschichte begonnen"

Am 29. November 1947 beschloss die Vollversammlung der Vereinten Nationen, das von Großbritannien verwaltete Palästina zu teilen und einen jüdischen sowie einen arabischen Staat zu schaffen. Nachdem die arabischen Länder und die Palästinenser den Plan abgelehnt hatten, wurde der Staat Israel zu einer einseitigen Gründung. Der Masterplan dazu war allerdings schon im neunzehnten Jahrhundert entwickelt worden.

Am 14. Mai 1948, um vier Uhr nachmittags, sitzen im Stadtmuseum von Tel Aviv elf Männer dicht gedrängt an einem langen, mit einem hellen Tuch verhüllten Tisch. Alle, bis auf die beiden rechts außen, tragen Anzüge mit korrekt gebundenen Krawatten, trotz der Wärme. Der Raum wirkt einigermaßen gediegen, klassizistische Landschaftsgemälde in schweren Goldrahmen zieren die Wände, doch sonst ist alles sichtlich improvisiert: die Fahnen mit dem Davidstern an der Wand hinter den elf Männern, die Mikrofone, die Sitzordnung der übrigen Anwesenden in dem überfüllten Museumssaal. Nicht einmal Getränke stehen auf dem Tisch. Die Atmosphäre ist angespannt; in den Gesichtern zeichnet sich Entschlossenheit ab und der Wille, etwas zu tun, was keinen Aufschub mehr duldet.

Vom Mittelplatz an dem langen Tisch, dort, wo die Mikrofone aufgebaut sind, erhebt sich ein weißhaariger, glatt rasierter Mann und beginnt, von einem Blatt Schreibmaschinenpapier, das er in der linken Hand hält, eine Erklärung abzulesen. „Gleich allen anderen Völkern", hebt er an, „ist es das natürliche Recht des jüdischen Volkes, seine Geschicke unter eigener Hoheit selbst zu bestimmen. Demzufolge haben wir uns heute, am letzten Tag des britischen Mandats über Palästina, hier eingefunden und verkünden hiermit Kraft unseres natürlichen und historischen Rechts die Errichtung eines jüdischen Staates im Land Israel – des Staates Israel."

„Gleich allen anderen Völkern ist es das natürliche Recht des jüdischen Volkes, seine Geschicke unter eigener Hoheit selbst zu bestimmen."

Der diese Worte spricht, heißt David Ben Gurion und ist ein ursprünglich aus Polen stammender, nichtreligiöser Jude und sozialistischer Politiker. Seit vielen Jahren hat er eine führende Rolle in der „Jewish Agency for Palestine" innegehabt und die Besiedlung des Landes durch jüdische Einwanderer aus aller Welt maßgeblich vorangetrieben. Was er hier verkündet, ist nichts Geringeres als die Wiederauferstehung einer Nation an der Stelle, wo sie vor 2000 Jahren untergegangen war. Ein Volk der Antike, das durch seinen kulturellen und religiösen Zusammenhalt die Jahrhunderte überlebt hat, obwohl es in alle Himmelsrichtungen verstreut war, soll nun im Einklang mit einem Beschluss der Vereinten Nationen das Land seiner religiösen Väter wieder in Besitz nehmen. Die jahrhundertelange Verfolgung, die zuletzt darin gipfelte, dass Deutsche und ihre gefügigen oder gefügig gemachten Helfer in anderen Ländern Europas das ganze Volk auslöschen wollten und jeden dritten seiner Angehörigen tatsächlich ermordeten, soll ein Ende haben.

Das alles dominierende Gesicht in diesem Saal gehört jedoch nicht dem Mann, der da gerade einen Staat ausruft, welcher noch vor Mitternacht von den Großmächten USA und UdSSR anerkannt werden wird, sondern einem schwarzhaarigen Herrn in einem ebenso schwarzen Anzug und mit einem leicht angegrauten Rauschebart, der von einem überlebensgroßen, gerahmten Foto an der Rückwand des Saales auf die Versammlung herabzublicken scheint. Dieser altmodisch gekleidete Mann ist schon über vierzig Jahre tot – und dennoch hatte er alles, was hier gerade geschieht, schon bis in Einzelheiten geplant. Es ist sein Traum, der jetzt endlich Wirklichkeit wird. Sein Name ist Theodor Herzl.

Das Wien der vorletzten Jahrhundertwende war ausgesprochen reich an einem Menschentyp, den man vielleicht treffend als Kaffeehausexistenz bezeichnen könnte. In den berühmten Wiener Cafés traf man zu jeder Tageszeit – außer den frühen Morgenstunden – jugendliche Träumer mit literarischen Ambitionen, meist studiert, Feuilletonisten und Gelegenheitsschriftsteller, Bühnenautoren, Dandys, Schwadroneure. Einer von ihnen war Theodor Herzl, geboren und aufgewachsen in Ungarn, Jurist, für kurze Zeit Rechtsanwalt, inzwischen aber Journalist und Dramatiker. Junge Männer wie Herzl beschäftigen sich mit allen möglichen Fragen des

Richard von Weizsäcker besuchte 1985 als erster Bundespräsident Israel. Am Grab Theodor Herzls, der die Überführung seiner sterblichen Überreste in den zukünftigen jüdischen Staat testamentarisch verfügt hatte, legte er einen Kranz nieder.

Lebens und glauben, die Welt erwarte dringend ihre Stellungnahme dazu. So nimmt es nicht wunder, dass Herzl auch seine jüdische Identität reflektierte und sich sein Interesse bald auf das Schicksal der Juden an sich erstreckte.

In Herzls Heimat Ungarn war die rechtliche Gleichstellung der Juden seit 1867 in der Verfassung verankert. Ungarn betrachtete die Juden nicht als fremdes Volk, sondern als eine Religionsgemeinschaft, die in der Vergangenheit wegen ihres Glaubens verfolgt und ihrer Rechte beraubt worden war. Diese moderne Auffassung vom Judentum als einer Religion wie andere auch widersprach jedoch dem Selbstverständnis vieler Juden. Für sie galt es als Prinzip, dass jüdische Religion und jüdisches Volk eine untrennbare Einheit bilden. Demnach waren die Juden ein in der „Diaspora“ verstreutes Volk, das die Hoffnung nicht aufgeben dürfe, eines Tages in das Heilige Land zurückzukehren. Der sich daraus ergebende Konflikt, wie viel Loyalität ein europäischer Jude den immer nationalbewusster auftretenden Staaten schulde, wurde in Kreisen jüdischer Intellektueller als die „Judenfrage“ hitzig diskutiert.

Noch 1893 meinte Herzl, die Judenfrage sei in Österreich am besten dadurch zu lösen, dass die Juden aufhörten, sich von anderen Österreichern zu unterscheiden. Sein verwegener Plan war, dass sämtliche Juden zum katholischen Glauben übertreten sollten, und zwar durch Massentaufen im Wiener Stephansdom, jeweils sonntags, 12 Uhr. Einzelne hatten den Weg der Anpassung über den Beitritt zur katholischen Kirche tatsächlich beschritten, etwa der Dirigent und Komponist Gustav Mahler. Doch Herzl sollte schon zwei Jahre später seine Meinung radikal ändern und von nun an für eine ganz andere Idee kämpfen.

Herzls wichtigster Brötchengeber, die Tageszeitung „Neue Freie Presse", hatte ihm den Posten eines Korrespondenten in Paris angeboten. Da die Stadt an der Seine für einen jungen Kosmopoliten eine der wenigen echten Alternativen zu Wien war, nahm er das Angebot dankend an. Doch in Paris sah er entsetzt, dass sich judenfeindliche Bücher ganz oben auf den Bestsellerlisten befanden, etwa Edouard Drumonts „La France Juive", in dem der Autor behauptete, die Juden seien eine andere „Rasse", die als „biologisch minderwertig" eingestuft werden müsse. Und dann erlebte Herzl die Affäre Dreyfus: Ein jüdischer Offizier wurde – zu Unrecht, wie sich später herausstellte – wegen Geheimnisverrats angeklagt und verurteilt. Die Menge auf den Straßen von Paris skandierte: „A mort les juifs! – Tötet die Juden!"

Herzl sah jetzt die Assimilation der Juden mehr oder weniger als gescheitert an. Wenn einem Alfred Dreyfus, dem angepasstesten und loyalsten Staatsbürger, den man sich vorstellen konnte, dieses Schicksal widerfuhr, dann bedurfte die Judenfrage einer anderen Lösung, dann war sie „eine soziale Frage", wie Herzl vermerkte. Der Träumer und Visionär hatte nun ein neues Ziel. Es galt, die Juden politisch zu einigen, sie sollten „kriegsstark, arbeitsfroh und tugendhaft" werden, um dann vielleicht eines Tages aus Europa auszuwandern – nach Palästina oder auch nach Afrika oder Südamerika, das ließ Herzl zunächst noch offen.

„Sie sind ein intelligenter Mensch, lieber Herr Doktor Herzl, aber Ihre phantastischen Einfälle sind nicht realisierbar."

Für seine Pläne suchte Herzl einflussreiche Unterstützer und sprach deshalb bei dem Pariser Großbankier Baron Moritz Hirsch vor. Dieser hörte äußerst höflich zu und sagte dann: „Sie sind ein intelligenter Mensch, lieber Herr Doktor Herzl, aber Ihre phantastischen Einfälle sind nicht realisierbar." Doch Herzl konterte selbstbewusst: „Ich werde eine jüdische Nationalanleihe von zehn Millionen Mark aufbringen." Kaum hatte er diesen Satz gesprochen, machte er sich daran, den Masterplan für einen jüdischen Staat zu schreiben. „Ich glaube, für mich hat das Leben aufgehört und die Weltgeschichte begonnen", notierte er mit der ganzen Unbescheidenheit eines Wiener Dandys in sein Tagebuch.

Zu dieser Zeit gab es bereits eine jüdische Einwanderungsbewegung in das damals zum Osmanischen Reich gehörende Palästina, und auch der Gedanke, diese zu forcieren, war nicht neu. In diesem Sinn hatte sich etwa Leon Pinsker in den 1880er Jahren in seiner Flugschrift „Autoemanzipation" geäußert. Aber Herzl ging nun überlegt und strukturiert an die Sache heran wie keiner zuvor. Was brauchte man alles für einen Staat? Man musste Eisenbahnen, Straßen, Häuser, Wohnungen, Theater und Gefängnisse bauen, und das schnell und effizient. Der Judenstaat sollte ein industrielles Musterland werden. Und man brauchte Organisationen. Die „Jewish Company" sollte die Einwanderung und Ansiedlung organisieren, Ortsgruppen in Europa die Menschen auch kulturell auf das Leben in einem anderen Land vorbereiten und schließlich die „Society of Jews" die eigentliche staatsbildende Macht werden, die dazu die politische Vorarbeit leisten musste.

Herzl spielte für „seinen" Staat alles durch: von Märkten und Geldbeschaffung über Verfassung und Militär bis hin zu Fahne und Symbolen. Er entschied sich für einen neutralen Staat mit einer Berufsarmee, in dem der Siebenstundentag gelten und an dessen Spitze ein König stehen sollte. Die Menschen würden sich zunächst gegenseitig provisorische Häuser bauen, die man später, im Zuge des wirtschaftlichen Aufschwungs, durch bessere ersetzen könnte. Begeistert berichtete Herzl vom Fortschritt seines Plans. Typisch für die Reaktionen seiner Freunde war die des Wiener Arztes und Journalisten Emil Schiff, der meinte, Herzls Plan sei „die Ausgeburt eines überreizten Hirnes, das dringend der Ruhe und ärztlichen Behandlung bedarf." Doch Herzl focht Skepsis nicht an, er schrieb an Albert von Rothschild und Otto von Bismarck, warb allerorten um Unterstützung.

1896 erscheint „Der Judenstaat" in einer ersten Auflage von 3000 Exemplaren. Aber Herzl genügte diese Publicity noch lange nicht. Und so fand schon ein Jahr später auf seine Initiative in Basel der erste Kongress des „Zionismus" statt, wie die Bewegung nach Zion, dem biblischen Namen für Jerusalem, genannt wurde. Mit viel Pomp und Feierlichkeit – man strebte schließlich nach diplomatischer Anerkennung – beschloss der

Kongress, für das jüdische Volk „eine Heimstätte in Palästina" schaffen zu wollen. Eine Zionistische Weltorganisation wurde ins Leben gerufen, der fünf Jahre später schon 217.000 zahlende Mitglieder angehören würden. Nach dem Kongress notierte Herzl in sein Tagebuch: „In Basel habe ich den Judenstaat gegründet. Wenn ich das heute laut sagte, würde mir ein universelles Gelächter antworten. Vielleicht in 5 Jahren, jedenfalls in 50 wird es jeder einsehen." Am 3. Juli 1904 starb Herzl plötzlich im Alter von nur 44 Jahren.

Mitte Mai 1948, fast genau 50 Jahre nach dem Baseler Kongress, ist der Staat Israel Realität. Vorangegangen sind Jahrzehnte der jüdischen Einwanderung nach Palästina. 1908 ist Tel Aviv gegründet worden und wird in den 1920er Jahren der Kristallisationspunkt für die Utopie einer neuen Gesellschaft, voller Hoffnung auf eine kulturelle Harmonie zwischen jüdischen Immigranten und arabischer Bevölkerung. Der Traum ist bald ausgeträumt – es kommt zu blutigen Auseinandersetzungen zwischen Juden und Arabern. Den Briten, Mandatsmacht in Palästina seit 1918, entgleitet die Kontrolle immer mehr. 1937 verhängt London nach Krawallen einen Einwanderungsstopp, der viele Juden daran hindern wird, sich vor der Schoa nach Palästina zu retten. Als David Ben Gurion die Gründungserklärung Israels verliest, befindet sich der neue Staat de facto schon im Krieg mit seinen Nachbarn.

Herzls Traum vom „Judenstaat" ist Wirklichkeit geworden – doch er findet keinen Frieden. Die Vereinten Nationen haben die Teilung Palästinas in einen jüdischen und einen palästinensischen Staat bei gleichzeitiger Wirtschafts- und Währungsunion sowie gemeinsam zu nutzender Infrastruktur beschlossen, doch nur die jüdische Seite ist mit dem Kompromiss einverstanden. Die arabischen Staaten erklären Israel noch am Gründungstag den Krieg, setzen ihre Truppen in Bewegung und greifen an. Sie wollen einen jüdischen Staat unter keinen Umständen dulden. Der Generalsekretär der arabischen Liga, Azzam Pascha, verkündet einen „Ausrottungskrieg und ein gewaltiges Blutbad, von dem man einst sprechen wird wie von den Blutbädern der Mongolen." Dazu kommt es nicht. Die Juden, die der Schoa entkommen sind, wissen, dass Israel ihre einzige Chance ist. Sie kämpfen um ihre Existenz – und behaupten sich. Aber auch in den kommenden Jahrzehnten wartet die Welt vergeblich auf Frieden. Beide Seiten verstricken sich in Unrecht. Vielleicht, ja vielleicht hätte ein Theodor Herzl unserer Tage eine kühne Vision für einen dauerhaften Frieden. Und wahrscheinlich würden ihn die Leute für verrückt halten.

Ein guter Geschäftsplan braucht beides: Vision und Realismus. Je großartiger die Vision, desto mehr muss der Verfasser auf Kopfschütteln gefasst sein. Dass beispielsweise Banken eine wirklich revolutionäre Idee immer erst einmal für Blödsinn halten, sollte niemanden überraschen. Wenn Gründer sich aber trotzdem nicht beirren lassen, dann aus Motiven, die auch 1948 in Tel Aviv zu spüren waren: Selbstständigkeit ist eine Lebensform, Freiheit die Voraussetzung zur Entfaltung der eigenen Kräfte.

4

Banken – Gerson Bleichröder und die Macht der Bankiers unter Bismarck: Man braucht sie, aber man mag sie nicht. Eine symbiotische Zweckgemeinschaft. Das gegenseitige Verhältnis von Unternehmen und Banken ist nur selten von Vertrauen und Achtung geprägt – sondern von gegenseitigem Nutzen. Wer sitzt am längeren Hebel?

Der ungeliebte Goldesel des Eisernen Kanzlers

Gerson Bleichröder (1822–1893) war zunächst Agent des Hauses Rothschild in Berlin und wurde dann mit seiner eigenen Bank zum reichsten Mann Deutschlands. Als Portfolioverwalter Bismarcks verfügte er bald über ein weites Netzwerk von Kontakten, finanzierte Deutschlands Einigungskriege und gehörte danach zu den einflussreichsten Männern des neuen deutschen Kaiserreiches.

Im Jahr 1878 schrieb Lord Odo Russell, der britische Botschafter in Deutschland, an seinen Außenminister Lord Salisbury: „Herr von Bleichröder ist, wie Sie wissen, Fürst Bismarcks Bankier und Vertrauensmann; er genießt das Vertrauen des Kanzlers in höherem Maße als sonst irgendwer in Berlin." In diesen Jahren war Gerson Bleichröder auf dem Höhepunkt seines politischen Einflusses, gefürchtet bei allen hohen Beamten und Diplomaten des Kaiserreichs, die glaubten, von ihm hinge ihre Karriere ab.

Bleichröder? Die an deutschen Schulen verwendeten Geschichtsbücher erwähnen ihn nicht oder fast nicht. Das ist insofern verständlich, als seine Macht weder auf Adel oder Herkunft noch auf Amt oder Mandat, sondern auf Geld und vor allem auf Beziehungen beruhte. Er war ein Netzwerker vor der Erfindung des Begriffs, dessen Freunde, Helfer und Protegés sich fast überall fanden: in der Regierung, im Kaiserhaus, in den Parteien einschließlich der sozialdemokratischen, in Industrie und Finanzwelt, in Diplomatie und Militär. Bleichröder war an seinem Lebensende einer der reichsten Männer der Welt, mit einem Vermögen von geschätzten hundert Millionen Reichsmark. Als Kapitalist und gläubiger Jude war er aber auch bei vielen gesellschaftlichen Gruppen – von den Nationalisten und Sozialisten über den Adel bis hin zu den Katholiken – auf die Schurkenrolle abonniert. So sehr er sich auch um soziale Anerkennung bemühte, blieb sie selbst dort, wo sie ihm gewährt wurde, immer doppelbödig.

Seinen Aufstieg verdankte Bleichröder zunächst ganz wesentlich den persönlichen Beziehungen zur Familie Rothschild. Schon sein Vater war Agent der Rothschilds in Berlin gewesen, und das Bankhaus Samuel Bleichröder hatte davon gut gelebt. Gerson Bleichröder trat 1839 ins Geschäft seines Vaters ein, erhielt kurz darauf Prokura, wurde Teilhaber und 1855 schließlich alleiniger Geschäftsführer. Er löste die Bank aus der Abhängigkeit vom Haus Rothschild, blieb diesem aber geschäftlich wie persönlich zeitlebens eng verbunden.

Bismarck wiederum hatte als preußischer Ministerpräsident mit den Rothschilds von Amts wegen zu tun, denn diese waren die Hausbankiers des Norddeutschen Bundes. Im Jahr 1852 fragte Bismarck Baron Meyer Carl Rothschild am Rande einer Unterredung in Frankfurt am Main, ob er ihm in Berlin einen guten Bankier für seine privaten Geldangelegenheiten empfehlen könne. Rothschild schlug Bleichröder vor, was insofern nahe lag, als es sich ja um seinen eigenen Agenten handelte. Bismarck nahm den Rat dankbar an, und so begegneten sich bald zwei unterschiedliche Lebenswelten und Charaktere, agrarische Aristokratie und liberaler Kapitalismus, die sich für die nächsten 35 Jahre zum gegenseitigen Nutzen ergänzen sollten.

Bleichröder hatte 1861 ein Jahreseinkommen von 23.333 Reichstalern und musste davon 700 Taler Einkommensteuern zahlen.

Bleichröder, der 1861 eine elegante Villa in der Behrenstraße 63 gekauft hatte, besuchte Bismarck bald mehrmals pro Woche in dessen um die Ecke in der Wilhelmstraße gelegenen Dienstsitz. Der Bankier beschäftigte damals 22 Angestellte, hatte den amtlichen Unterlagen zufolge ein Jahreseinkommen von 23.333 Reichstalern und musste davon nach preußischem Steuerrecht 700 Taler Einkommensteuern zahlen. Der Ministerpräsident stattete ihn mit einer Generalvollmacht aus und ließ ihn sein gesamtes Vermögen verwalten. Das Bankhaus Bleichröder zog Bismarcks Gehalt komplett ein und machte sich dann auf die Suche nach lohnenden Investitionen für den Fürsten, der zwar zu den größten Grundbesitzern Deutschlands zählte, von den neuen Spielregeln des Kapitalismus aber keinen blassen Schimmer hatte.

Schnell drehten sich die Gespräche der beiden Männer um mehr als nur Zahlen. Bleichröder kannte sich nämlich nicht nur bei Finanzthemen aus, sondern wusste dank der internationalen Verflechtungen seines Partnerhauses Rothschild auch stets, was in Paris und London hinter den Kulissen vor sich ging. Und das war für den Politiker Bismarck mehr wert als alles Geld. Umgekehrt hatte Bismarck keine Scheu, dem Bankier Einblicke in das hiesige politische Geschäft zu gewähren, woraus dieser dann buchstäblich Kapital schlagen mochte. Einen nicht geringen Teil dessen, was die Fruchtbarkeit der langjährigen Beziehung zwischen Bleichröder und Bismarck ausmachte, würde man wohl heute als Insidergeschäfte bezeichnen. Im damaligen Manchestersystem war es nur das, was alle liebend gern getan hätten, wozu den meisten aber die Möglichkeiten fehlten.

Bleichröder weckte in Bismarck die Lust am Geldverdienen und umgekehrt Bismarck in Bleichröder den politischen Ehrgeiz. Jeder war zu dieser Zeit auf seinem Gebiet kaum zu schlagen und wuchs mithilfe des anderen noch ein Stück über sich hinaus. Das war wohl der Kern dieses komplementären Verhältnisses, das schon nach wenigen Jahren die ganz große Politik mitprägen sollte. Denn Bismarck brauchte bald Geld für jene Kriege, die er auf dem Weg zu Deutschlands Einheit für unvermeidbar hielt. Unglücklicherweise lag er aber im Dauerclinch mit dem Preußischen Landtag, der das Budgetrecht hatte. Bleichröder würde Wege finden, die Kriegskasse am Parlament vorbei zu füllen.

Im November 1863 machte sich Bleichröder zum ersten Mal – hier noch ungefragt – Gedanken über die Staatsfinanzen und deutete Bismarck gegenüber an, Preußen könne zur Geldbeschaffung die ausgedehnten Kohlegruben im Saarland an eine private Gesellschaft verkaufen. Bismarck zeigte sich solchen Ideen gegenüber zu diesem Zeitpunkt noch wenig aufgeschlossen und sah Bleichröders Bestimmung eher darin, ihm zu helfen, weitere Staatsanleihen im Ausland zu platzieren. Noch war die Not nicht groß genug. Doch das sollte sich ändern.

Im darauffolgenden Jahr stürzte sich Preußen trotz leerer Staatskasse in den Krieg gegen Dänemark. Maßgeblich dank der Leistungen Helmuth von Moltkes konnte dieser zwar relativ schnell siegreich beendet werden, die Finanzmisere blieb jedoch bestehen. Preußen war politisch erstarkt und gleichzeitig fast pleite. Und da drohte auch schon eine weitere kriegerische Auseinandersetzung, diesmal gegen Österreich. Zwei Jahre später war Bismarck zum Waffengang gegen Wien fest entschlossen, um Deutschland nach seinen Vorstellungen unter der Führung Preußens einigen zu können. Nur Geld hatte er keines.

Nachdem Kriegsminister Albrecht von Roon dem Kabinett eine Aufstellung der geschätzten Kosten eines Kriegs gegen Österreich unterbreitet hatte, sah man Finanzminister Karl von Bodelschwingh zerstreut im Tiergarten umherlaufen. Anders als die Regierung wollte das Parlament überhaupt keinen Krieg und war deshalb auch nicht bereit, die Mittel dazu zu beschaffen. Bismarck hatte aber schon viel zu hoch gepokert um jetzt noch ohne weiteres einen Rückzieher machen zu können. Seine einzige Hoffnung war Bleichröder.

„Es ist Geld da, genug um uns freie Hand in der auswärtigen Politik zu geben", triumphierte Kriegsminister von Roon.

Der Bankier musste nicht lange überlegen, da er sich mit den ungehobenen Schätzen Preußens – nicht ganz uneigennützig – schon länger beschäftigte. Bleichröder ermöglichte schließlich ein Abkommen zwischen der Regierung und der „Köln-Mindener-Eisenbahngesellschaft", mit dem der Staat, gegen eine millionenschwere Abfindung, auf bei der Unternehmensgründung zugesicherte Vorkaufsrechte für weitere Anteile verzichtete. Die Abfindung sollte teils in bar, teils in Aktien erfolgen, wobei Bleichröder den Aktienanteil auf dem Weltmarkt ebenfalls zu Bargeld machen würde. Eine Woche nach dem Deal triumphierte Kriegsminister von Roon in einem Schreiben: „Es ist Geld da, genug um uns freie Hand in der auswärtigen Politik zu geben, nötigenfalls um die ganze Armee mobil zu machen und einen Feldzug hindurch zu bezahlen."

Der Krieg gegen Österreich konnte also kommen. Auch Bismarcks politisches Überleben war gesichert und damit das Projekt der deutschen Einigung, sofern man unterstellt, dass sie nur auf dem von Bismarck vorgesehenen Weg möglich war. Erkauft wurde das alles mit einem glatten Verfassungsbruch, denn das Parlament war bei der gesamten Operation komplett umgangen worden.

Bleichröder unterstützte Bismarck dann später auch im Krieg gegen Frankreich, wobei die finanzielle Ausgangslage hier weniger prekär war. Im 1871 gegründeten Kaiserreich konnte er seine mittlerweile vielfältigen Beziehungen dann voll ausspielen, wurde Hofbankier der Hohenzollern, galt als reichster Mann Deutschlands und trat als wichtiger Financier der expandierenden Industrie auf. Mehr noch als Gewinn bedeutete Bleichröder aber die gesellschaftliche Anerkennung. Er wollte als Mitglied einer Oberschicht akzeptiert werden, die sich immer noch maßgeblich über ihre Adelstitel und den evangelischen Glauben definierte. 1872 war er der erste Jude in Preußen, der, ohne vorher zum Christentum übergetreten zu sein, in den erblichen Adelsstand erhoben wurde. Doch der Adelstitel nützte ihm ebenso wenig wie seine Wohltätigkeit, die ihn einmal einen Millionenbetrag für den kompletten Neubau eines Krankenhauses spenden ließ.

Antikapitalismus und verstärkter Antisemitismus kamen in Deutschland zur gleichen Zeit auf und einigten sich bald auf ein gemeinsames Hassobjekt: Gerson Bleichröder. Der Bankier hatte nun die Publicity, die er durchaus gesucht hatte, aber sie fiel fast durchweg negativ aus. Seit der Wirtschaftskrise der späten 1870er Jahre glaubten viele einfache Deutsche, die Juden und das internationale Kapital hätten sich gegen ihr Land verschworen. Bleichröder wurde für die Massen zur Symbolfigur der Ungerechtigkeit, schuldig an Arbeitslosigkeit und Elend. Und die Eliten? Sie nutzen seine Angebote und gingen doch auf Distanz. Zwei Jahre nach seiner Entlassung als Reichskanzler schrieb der Fürst zwar, er sei Bleichröder zu Dank verpflichtet, doch in seinen Memoiren erwähnte er den jahrzehntelangen Vertrauten mit keinem Wort.

Bleichröder starb 1893 als verbitterter Mann. Die „Allgemeine evangelisch-lutherische Kirchenzeitung“ schrieb anlässlich seines Todes: „Wenn die gesamte Judenpresse Gerson v. Bl. an seiner Bahre wie eine Art Heiligen gefeiert hat, dann muss um der Wahrheit willen doch angedeutet werden, dass die schweren Anklagen gegen ihn von keiner Seite in unanfechtbarer Weise zurückgewiesen sind.“ Diese Formulierung – einschließlich der verweigerten Ehre der vollständigen Namensnennung – war angesichts der herrschenden Stimmung deutlich genug. Bleichröders Beerdigung auf dem jüdischen Friedhof an der Schönhauser Allee fand unter Polizeischutz statt.

> Das Verhältnis zwischen Unternehmern und Bankern ist schwierig. Man braucht sie, aber man mag sie nicht. Man spürt ihre Macht und versucht, ihnen eins auszuwischen. Umgekehrt können manche Banker der Versuchung kaum widerstehen, auf die von ihnen finanzierten Unternehmen auch geschäftlich Einfluss zu nehmen. Ein zumindest psychologisch heikles Spiel.

5

Finanzkrisen – Gustav Stresemann und die Überwindung der Hyperinflation: Manchmal sind tiefe Einschnitte unvermeidlich. Nur sollte man dann die Lasten möglichst gleichmäßig auf alle Schultern verteilen, hart, aber aufrichtig und fair bleiben. Dann hat man die Voraussetzung dafür geschaffen, dass die gemeinsam Gebeutelten sich zusammenraufen – anstatt im Namen der verletzten Eitelkeit alles nur noch schlimmer zu machen.

Hundert Tage, hundert Milliarden und eine neue Mark

Als Gustav Stresemann (1878–1929) im August 1923 zum Reichskanzler gewählt wurde, stand die junge deutsche Republik durch die außer Kontrolle geratene Inflation und innenpolitische Machtkämpfe kurz vor dem Zusammenbruch. Stresemanns nur hundert Tage amtierender Regierung gelang es, durch entschiedenes Krisenmanagement die Lage zu stabilisieren.

Ende Juli 1923 kostete ein US-Dollar auf dem Devisenmarkt eine Million Reichsmark. Zu Beginn des Jahres waren es noch 10.000 Mark gewesen, und das Tempo der Geldentwertung nahm weiter zu. Vor den Lebensmittelgeschäften bildeten sich überall lange Schlangen, während in einigen deutschen Großstädten bereits Kaufhäuser geplündert wurden. Immer mehr Menschen verloren ihre Arbeit, doch es war schon fast egal, ob man nun Lohn oder Arbeitslosengeld bezog, denn beides verlor gleich schnell seinen Wert. Zu allem Überfluss war auch noch das Ruhrgebiet, das damalige wirtschaftliche Herz Deutschlands, von französischen Truppen besetzt und so der Kontrolle der deutschen Politik entzogen. Wie hatte es so weit kommen können?

So absurd es sich aus heutiger Sicht auch anhört: Die schon durch die deutsche Kriegswirtschaft zwischen 1914 und 1918 begünstigte Inflation kam der Reichsregierung zu Beginn der 1920er Jahre durchaus gelegen. Auf der Grundlage der Friedensverträge mit den Siegermächten des Ersten Weltkrieges hatte Deutschland die damals kaum vorstellbare Summe von 132 Milliarden Mark an Kriegsreparationen zu zahlen. Mit der auch von Gustav Stresemann in einer Reichstagsrede erhobenen Forderung, die Zahlungen müssten nach der tatsächlichen Leistungsfähigkeit der Volkswirtschaft bemessen werden, drang Deutschland auf der Londoner Konferenz von 1921 nicht durch – die Sieger blieben hart.

Als Deutschland nun alles unterließ, was für eine stabile Währung notwendig gewesen wäre, ja mit überaus großzügigen Krediten der Reichsbank an die Industrie die Geldentwertung weiter anheizte, ließ das die reale Schuldenlast sinken. Tatsächlich führte die Inflation zunächst sogar zu einer Phase der Hochkonjunktur und der Vollbeschäftigung. Durch seine auf den Auslandsmärkten immer billiger abzusetzenden Produkte verbesserte sich Deutschlands Position im internationalen Wettbewerb erheblich, was die von den Siegermächten beabsichtigte Bestrafung des Kriegsverlierers geradezu ins Gegenteil verkehrte. Letztlich verzichtete aber der Staat zugunsten der Wirtschaft auf Steuern – in der Zeitspanne zwischen dem Moment, da die Steuerschuld entstand, und der Veranlagung der Unternehmen verlor das Geld immer stärker an Wert. Deshalb erbrachte Deutschland seine Reparationsleistungen mit der Notenpresse.

Das alles war ein gefährliches Spiel und geriet spätestens zu dem Zeitpunkt außer Kontrolle, als Frankreich im Januar 1923 die Notbremse zog und zur Sicherung seiner Reparationsansprüche das gesamte Ruhrgebiet mit seinen Schlüsselindustrien Kohle und Stahl kurzerhand pfändete. Sämtliche Industriestandorte an Rhein und Ruhr wurden von französischen und belgischen Truppen besetzt und dann mit einer Zollgrenze vom übrigen Reichsgebiet wirtschaftlich isoliert.

In Berlin regierte zu der Zeit ein hauptsächlich aus Wirtschaftsexperten zusammengesetztes Kabinett – was man für eine gute Idee hielt – unter der Führung des parteilosen ehemaligen Hapag-Chefs Wilhelm Cuno. Reichskanzler Cuno ordnete als Reaktion auf den französischen Einmarsch im Ruhrgebiet den so genannten passiven Widerstand an. Die Arbeiter in den Kohlegruben und Stahlwerken sollten in den Generalstreik treten; für die Kosten wollte der Staat aufkommen. Die verheerenden wirtschaftlichen Folgen dieser Aktion waren eigentlich absehbar, doch einmal begonnen war der Widerstand ohne Gesichtsverlust gegenüber Frankreich nicht wieder zu beenden.

Im August 1923 riss den Parteien im Reichstag der Geduldsfaden. Nach einem Misstrauensantrag der Sozialdemokraten wurde Reichskanzler

Cuno abgewählt und Gustav Stresemann von der Deutschen Volkspartei beauftragt, eine neue Regierung zu bilden. Stresemanns DVP hatte ihren Stimmenanteil bei den Wahlen von 1920 verdreifachen können, während bei der immer noch starken SPD die Wähler zunehmend nach links, zu radikalen sozialistischen Splittergruppen und zu den Kommunisten, abwanderten. Die Volkspartei galt als bürgerlich, patriotisch und wirtschaftsfreundlich. Letzteres spiegelte sich etwa in der Aussage des britischen Botschafters Lord d'Abernon, die Partei habe „die Unterstützung von über 90 Prozent der Industriellen."

Stresemanns Partei habe „die Unterstützung von über 90 Prozent der Industriellen", meinte der britische Botschafter Lord d'Abernon.

Stresemann, der Berliner Gastwirtssohn und promovierte Volkswirt, hatte sich in den letzten Jahren beharrlich hochgearbeitet und wollte schon seit längerem in die Reichskanzlei einziehen. Am 12. August schmiedete er nun an nur einem Tag eine große Koalition aus DVP, SPD, katholischer Zentrumspartei und liberaler DDP. Das Zentrum sollte seine zuverlässigste Stütze im Parlament werden, während für die Zusammenarbeit mit der SPD das Verhältnis zu Reichspräsident Friedrich Ebert bestimmend war. Das sozialdemokratische Staatsoberhaupt war ein besonnener und kluger Politiker, der sich mit Stresemann über die politischen Hauptziele – stabile Währung und Wahrung der Einheit Deutschlands – völlig einig war und ihm jederzeit den Rücken stärkte. Die Extremisten beider Lager, Nationalsozialisten und Kommunisten, konnten unterdessen ihre heimliche Freude über die Krise kaum verbergen und warteten nur auf eine Gelegenheit, die Demokratie mit einem Staatsstreich abzuschaffen.

Die Regierung Stresemann stand vor schwierigen Entscheidungen. Um es allen recht zu machen, war es längst zu spät. Jetzt musste über harte Einschnitte diskutiert werden. Ein erstes Opfer hatte Stresemann persönlich und ganz nebenbei gebracht, denn als Reichskanzler musste er seine Funktionen in der Wirtschaft – etwa in Aufsichtsräten – aufgeben, was sein persönliches Einkommen trotz des Kanzlergehalts um 50 bis 60 Prozent minderte. Aber Stresemann war leidenschaftlicher Politiker, dem materielle Anreize nicht so viel bedeuteten.

Während der kommenden Wochen analysierte die Regierung die Lage und spielte wohl so ziemlich jede vernünftige Option durch. Der Druck war schier unerträglich. Frankreich drohte, das Ruhrgebiet komplett zu annektieren, was eine wirtschaftliche und politische Katastrophe für Deutschland gewesen wäre. Mit dem Ausbruch einer Revolution von rechts oder links war täglich zu rechnen. Die Demokratie war längst in

Misskredit geraten, immer häufiger hörte man Rufe nach einem starken Mann – einem Mann wie Mussolini, der in Italien schon eine Diktatur errichtet hatte. Englands Diplomaten wiederum meldeten nach London, dass sie einen französischen Einmarsch in Berlin für wahrscheinlich hielten, falls Deutschland seinen Widerstand ausdehnen würde.

Es nützte nichts: Der Streik im Ruhrgebiet musste aufgegeben werden, auch wenn Frankreich im Gegenzug nicht ein einziges Zugeständnis zu machen gedachte. So beschloss es die Reichsregierung am 24. September. Damit löste sie aber nun in Süddeutschland eine weitere schwere Krise aus, denn Bayern war empört über dieses Einlenken gegenüber den Franzosen. München hatte verlangt, sogar noch einen Schritt weiter zu gehen, den Versailler Vertrag einseitig zu kündigen und damit dem Volkszorn ein Ventil zu geben. Stresemann wollte aber nichts weniger als eine Eskalation und wusste auch nur zu gut, weshalb der bayerische Löwe so laut brüllte. Bayern war nämlich in den letzten Jahren zum Zentrum nationalistischer, völkischer und monarchischer Organisationen geworden, deren radikalste Hitlers NSDAP war. Sie hatten Bayerns Regierung längst unterwandert. Ihr gemeinsames Feindbild war das „rote Berlin“, wie sie die Reichshauptstadt nannten, und ihr Ziel der „Marsch auf Berlin“, also der politische Umsturz.

Um die Reichsregierung zu provozieren, verkündete Bayern den Ausnahmezustand, worauf Reichspräsident Ebert mit der Verhängung des Ausnahmezustands über ganz Deutschland konterte, ein Schritt, zu dem er nach der Weimarer Reichsverfassung berechtigt war. Die Reichswehr hätte nun in Bayern einmarschieren und die Politik der Zentralgewalt durchsetzen können, was die Sozialdemokraten im Reichstag auch forderten. Stresemann schätzte jedoch die Gefahr eines Bürgerkriegs als zu groß ein und sah mit Eberts ausdrücklicher Billigung von dieser Maßnahme ab. Als kurze Zeit später auch in Thüringen und Sachsen die Lage instabil wurde, nachdem Kommunisten an der Regierung beteiligt worden waren, schickte Berlin Soldaten nach Erfurt und Dresden und riegelte damit gleichzeitig die Reichshauptstadt gegen Bayern militärisch ab.

Währenddessen ging die Inflation ungebremst weiter: Ende September kostete ein US-Dollar hundert Millionen Mark. Im Oktober verschärfte sich die Lage dadurch, dass im Ruhrgebiet Vertreter der Schwerindustrie an der Reichsregierung vorbei mit Frankreich zu verhandeln begonnen hatten. Am 8. Oktober war man sich einig geworden, an Rhein und Ruhr die Arbeit zu den Bedingungen Frankreichs wieder aufzunehmen, was weitere Belastungen für die Staatskasse bedeutet hätte. Frankreich plante in diesem Zusammenhang auch, im Ruhrgebiet eine eigene Währung einzuführen. Alarmiert reiste Stresemann in die am Rand des Ruhrgebiets gelegene Stadt Hagen – die besetzte Zone durften Regierungsmitglieder nicht betreten – und konnte die Franzosen mit viel Verhandlungsgeschick von ihrem Vorhaben abhalten. Nachdem die Krisensitzung vorüber war, erlitt er einen Schwächeanfall, so sehr hatte er sich eingesetzt.

In Berlin wurde unterdessen ein radikaler Einschnitt vorbereitet. Am 15. November sollte die alte Reichsmark durch die auf Goldwert basierende Rentenmark abgelöst und damit die Inflation beendet werden. Das Gründungskapital der „Rentenbank" in Höhe von 3,2 Milliarden Mark wollte die Regierung durch Schuldverschreibungen auf Industrie und Landwirtschaft decken, die freilich zum Teil fiktiv waren. Doch mehr als die Sicherheiten sollte die Lösung des Konflikts um das Ruhrgebiet das Vertrauen in Deutschland und seine Währung wiederherstellen.

Anfang November 1923 kostet ein US-Dollar 4,2 Billionen Reichsmark.

Anfang November beträgt der Wechselkurs des US-Dollars 4,2 Billionen Reichsmark. Einzelne Städte und Unternehmen geben auf eigene Faust so genanntes Notgeld aus, um den Wirtschaftskreislauf noch irgendwie aufrecht zu erhalten. Da spitzt sich kurz vor dem Stichtag für die Währungsreform die Lage in Bayern noch einmal dramatisch zu. Am 8. November ruft Adolf Hitler die „nationale Revolution" aus und zwingt die Münchner Regierung zur Kooperation. Dann sorgen die Rivalitäten im rechtsextremen Lager aber dafür, dass der Putsch schnell wieder in sich zusammenfällt. Dank der Sympathien der bayerischen Justiz für die Sache der Nationalsozialisten wird der Hochverräter Hitler anschließend statt zu einer lebenslangen Gefängnisstrafe nur zu wenigen Monaten leichter Festungshaft verurteilt – ein für die deutsche Geschichte folgenschweres Fehlurteil.

Endlich stand nun aber wenigstens der neuen Rentenmark nichts mehr im Weg. Pünktlich am 15. November wurden die Geldscheine zu einem Umtauschkurs von 1:1.000.000.000.000 ausgegeben. Gleichzeitig stellte die Reichsregierung sämtliche Stützungszahlungen für das Ruhrgebiet ein. Jetzt musste sich nur noch Frankreich ein wenig kompromissbereit zeigen, dann würde die Wende geschafft sein. Doch Paris wollte Berlin immer noch keinen Zentimeter entgegenkommen. Das ging nun aber den Amerikanern und Briten zu weit. Wenn die Franzosen so agierten, vermutete man in Washington und London, dann ging es ihnen vermutlich gar nicht um ihr Geld, sondern darum, Deutschland zu zerschlagen.

Während des Höhepunkts der Inflation verbrennt eine Frau Papiergeld, weil dessen Heizwert höher ist als der des Brennstoffs, den sie für dieses Geld kaufen könnte.

Und das war vor allem mit den nach Frieden und Stabilität strebenden Amerikanern nicht zu machen. Von jenseits des Atlantiks redete man den Franzosen ins Gewissen und stellte Deutschland schließlich in Aussicht, dass die Reparationszahlungen auf ein wirtschaftlich erträgliches Maß abgeschwächt werden würden, was in den kommenden Jahren auch geschah. Das war der endgültige Durchbruch.

Die Währungsreform und die anschließende Haushaltsdisziplin der Reichsregierung traf die Mehrheit der Deutschen jedoch hart. Die Sparvermögen waren durch die Inflation vernichtet worden, wodurch weite Teile der Mittelschicht verarmten. Kapital wurde plötzlich extrem knapp, die Reallöhne stagnierten auf Jahre und es kam zu einer Welle von Zusammenbrüchen kleiner und mittlerer Unternehmen. Das wiederum machte immer mehr Menschen arbeitslos.

„Was euch veranlasst, den Kanzler zu stürzen, ist in sechs Wochen vergessen, aber die Folgen eurer Dummheit werdet ihr zehn Jahre lang spüren", sagte Friedrich Ebert zu seinen Parteifreunden.

Und Stresemann? Kurz nach der Währungsreform trat er als Reichskanzler zurück. Die Sozialdemokraten hatten mit ihm nämlich noch eine Rechnung offen, da Stresemann ja Sachsen und Thüringen auf der einen und Bayern auf der anderen Seite während des Ausnahmezustands ungleich behandelt hatte. Zwar überstand Stresemann den Misstrauensantrag der SPD im Reichstag, doch war er durch diesen persönlich zutiefst gekränkt und erklärte, „auf der Hintertreppe abgelehnter Misstrauensvoten" wolle er nicht weiterregieren. Reichspräsident Ebert wusch seinen Parteifreunden den Kopf: „Was euch veranlasst, den Kanzler zu stürzen, ist in sechs Wochen vergessen, aber die Folgen eurer Dummheit werdet ihr zehn Jahre lang spüren." Nun gut, mag sich Stresemann gesagt haben, und wurde deutscher Außenminister, was er bis zu seinem Tod 1929 in sämtlichen Reichsregierungen blieb. Er erreichte, dass Deutschland in den Völkerbund aufgenommen wurde, versöhnte sich in Locarno mit den Franzosen und erhielt schließlich den Friedensnobelpreis. Da spielte es dann auch keine große Rolle mehr, ob jemand anderes unter ihm Kanzler war.

Wenn die Lage eines Unternehmens ausweglos zu werden droht, sind harte Einschnitte unvermeidlich. Wer jetzt noch zögert oder meint, auf jeden Rücksicht nehmen zu können, macht in der Regel alles nur noch schlimmer. Die hundert Tage der Regierung Stresemann zeigen aber auch dies: dass bei aller Entschiedenheit dort, wo die Emotionen bereits überhitzt sind, nicht noch Öl ins Feuer gegossen werden darf und dass die Signalwirkung einer Maßnahme oft wichtiger ist als ihr primärer Effekt. Denn hat man den ersten erfolgreichen Schritt getan, kommen auch jene zu Hilfe, die sich bisher passiv verhalten haben.

6

Change Management – Friedrich der Große und die preußische Integration Schlesiens: Firmenkauf mit Fingerspitzengefühl. Synergien stehen bei Firmenakquisitionen zunächst nur auf dem Papier. Von einer Mischung aus Achtung und Durchsetzungsvermögen im Management hängt es ab, ob die beiden Teile sich auf Dauer zusammenfügen.

Feindliche Übernahme und freundliche Eingliederung

Nach dem Tod des letzten männlichen Habsburgers 1740 nutzte Friedrich II. von Preußen (1712–1786) die Gelegenheit, mit einem militärischen Coup das weit entwickelte und reiche Schlesien den Österreichern zu entreißen. Deutlich mehr Fingerspitzengefühl legte er an den Tag, als es darum ging, die kulturell fremde Akquisition perfekt in den preußischen Staat zu integrieren.

Ich nehme mir wie Alexander stolz neue Welten zu erobern vor", hatte schon der 20-jährige Kronprinz Friedrich großspurig dem Kammerjunker von Natzmer geschrieben. Als er dann 1740 König von Preußen wurde, dauerte es nur wenige Monate, bis sich die Möglichkeit ergab, ein wohlhabendes und dicht bevölkertes Gebiet südöstlich des brandenburgisch-preußischen Kernlandes seinem Staatsgebilde hinzuzufügen: Schlesien. „Faire l'acquisition" nannte Friedrich, der als Verächter der deutschen Sprache fast ausschließlich Französisch parlierte, den Vorgang vornehm. Doch was er plante, war nichts anderes als ein kriegerischer Raub.

Wenn der Volksmund Recht hat und die Gelegenheit den Dieb macht, dann war die Verlockung hier in der Tat beträchtlich. In Wien war Karl VI. als letzter männlicher Thronerbe des Hauses Habsburg gestorben, und die so genannte „Pragmatische Sanktion" von 1713, wonach ihm seine Tochter Maria Theresia als Regentin folgen sollte, wurde anderswo in Europa für nicht ganz koscher gehalten. Man mache sich hier bewusst, dass herrschaftliche und territoriale Ansprüche unter den Fürsten der damaligen Zeit wie Familienstreitigkeiten behandelt wurden. Sobald irgendwo eine Erbfolge nicht ganz wasserdicht geregelt war, lauerten die anderen nur darauf, einen Teil des Erbes für sich abzuzweigen. Und da an Europas Fürstenhöfen fast jeder mit jedem zumindest entfernt verwandt war, fand sich auch meist eine einigermaßen passende Begründung für einen Erbanspruch. Der junge Preußenkönig brach nun insofern ein Tabu, als er sich gar nicht erst die Mühe machte, einen Rechtsanspruch auf Schlesien zu konstruieren, sondern sich – nach einem grotesken Ultimatum an Wien – einfach nahm, was er haben wollte.

„Hier auf dem Ratstisch liegen die Schlüssel der Stadt. Ich werde sie Ihnen unter keinen Umständen geben. Wollen Sie sie aber nehmen, so kann ich es nicht hindern."

Das Ungeheuerliche seiner Tat war Friedrich nur allzu bewusst, sprach er doch selbst davon, Caesar gleich den Rubikon zu überschreiten, und meinte damit die Grenze zu Schlesien, die seine Truppen Mitte Dezember 1740 passierten. Wie wenig Widerstand von der schlesischen Bevölkerung zu erwarten war, illustriert eine Anekdote vom Einzug der preußischen Truppen in die niederschlesische Stadt Grüneberg: Der Oberstleutnant, dessen Regiment vor den Toren der Stadt steht, trifft im Rathaus auf die versammelten Ratsherren. Da sagt der Bürgermeister zu ihm: „Hier auf dem Ratstisch liegen die Schlüssel der Stadt. Ich werde sie Ihnen unter keinen Umständen geben. Wollen Sie sie aber nehmen, so kann ich es nicht hindern." Der Offizier lacht, nimmt die Schlüssel, lässt die Stadttore öffnen und befiehlt dem Regiment, in die Stadt einzurücken.

Doch die Großmacht Österreich ließ sich ein Land, das Maria Theresia als „den schönsten Edelstein in unserer Krone" bezeichnen sollte, natürlich nicht so einfach wegnehmen. Es kam zu blutigen und verlustreichen Schlachten zwischen Preußen und Österreichern, aus denen die unter Friedrichs Vater, dem „Soldatenkönig", unbarmherzig gedrillten Brandenburger schließlich knapp als Sieger hervorgingen. In den im weiteren Verlauf der österreichischen Erbfolgestreitigkeiten geschlossenen Verträgen gelang es Friedrich dann, seine Neuerwerbung auf Dauer zu sichern.

Schlesien war nun also preußisch. Und diese Akquisition passte kulturell und politisch so gar nicht zum Kernland der Hohenzollern, angefangen damit, dass Schlesien im Gegensatz zum protestantischen Preußen ein gemischtkonfessionelles Land war, dessen ungefähr eine Million Einwohner zur Hälfte den katholischen Glauben besaßen. Das war schon beim Einmarsch der preußischen Truppen augenfällig geworden. In Niederschlesien, wo die meisten Protestanten lebten, war Friedrich von der evangelischen Bevölkerung begeistert empfangen worden. In Breslau dagegen hatten nur die mehrheitlich lutherischen Handwerker und Proletarier gejubelt, während sich der katholische Adel und das Bürgertum sehr zurückgehalten hatten. Allgemein bewundert wurde jedoch auch hier das Auftreten der Preußen. „Lauter extra schöne, wohl qualifizierte, galantmundierte Leute“ seien da in die Stadt gekommen, berichtete ein Augenzeuge. Es waren Männer aus einem kargen und armen Land, das sich mit Fleiß und Disziplin, militärischer Aufrüstung und moderner Einwanderungspolitik hochgearbeitet hatte. Sie trafen auf eine zwar durch Bergbau, Tuchherstellung und Handel reiche, aber auch spätfeudale und traditionelle Gesellschaft, deren Eliten nach Wien und nach Rom blickten. Wie gelang es Friedrich, den man nun bald „den Großen“ nennen würde, dieses ihm so fremde Land innerhalb weniger Jahre zu einem selbstverständlichen Teil Preußens zu machen?

Zunächst einmal mussten die bisher Einflussreichen im Land versichern, dass sie fortan nur Friedrich treu sein würden. Im Rathaus von Breslau legte er dazu für seine neuen Untertanen einen glanzvollen Auftritt hin, bestieg in Uniform den Thron und nahm so die Huldigung der Stände entgegen. Dass mit solch einer formalen Bekundung von Loyalität Misstrauen und Skepsis nicht aus der Welt geschafft sein konnten, war dem König nur allzu bewusst. Hier half nur eine kluge Politik über einen längeren Zeitraum. Friedrichs Strategie war es, die bisherigen Machtstrukturen auszulöschen und gleichzeitig den eigentümlichen Charakter des Landes zu bewahren.

Nachdem die schlesische Ständevertretung im Spätherbst 1741 aufgehoben worden war, verschwanden die vielen kleinen Fürstentümer, und eine neue preußische Provinz entstand, die innerhalb von zwei Jahren nach dem Muster der Kernprovinzen komplett umorganisiert wurde. Die alten Behörden wurden beseitigt und zügig eine neue Verwaltung und eine moderne Justiz aufgebaut. So entstanden unter anderem zwei große Kammerbezirke mit Sitz in Breslau und Glogau, während Schlesien als Ganzes – anders als die übrigen Provinzen – einem dirigierenden Staatsminister unterstellt wurde, der wiederum direkt dem König unterstand. So sicherte sich Friedrich die Möglichkeit, in der Anfangsphase der Umgestaltung jederzeit persönlich eingreifen zu können. Überdies zeigte er Präsenz im Land, reiste herum, hörte sich die Sorgen und Nöte der Schlesier an und versuchte, offensichtliche Pannen und Ungerechtigkeiten schnell zu korrigieren. Zum ersten Schlesienminister ernannte Friedrich mit Ludwig Wilhelm von Münchow einen seiner Vertrauten, der als ruhiger, besonnener und ausgleichender Mensch bekannt war. Dieser musste mit einem schwankenden Adel und einem Preußen feindlich gesinnten katholischen Klerus zurechtkommen.

Wirtschafts- und finanzpolitisch übertrug Friedrich jene Rezepte auf Schlesien, mit denen er zu Hause erfolgreich war. Die schlesischen Steuerzahler wurden jetzt wesentlich stärker zur Kasse gebeten als früher – doch die Besteuerung war auch gerechter und transparenter als unter den Habsburgern. Mit einer aktiven Standortpolitik sorgte Friedrich dafür, dass Einwanderer ins Land kamen, der Bergbau ausgeweitet wurde, Eisen- und Glashütten entstanden und Oberschlesien so zur Wiege der industriellen Revolution in Preußen werden konnte.

Die härteste Nuss waren aber die unterschiedlichen religiösen Bekenntnisse in Schlesien. Bisher waren die Katholiken von den Österreichern gehätschelt worden – nun glaubten die Protestanten, die Staatsmacht ganz auf ihrer Seite zu haben. Schnell machte das böse Wort von einem bevorstehenden „Religionskrieg" die Runde. Nun war Friedrich zwar dem Taufschein nach Protestant, für ihn persönlich waren aber alle Kirchen und Religionen gleich, und zwar – auch wenn er das natürlich nicht laut sagte – gleich unsympathisch. Deshalb war er hier einigermaßen unvoreingenommen und wollte vor allem für Ruhe und gute Stimmung sorgen.

Das machte er so: Die Evangelischen erhielten alle ihre unter den Habsburgern verlorenen Rechte zurück – aber den Katholiken wurde dafür nichts weggenommen. Friedrich widersetzte sich allen weitergehenden Forderungen der evangelischen Schlesier, etwa nach Rückgabe der von den Österreichern katholisierten Kirchen oder nach Abschaffung der Abgaben an den katholischen Klerus. Die Protestanten durften sich aber neue „Bethäuser" bauen und errichteten tatsächlich bis 1756 über 200 Kirchenbauten.

Von einer pantheonförmigen Simultankirche für alle Religionen mitten in Berlin hatte Friedrich in seiner Jugend in Rheinsberg geträumt.

Die wiederhergestellten Rechte der Protestanten, etwa in der kirchlichen Gerichtsbarkeit, erregten nun aber den Unmut des katholischen Bischofs von Breslau. Um ihn zu besänftigen, schuf Friedrich ein Generalvikariat für sämtliche Katholiken in Preußen und machte Kardinal Graf Sinzendorf aus Breslau zu ihrem Oberhirten, was den geschmeidigen Kirchenfürsten dann über vieles andere hinwegsehen ließ. Und in den 1770er Jahren ignorierte Friedrich sogar schlicht die vom Papst verfügte Auflösung des Jesuitenordens und machte die schlesischen Jesuiten, die er als hervorragende Lehrer schätzte, kurzerhand zu Mitgliedern eines als Ordensersatz gegründeten „Königlichen Schul-Instituts".

Das sichtbarste Symbol der toleranten Politik Friedrichs gegenüber den schlesischen Katholiken sollte dann aber der erste Neubau einer katholi-

Nach der gelungenen Integration Schlesiens in Preußen wurde Breslau im neunzehnten Jahrhundert zu einer prosperierenden Industriestadt mit rund einer halben Million Einwohnern.

schen Kirche in Berlin seit der Reformation werden. Nicht irgendwo, sondern auf dem repräsentativsten Baugelände der Hauptstadt, wo an der Straße Unter den Linden auch die königliche Bibliothek, die Oper und das Palais für Friedrichs Bruder Heinrich entstanden, schenkte der König den Katholiken ein Grundstück für die künftige Hedwigskathedrale. Das Aussehen der Kirche, in Anlehnung an das Pantheon in Rom, bestimmte der König selbst und erwies sich damit als ziemliches Schlitzohr. Denn von einer pantheonförmigen Simultankirche für alle Religionen mitten in Berlin hatte Friedrich in seiner Jugend in Rheinsberg immer geträumt, das Projekt aber später als utopisch verworfen. Nun bekam er doch noch sein Pantheon, wenn auch um den Preis, dass allein die Katholiken dort einzogen.

Wie würde der Alte Fritz wohl heute als Vorstandschef eines jungen und expandierenden internationalen Konzerns agieren? Sicherlich hätte er keine Skrupel bei der feindlichen Übernahme eines profitablen Traditionsunternehmens. Aber dann würde er bei dessen Eingliederung vielleicht sehr umsichtig vorgehen, etwa so: Das Management zusammentrommeln und verkünden, niemand werde entlassen, aber er erwarte von allen absolute Loyalität. Die Geschäftsprozesse radikal umbauen und den eigenen effizienten Abläufen angleichen, aber die besondere Kultur des Unternehmens, seine Traditionsmarken und Produkte erhalten. Alte Seilschaften konsequent entmachten, aber gegen die Begehrlichkeiten der bisher zu kurz Gekommenen immun sein. Das Unternehmen nicht zur Werkbank der Konzernmutter degradieren, sondern es hoch innovativ machen. Und dann noch: präsent sein, zuhören, mit Gesten des Respekts und der Anerkennung nicht geizen.

7

Synergien – Der Wiener Kongress und die Vereinigung der Niederlande: Warum Fusionen allzu oft scheitern. Wer Unfrieden, Auflehnung und Chaos wünscht, der braucht nur eine der beiden zu fusionierenden Unternehmensteile zu demütigen und zu benachteiligen. Irgendwann erhebt sich jeder Knecht.

„Montag Feuerwerk, Dienstag Festbeleuchtung, Mittwoch Revolution!“

Mit der Schlussakte des Wiener Kongresses, auf dem die europäischen Mächte nach dem Sturz Napoleons I. die Territorien des Kontinents neu ordneten, wurde 1815 in den Grenzen der heutigen Niederlande, Belgiens und Luxemburgs das Königreich der Vereinigten Niederlande errichtet. Ein einheitlicher niederländischer Staat schien zwar durchaus vernünftig, doch bald traten große Spannungen zwischen Süden und Norden auf. Mit der Revolution in Brüssel 1830 kam es nach nur 15 Jahren zur Spaltung; der Staat Belgien wurde gegründet.

In Belgien wird heute noch gern die Geschichte von der Geburt dieses Staates im Opernhaus erzählt. Es war am Abend des 24. August 1830, als im Théâtre Royal de la Monnaie im Zentrum von Brüssel die Oper „Die Stumme von Portici“ des französischen Komponisten Daniel François Esprit Auber aufgeführt wurde. Wohl nicht ganz zufällig stand dieses Gastspiel aus Paris, wo im Sommer die „Julirevolution“ Karl X. vom Thron gefegt und den „Bürgerkönig“ Louis Philippe an die Macht gebracht hatte, ausgerechnet am Geburtstag des in Flandern und Wallonien wenig geschätzten Wilhelm I. von Oranien auf dem Programm. Der Herrscher über das seit dem Wiener Kongress bestehende Königreich der Vereinigten Niederlande wollte seinen Untertanen im Süden eine mehrtägige Feier mit gigantischem Feuerwerk und Festbeleuchtung des Parc de Bruxelles schenken. Doch in der alten Hauptstadt von Brabant gärte es. An zahlreichen Häuserwänden fand sich der Spruch: „Montag Feuerwerk, Dienstag Festbeleuchtung, Mittwoch Revolution!“ Wegen der aufgeheizten Stimmung sagten die Behörden das Feuerwerk aus Sicherheitsgründen ab. Alles andere folgte genau diesem Zeitplan.

Die Oper „Die Stumme von Portici“ spielt vor dem Hintergrund des so genannten Masanielloaufstands in Neapel 1647. Tommaso Aniello, genannt Masaniello, war ein neapolitanischer Fischer, der das Volk in einer Revolution gegen die Steuerlast der Obrigkeit anführte und anschließend selbst ein Schreckensregiment errichtete. Im zweiten Akt rotten sich die Fischer am Meeresstrand von Portici zusammen. Masaniello gelobt wilde Rache für die vermeintliche Schändung seiner Schwester – das Thema Geld ist zwar im wirklichen Leben, doch kaum in der Oper ein ausreichender Grund für eine Revolution. Im dritten Akt bricht dann auf dem Marktplatz von Neapel der Aufstand los, und es kommt zum entscheidenden Kampf. Im fünften und letzten Akt wird Masaniello, seit Akt vier Stadtoberhaupt von Neapel, von den eigenen Genossen erstochen – doch dieses Detail blieb für die Geschichte Belgiens irrelevant.

Es waren die Freiheitsgesänge der Neapolitaner – gesungen auf Französisch, der Alltagssprache der meisten Zuhörer –, die das Brüsseler Publikum von den Plätzen rissen und die Oper zum Teil einer größeren, einer revolutionären Inszenierung prädestinierten. Als der Chor auf der Bühne „Amour sacré de la Patrie“ – heilige Vaterlandsliebe – sang, und das auch noch zur Melodie der „Marseillaise“, konnte sich auf den Rängen kaum noch jemand beherrschen. Der Saal heizte sich dermaßen auf, dass das bürgerliche Publikum sich nicht mehr beruhigen konnte, als es nach dem Ende der Aufführung auf die Place de la Monnaie strömte. Immer noch sangen, ja grölten die Opernfreunde die Freiheitslieder der Fischer – und steckten damit das einfache Volk auf der Straße an.

Die Arbeitermassen waren nun von etwas zupackenderem Naturell als die kulturbeflissenen Bürger und beließen es nicht bei leidenschaftlichen Gesängen. Erst gingen nur Fensterscheiben zu Bruch, dann brannten Regierungsgebäude. Am nächsten Tag hatte sich der Krawall in der ganzen Stadt ausgebreitet, es gab mehr als tausend Tote, und die sechstausend Soldaten, die der König in der Stadt stationiert hatte, traten erst einmal den Rückzug an. Daraufhin bildeten die Bürger eine provisorische Stadtregierung. Mittwoch: Revolution – Voilà!

Vor 1830 waren die Belgier jahrhundertelang die Verfügungsmasse anderer europäischer Mächte gewesen.

Mit einigem Recht lässt sich behaupten, dass die Belgier im August 1830 zum ersten Mal ihr Schicksal selbst in die Hand nahmen, nachdem sie jahrhundertelang die Verfügungsmasse anderer europäischer Mächte gewesen waren. Die Geschichte des Landes an der Schnittstelle zwischen romanischer und germanischer Kultur, wo Karl der Große geboren wurde, war mehr als wechselhaft. Eine große Blütezeit erlebten die Niederlande, vor allem die südlichen Regionen Flandern, Brabant und Limburg, im späten Mittelalter als Teil des Herzogtums Burgund, das von den Alpen bis an die Nordsee reichte. Weil Maria, eine Tochter Karls des Kühnen von Burgund, den späteren deutschen Kaiser Maximilian I. heiratete, kamen die Niederlande 1477 an das mächtige Haus Habsburg.

Da gab es nun einen österreichischen und einen spanischen Zweig der Familie. Die Niederländer landeten – selbstverständlich immer, ohne nach ihrer Meinung gefragt worden zu sein – schließlich 1555 bei Philipp II. von Spanien. Dieser sorgte zwar für blühende Landschaften in wirtschaftlicher und kultureller Hinsicht, regierte im Übrigen aber mit harter Hand. Als die Niederländer aufmuckten, schickte Philipp den Herzog Alba als Law-and-order-Mann in das Land an der Nordsee. Die Grafen Egmont und Horne wurden auf dem Marktplatz von Brüssel einen Kopf kürzer gemacht und lieferten damit zumindest Stoff für das Schauspiel beziehungsweise die Konzertouvertüre „Egmont“ der späteren deutschen Klassiker Goethe und Beethoven.

Die Nordniederländer hatten schon 1581 mit der Gründung der Republik der Vereinigten Niederlande ihre Selbstständigkeit erkämpft.

Im Norden der Niederlande ließ man sich unterdessen nicht unterkriegen. Zwölf Städte wählten Wilhelm von Oranien zu ihrem Statthalter, unter dessen Führung 1579 die Utrechter Union gegründet wurde, bestehend aus Holland, Seeland, Utrecht, Geldern, Overijssel, Friesland und Groningen. Zwei Jahre später gründeten diese Gebiete dann einen Staat – ganz ohne König – und sagten sich als Republik der Vereinigten Niederlande von Spanien und den Habsburgern los. Auch das übrigens wieder ein spannender Stoff für unsere deutschen Klassiker, nämlich Vorlage für Schillers „Abfall der Vereinigten Niederlande“.

An diesem Punkt trennten sich also die Wege der Bewohner des Nordens und des Südens der niederländischen Region. In den südlichen Niederlanden stellte der Spanier Alexander Farnese 1585 wieder Ruhe und Ordnung im Sinn der Habsburger Monarchie her, während die Selbstständigkeit des Nordens Bestand hatte und im Westfälischen Frieden von 1648 international anerkannt wurde. Zu dieser Zeit hatte in den holländischen Städten längst ein „Goldenes Zeitalter“ des Handels und der Kultur begonnen, dessen Zeugnisse heute in den großen Museen der Welt zu bewundern sind. Der Süden dagegen verarmte zunehmend, nicht zuletzt durch die holländische Blockade der Schelde, die Antwerpen zu schaffen machte. Schließlich zeichnete sich auch eine religiöse Spaltung ab. Der

Süden blieb unter den Spaniern streng katholisch, während es im Norden zwar einen großen katholischen Bevölkerungsanteil gab, das Land durch das protestantische Stadtbürgertum aber zu einer Art calvinistischem Musterstaat wurde.

Nach dem Spanischen Erbfolgekrieg wechselten die südlichen Niederlande dann innerhalb der Familie den Besitzer, fielen 1714 an den Wiener Zweig der Habsburger und firmierten nun als Österreichische Niederlande. Reibungslos verlief auch diese Zeit nicht – man stritt vor allem über seit dem Mittelalter in Brabant gewährte bürgerliche Freiheiten, welche die österreichischen Absolutisten abschaffen wollten. Mit dem Programm von Freiheit, Gleichheit und Brüderlichkeit auf den Fahnen rückten dann 1794 die französischen Revolutionstruppen in den südlichen Niederlanden ein und machten das Land kurzerhand zu einem Teil der Französischen Republik.

Das revolutionäre Gedankengut drang während dieser Zeit in viele Köpfe ein. Ebenso wie in Frankreich fanden Freidenker Zulauf, die von der katholischen Kirche nichts mehr wissen wollten. Auch die französische Sprache, die schon in der spätmittelalterlichen Burgunderzeit Merkmal der Oberschicht gewesen war, erhielt nun Auftrieb und wurde endgültig zur Alltagssprache des gebildeten Bürgertums. Kurzum: Die Liebe zu Frankreich schlug tiefe Wurzeln. Noch heute heißt der zentrale Platz im ostbelgischen Lüttich „Place de la République Française“, und es gibt Wegweiser in der Innenstadt, die rechts zum Bahnhof Guillemins, links zur Kathedrale und geradeaus nach Paris weisen.

Als nun der Wiener Kongress die Landkarte Europas neu ordnete – nachdem Napoleon den Bogen überspannt hatte –, stand auch die Frage nach der Zukunft der Niederlande auf dem Programm. Für die konservativen Fürsten hieß der rechtmäßige Eigentümer des Südens immer noch Österreich, während das Haus Oranien Ansprüche auf den Norden geltend machen konnte. Österreich kam beim Wiener Kongress glänzend weg, schließlich war es ein Heimspiel unter der Führung des Lokalmatadors Fürst Metternich, verzichtete aber auf seinen Teil der Niederlande zugunsten der Lombardei und Venetiens, die für seine strategischen Interessen wichtiger waren als das weit entfernte Polderland. So kam man denn auf die Idee, die beiden Teile der Niederlande wieder zusammenzufügen und dem Oranier Wilhelm I. zu unterstellen. Derart geeint hatte eine – alles in allem – immer schon wohlhabende Region jetzt die Chance, ein prosperierender neuer Staat zu werden. So sah es zumindest aus.

Nun schuf der Wiener Kongress sicherlich sozial und kulturell gewagtere Konstellationen als das Königreich der Vereinigten Niederlande – Holstein zum Beispiel ging an Dänemark, ein Großteil Polens an Russland. Die Unterschiede zwischen Nord und Süd innerhalb der Niederlande wurden aber wohl mächtig unterschätzt. Und Wilhelm I. war so berauscht von seinem niederländischen Großreich, dass er die Bewohner der südlichen Landesteile, die immerhin die Mehrheit der Bevölkerung stellten, immer wieder vor den Kopf stieß.

Das fing schon bei der Hauptstadtfrage an. Der Wunsch des Südens, den Regierungssitz in die größte Stadt des Landes, nach Brüssel, zu verlagern, stieß beim König auf taube Ohren. Es blieb bei der Hauptstadt Amsterdam und der Residenzstadt Den Haag, wie es die Holländer gewohnt waren. Als einziges Zugeständnis sollten die Generalstände abwechselnd in Amsterdam und Brüssel tagen. Die Abstimmung über die Verfassung des neuen Staates sprach dann Bände über die Stimmung und die Machtverhältnisse im Land. Im Norden wurde das neue Grundgesetz mit überwältigender Mehrheit gebilligt, der Süden dagegen erteilte ihm mit 796 gegen 527 Stimmen eine klare Absage. Das Ergebnis wurde vom Königshaus jedoch einfach umgedeutet. Zunächst zählte man die Stimmen der gar nicht erst angereisten 281 Abgeordneten als Ja-Stimmen. Weil das Gesamtergebnis knapp blieb, wertete man auch die 126 Nein-Stimmen positiv, die mit dem Zusatz abgegeben worden waren, gegen die Garantie der Gleichstellung der Konfessionen zu sein. In Amsterdam entschied man, das sei kein ausreichender Ablehnungsgrund, und setzte die „mehrheitlich“ beschlossene Verfassung am 24. August 1815 in Kraft.

Wirtschaftlich lebte der Norden von Landwirtschaft, Handel und Bankwesen, während der Süden schon viel stärker industrialisiert war und eine Bevölkerungsexplosion erlebte, die auch ein wachsendes Proletariat bedeutete. Gent war das Zentrum der Baumwollverarbeitung, Verviers und Lüttich waren bekannt für ihre Tuchindustrie, während in Mons und Charleroi das Bergwerks- und Hüttenwesen florierte. Der wirtschaftliche Aufschwung des Südens traf sich für den Norden gut, hatte Holland doch 1,7 Milliarden Gulden Staatsschulden abzutragen – die nun auch die Schulden der Belgier waren –, und dafür einen Tilgungsplan über dreihundert Jahre aufgestellt.

Mehr noch als alle rechtlichen und wirtschaftlichen Fragen waren aber Religion, Sprache und Kultur der Spaltpilz der jungen Monarchie. Wilhelm machte die niederländische Sprache zur Amtssprache im gesamten

Königreich und hätte sie auch gern als Alltagssprache aller seiner Untertanen gesehen. Für die gebildeten Flamen war das aber die Sprache der Bauern, für die Wallonen in den Regionen Lüttich, Namur und Hennegau schlicht eine Fremdsprache. Überhaupt fanden die Wallonen alles Holländische schrecklich provinziell und träumten davon, wieder Teil der Grande Nation zu sein. Den Flamen waren die Holländer kulturell nicht ganz so fremd, dafür war den frommen Katholiken deren Calvinismus ein Gräuel. Als Amsterdam die belgischen Bischofsschulen schließen wollte, lagen die Nerven blank. Immerhin waren drei Viertel der Menschen im gesamten Königreich katholisch, sollten sich aber dem Diktat der protestantischen Holländer unterwerfen.

Den Liberalen in den Städten des Südens wiederum war zwar die Religion gleichgültig, sie störten sich dafür am autoritären Führungsstil des Königs. Schließlich kam es zu einer antiholländischen Allianz aus Katholiken und Liberalen, die sich eigentlich spinnefeind waren, aber eben einen gemeinsamen Gegner hatten. Die Allianz forderte Sprach- und Schulfreiheit, Pressefreiheit und die Direktwahl des Parlaments – was das Ende der holländischen Vorherrschaft bedeutet hätte. Als Wilhelm sich zu spät und zu zögerlich bewegte, wurden Pläne für eine Revolution geschmiedet. „Die Stumme von Portici“ sollte das nicht zu überhörende Startsignal geben.

> Unternehmensfusionen bieten auf dem Papier oft glänzende Perspektiven – Synergien und Effizienzsteigerungen wo man hinschaut. Dennoch scheitern nachweislich die meisten Merger oder halten zumindest nicht das, was man sich von ihnen versprochen hat. Oft zeigt schon der Versuch, gemeinsame Geschäftsprozesse zu implementieren, dass eine der beiden zusammenzufügenden Hälften immer irgendwie besser wegkommt. Vor allem aber machen Unterschiede der Unternehmenskulturen, die sich tief in die Köpfe und Herzen der Mitarbeiter eingegraben haben, das Entstehen eines gemeinsamen Ganzen ungeheuer schwer. Es sind diese „weichen" Faktoren, die zunächst unterschätzt werden, bald aber harte Fakten und echte Probleme schaffen.

8

Return on Investment – William Henry Seward und der Kauf Alaskas von Russland: Bei Akquisitionen braucht man den richtigen Riecher. Nicht immer tritt der Wert des Geschäfts unmittelbar zutage. Mitunter braucht es Geduld und ein dickes Fell, bis der einsetzende Erfolg dem Manager nachträglich doch noch Recht gibt.

Sewards Schildbürgerstreich – eine amerikanische Erfolgsstory

Das heutige Alaska gehörte in der ersten Hälfte des neunzehnten Jahrhunderts den Russen. Die „Russisch-Amerikanische Kompanie“ hatte dort das Monopol auf den Pelzhandel. Als sich die Geschäfte nicht mehr lohnten, wollte der Zar das riesige Gebiet loswerden. Der amerikanische Außenminister William Henry Seward (1801–1872) erwarb Alaska für die USA – und erntete dafür zunächst nichts als Spott.

Am 18. Oktober 1867 schallt das Echo von Salutschüssen über die fast menschenleere, nördlich des 55. Breitengrades gelegene Pazifikinsel Sitka, wird von den schneebedeckten Bergen zurückgeworfen und verhallt über der endlosen Wasserfläche des Stillen Ozeans. Eine kleine Garnison von russischen Soldaten übergibt eine mehr als 1,5 Millionen Quadratkilometer große Kolonie des Zaren an 250 Amerikaner in dunkelblauen Uniformen. Die offizielle Zeremonie ist kurz und schlicht und wird nur durch einen kleinen Zwischenfall etwas in die Länge gezogen: Beim Einholen verfängt sich die russische Fahne auf halbem Weg an dem 25 Meter hohen Fahnenmast. Mit einer sportlichen Glanzleistung muss ein junger Soldat die Situation retten, indem er an dem Fahnenmast hinaufklettert und das vom Wind gepeitschte Tuch mit den Farben seines Monarchen aus der Klemme befreit. Anschließend werden die „Stars and Stripes“ der Vereinigten Staaten von Amerika gehisst. General Lovell H. Rousseau erklärt schließlich gegenüber dem russischen Kommandanten die Übergabe des riesigen Gebietes von Alaska an die junge amerikanische Demokratie für erfolgt.

Außergewöhnlich an diesem Vorgang war nicht nur die schiere Größe des übereigneten Landes, sondern auch die Art und Weise, wie es zu dem Besitzwechsel kam. Denn hier handelte es sich einmal nicht, wie so oft in der Geschichte, um die Landnahme eines militärischen Siegers, sondern um die Erfüllung eines Rechtsgeschäfts. Amerika hatte den Russen Alaska schlicht und einfach abgekauft, und zwar für ausgesprochen günstige 7,2 Millionen Dollar, was einem Preis pro Hektar Land von ungefähr fünf Cent entspricht. Der Architekt dieses Deals war der amerikanische Außenminister William Henry Seward. Und der konnte froh sein, dass die Übergabezeremonie am Ende der Welt und unter Ausschluss der Öffentlichkeit stattfand, denn die Sache mit der Fahne wäre ein gefundenes Fressen für die Zeitungen gewesen, die Seward wegen seines Kaufs ohnehin mit Hohn und Spott überzogen. So hatte der „New York Herald" vor kurzem diese Satire in Form einer Anzeige veröffentlicht:

> *CASH! CASH! CASH! – Wir bieten Cash für abgelegene Territorien. Höchstpreise für alte Kolonien im Norden wie im Süden. Verarmte Monarchen, die sich aus dem Kolonisierungsgeschäft zurückziehen wollen und einen Käufer suchen, schreiben an: William Henry Seward, Postfach, Washington, D. C.*

Längst hatte der Volksmund, nicht nur in der Hauptstadt Washington, einen Namen für den Kauf Alaskas gefunden: „Seward's Folly" – sinngemäß übersetzbar als „Sewards Schildbürgerstreich". Und der Kongress, der von der Opposition dominiert war, hatte den Deal sogar im letzten Moment noch stoppen wollen, indem er sich nämlich weigerte, die nötigen Haushaltsmittel freizugeben. Der demokratische Abgeordnete Benjamin Butler aus Massachusetts äußerte vor dem Hohen Haus, wenn die Vereinigten Staaten sich die Freundschaft Russlands erkaufen wollten, dann wäre es besser, den Russen die 7,2 Millionen Dollar einfach zu schenken. Sein wertloses Alaska solle der Zar aber bitte behalten.

„Amerika wird eine Generation brauchen, bis es die Sache zu schätzen weiß."

Außenminister William Henry Seward zeigte sich von aller Kritik vollkommen unbeeindruckt. Der 66-Jährige hielt den Kauf Alaskas vielmehr für die bedeutendste Leistung seiner politischen Karriere. Allerdings sagte er voraus, es werde eine Generation dauern, bis sein Land die Akquisition zu schätzen wisse. Seward immerhin konnte sich sofort freuen, auch wenn es wenige gab, mit denen er seine Freude hätte teilen können. Alaska war für ihn alles andere als ein Impulskauf gewesen, sondern die Konsequenz einer seit vielen Jahren entwickelten politischen Strategie.

William Henry Seward stammte aus Florida, hatte sich aber kurz nach dem juristischen Examen als Rechtsanwalt in Auburn, im Bundesstaat New York, niedergelassen, was die Weichen für eine politische Laufbahn in den Nordstaaten stellte. Als Gouverneur von New York lag er im Dauerstreit mit seinen Amtskollegen aus den Südstaaten über das Thema Sklaverei. Im Jahr 1846 verteidigte er als Anwalt zwei psychisch kranke Schwarze, die des Mordes angeklagt waren. Der Prozess und vor allem sein Buch darüber machten ihn landesweit bekannt. 1849 wurde er Senator, und als fünf Jahre später die republikanische Partei gegründet wurde, trat er ihr nach einigem Zögern bei.

Nach dem Wahlsieg der Republikaner 1860 wurde Abraham Lincoln amerikanischer Präsident und bot Seward das Amt des Außenministers an. Dieser akzeptierte unter der Bedingung, dass er der eigentliche Kabinettschef – also eine Art Premierminister – sein würde. Der politisch noch wenig erfahrene Lincoln ging auf die mit eben dieser vermeintlichen Schwäche des neuen Präsidenten begründete Forderung Sewards ein. Lincoln und Seward wurden schließlich auch öffentlich so sehr als politisches Tandem wahrgenommen, dass in derselben Nacht, in der Lincoln durch die Kugel eines Attentäters starb, auch Seward bei einem Anschlag verletzt wurde. Im Kabinett des nächsten Präsidenten Andrew Johnson blieb Seward Außenminister.

Der Amerikanische Bürgerkrieg, der 1861 mit dem Austritt von elf Südstaaten aus der Union begann und 1865 mit dem Sieg des Nordens endete, lenkte die Amerikaner nur kurze Zeit von ihrem größten Projekt im 19. Jahrhundert ab: der territorialen Ausdehnung und dem damit verbundenen Aufstieg zur Großmacht. Man sprach allgemein von „manifest destiny", vom vorbestimmten Schicksal der USA, den gesamten nordamerikanischen Kontinent zu besitzen und außenpolitisch die führende Macht der westlichen Hemisphäre zu werden. Dass Kanada immer noch den Briten gehörte, empfanden Männer wie Seward als einen regelrechten Anachronismus und zeigten sich überzeugt, sich dieses Territorium bald einverleiben zu können. Die niedriger hängende Frucht war aber zunächst „Russisch Amerika", wie jenes Land zu dieser Zeit noch hieß, das später, in der Hand der Amerikaner, nach dem Aleutischen Wort für „Festland" Alaska genannt werden würde.

Der Pelzhandel hatte die Russen Ende des achtzehnten Jahrhunderts nach Nordamerika geführt, sie machten Jagd auf Robben und Otter sowie auf dem Festland auf Füchse. Bald hatte sich die „Russisch-Amerikanische

Kompanie“ das Monopol für den Pelzhandel im späteren Alaska gesichert. Doch die Pelzjagd wurde so rücksichtslos betrieben, dass die Tiere um die Mitte des neunzehnten Jahrhunderts fast ausgerottet waren und sich das Geschäft kaum noch lohnte. Die hohen Kosten für die Erschließung und militärische Sicherung des riesigen Landes ließen sich immer weniger rechtfertigen. Hinzu kam, dass das Zarenreich in Kriege mit anderen europäischen Ländern verwickelt war und fürchten musste, Russisch Amerika werde über kurz oder lang von den Briten erobert werden. Umso besser also, sagte man sich in St. Petersburg, wenn sich ein zahlungskräftiger Käufer für das inzwischen fast wertlose Land fände, das man ohnehin nicht mehr lange würde halten können.

Seward sah in Asien die großen Mächte und Märkte der Zukunft entstehen. „Asien wird ein Hauptschauplatz der Zukunft sein“, meinte er schon in den 1850er Jahren.

William Henry Seward plante alles andere als Amerikas Einstieg in den Pelzhandel am nördlichen Pazifik. Aus seiner Sicht sprachen militärische und handelspolitische Gründe für den Landkauf. Amerika müsse Grönland und Island erwerben, um den Atlantik zu beherrschen, und Alaska besitzen, um im pazifischen Raum die führende Macht zu werden. Nebenbei nähme man die britische Kolonie British Columbia gewissermaßen in die Zange und sei damit einen Schritt weiter auf dem Weg, sich Kanada einzuverleiben. Nicht zuletzt sah Seward in Asien die großen Mächte und Märkte der Zukunft entstehen. „Asien wird ein Hauptschauplatz der Zukunft sein“, meinte er schon in den 1850er Jahren. Amerika müsse sich deshalb mehr zum Pazifik hin orientieren und Alaska würde die entscheidende Brücke für den Seehandel mit den Asiaten sein.

Sewards Verhandlungspartner in Washington war der russische Gesandte Baron Edouard de Stoeckl, ein europäischer Aristokrat der alten Schule, der gleichwohl mit einer Amerikanerin verheiratet war und sich in Washington längst wie zu Hause fühlte. Seward kannte Stoekl seit dem Bürgerkrieg, in dem Russland die Nordstaaten, Großbritannien die Südstaaten unterstützt hatte, so dass man sich schon einmal auf einen gemeinsamen Feind einigen konnte. Auch die eigentlichen Verhandlungen wurden für Seward nicht zur Schwerstarbeit, war Stoeckl doch längst davon überzeugt, dass Russisch Amerika dem Zaren nichts als Ärger einbrachte und dieser gut daran täte, es zu verkaufen, so lange ihm noch jemand etwas dafür böte.

Am Abend des 29. März 1867 klingelte Stoeckl an Sewards Haustür, um ihm mitzuteilen, dass St. Petersburg mit dem Verkauf zum ausgehandelten Preis von 7,2 Millionen Dollar einverstanden war. Seward bestand gegenüber dem verblüfften Russen darauf, sofort die nötigen Leute zusammenzutrommeln und den Vertrag noch in der Nacht im Außenministerium zu unterschreiben. Stoeckl verstand nicht, wie man es bei dieser Sache so eilig haben konnte. Seward wollte die wichtigste politische Entscheidung seines Lebens so schnell wie möglich unumkehrbar machen. Um vier Uhr morgens waren die Dokumente unterschrieben, versiegelt und fertig für den Versand nach St. Petersburg.

Nach der schlichten Zeremonie von Sitka blieb es in Alaska einige Jahre so ruhig wie seit dem Beginn der Pelzjagd nicht mehr. 1880 wurde in Juneau Gold entdeckt, bald darauf an vielen anderen Stellen des Landes. Es kam zu einem Goldrausch, der Tausende Amerikaner in das Land strömen ließ. Ab 1898 kamen Kupferminen hinzu, und von nun an wurden die gewaltigen Bodenschätze des Landes systematisch erschlossen. Wie von Seward vorausgesehen, hatte es tatsächlich ziemlich genau eine Genreration gedauert, bis die Amerikaner die Möglichkeiten entdeckten, die sich ihnen in Alaska boten. Im Zweiten Weltkrieg spielten Alaska und vor allem die dazugehörige Inselgruppe der Aleuten dann auch militärisch eine Schlüsselrolle für die USA. Und in den 1990er Jahren wollte Präsident Bill Clinton hier ein neuartiges Abwehrsystem gegen Interkontinentalraketen aufbauen.

Um 1950 wurde in Alaska Erdöl entdeckt; seit 1977 ist in dem Land eine 1270 km lange Pipeline in Betrieb. Als im Jahr 1969 Förderrechte vergeben wurden, flossen allein 1 Milliarde US-Dollar in die amerikanische Staatskasse. Ein weiterer wirtschaftlicher Schwerpunkt ist heute die Holzindustrie, die – wie einst von Seward geplant – vor allem die asiatischen Märkte beliefert. Kurzum: Alaska wurde für die USA zur Erfolgsstory. Dabei ist die Kaufsumme von 7,2 Millionen Dollar nie vollständig beim Zaren angekommen. Auf dem langen Weg der Goldbarren per Eisenbahn und Schiff von Washington nach St. Petersburg kam es zu einem erheblichen Schwund, der bis heute nicht aufgeklärt ist.

Nicht immer lässt sich das Potenzial von Akquisitionen gleich beweisen. Neben guten Argumenten, die für einen Kauf sprechen müssen, kommt es auch auf den richtigen Instinkt an. Manche Manager haben einen Riecher für Möglichkeiten, sie ahnen, was in einer Sache steckt. Doch wenn sie Pech haben, müssen sie sich von der Mehrheit der Bedenkenträger erst einmal Hohn und Spott gefallen lassen.

9

Werte – Perserkönig Kyros II. und sein Weltreich: Menschlichen Managern gönnt man den Erfolg. Wer seinen Gegnern Respekt zollt, wer Andersdenkende fördert statt bekämpft, wer Gescheiterten wieder auf die Beine hilft statt sie zu verspotten, der muss ein wahrhaft großer Mensch sein. Solchem Selbstvertrauen strömen die Menschen zu.

„Alle Menschen brachte ich an ihre Wohnorte zurück"

Kyros der Große (?–530 v. Chr.) war der größte Eroberer seiner Zeit und begründete das persische Weltreich. Als er die Meder, Lydier und Babylonier unterworfen hatte, reichte sein Einfluss von Griechenland bis zum Kaspischen Meer und umfasste das Zweistromland ebenso wie Syrien und Palästina. Wie kein anderer Eroberer des Altertums zeichnete er sich durch Fairness und Toleranz gegenüber den unterlegenen Völkern aus. Griechischen Autoren wie Herodot und Xenophon galt er deshalb als Inbegriff des guten Herrschers.

In den 1920er Jahren gruben britische Archäologen 150 km westlich der irakischen Stadt Basra die Überreste der alten mesopotamischen Stadt Ur aus. Der eindrucksvolle, pyramidenförmige Tempel von Ur – die Zikkurat – war im 6. Jahrhundert v. Chr. von den babylonischen Königen erneuert worden. Ganz in der Nähe dieses sehr gut erhaltenen Bauwerks machten die Forscher einen spektakulären Fund. Sie entdeckten einen Zylinder aus gebranntem Ton, ungefähr so groß wie eine Buchrolle, der engzeilig mit babylonischen Buchstaben beschrieben war. Der Text erzählt, wie der Perserkönig Kyros II. im Jahr 539 v. Chr. Babylonien eroberte und das Land anschließend regierte. Auf dem von den Archäologen bald als Kyros-Zylinder bezeichneten Fundstück schreibt der Ich-Erzähler Kyros an einer Stelle:

> *Von Ninive, Assur und Susa, Akkad, Eschunna, Zaban, Meturnu und Der, bis zum Gebiet von Gutium, den Städten jenseits des Tigris, deren Wohnungen seit langem brachlagen, brachte ich die Götter, die in*

ihnen gewohnt hatten, an ihre Orte zurück und ließ sie ewige Wohnung aufschlagen. Alle ihre Menschen versammelte ich und brachte sie an ihre Wohnorte zurück.

Diese Textpassage gewährt einen Einblick in das, was die Politik des persischen Großreiches unter Kyros dem Großen im 6. Jahrhundert vor unserer Zeitrechnung von den Praktiken der übrigen Völker des Alten Orients unterschied. Durch Kyros wurde Großzügigkeit gegenüber besiegten Völkern zum festen Bestandteil persischer Kultur. Er übte Toleranz angesichts fremder Sitten und Religionen, ja förderte sogar den Wiederaufbau von Heiligtümern anderer Volksgemeinschaften, wo sie die Babylonier zerstört hatten. Nicht zuletzt ließ er die von den Babyloniern verschleppten Völker in ihre Heimat zurückkehren und dort ihre Kultstätten neu errichten.

Die berühmtesten Rückkehrer sind die Juden, die im Jahr 538 v. Chr. aus ihrer „Babylonischen Gefangenschaft" nach Palästina heimkehren und in Jerusalem den Tempel wieder aufbauen konnten, wie es die Bibel historisch verlässlich berichtet. Der babylonische König Nebukadnezar II. hatte nämlich nach der Eroberung Palästinas im Jahr 598 v. Chr. die gesamte jüdische Oberschicht in das Zweistromland verschleppt und Jerusalem völlig zerstört. Die entführten Juden waren dem babylonischen Reich eingegliedert worden und hatten in kleinen Ortschaften zwar relativ selbstständig, doch deprimiert, entwurzelt und ohne Perspektive gelebt. Jetzt ermöglichte Kyros ihnen nicht nur die Rückkehr, sondern ordnete – vielleicht sogar persönlich – den Wiederaufbau des Tempels von Jerusalem an. Kyros war allerdings im reichen und fruchtbaren Babylonien bald so beliebt, dass einige Juden gar keine Lust mehr hatten, in das darniederliegende Palästina zurückzukehren. So kam es auf Dauer zu einer jüdischen Gemeinschaft außerhalb Palästinas – der „Diaspora".

Im Jahr 550 v. Chr. besiegten die Perser das mächtige Medien und wurde damit überraschend zur Weltmacht.

Um Kyros, den Gründer des Perserreiches, rankten sich schon zu seinen Lebzeiten viele Legenden, die von späteren Generationen noch weiter ausgesponnen wurden. So soll Kyros als Kind einem Schafhirten zur Pflege übergeben worden sein, worin das biblische Motiv von Moses im Schilf anklingt. Nach einem Bericht des griechischen Geschichtsschreibers Herodot hatte sein Vater eine Tochter des Mederkönigs Astyages geheiratet. Danach hätte Kyros, als er im Jahr 550 v. Chr. die Meder besiegte, gegen seinen eigenen Großvater revoltiert, dessen unzufriedene Truppen dann zu ihm übergelaufen wären. Tatsache ist, dass die Perser, die bisher ein kleines, von den Medern abhängiges Königtum gewesen waren, in diesem Jahr völlig überraschend das mächtige Medien geschlagen hatten und damit zur Weltmacht aufgestiegen waren.

Schon hier muss es zu einem ausgesprochen fairen Machtwechsel gekommen sein. Kyros behandelte den besiegten Astyages ehrenhaft und plünderte auch dessen Hauptstadt Ekbatana nicht, wie es den kriegerischen Sitten und Gebräuchen der damaligen Zeit eigentlich entsprochen hätte. Stattdessen machte Kyros Ekbatana zu einer seiner Residenzen, wohl auch deshalb, weil die persische Hauptstadt Pasargadai für den neuen Schwerpunkt des Reiches zu abgelegen war. Meder konnten unter Kyros dauerhaft in hohen Positionen der Beamtenschaft verbleiben. So ist auf den Reliefs der späteren persischen Hauptstadt Persepolis zusammen mit einem großen Perserkönig immer ein Meder dargestellt, was darauf hindeutet, dass die Meder im Perserreich wohl immer eine Art Premierminister stellten. Meder und Perser waren sich aber ohnehin so ähnlich, dass Ausländer in der Machtübernahme des Kyros nur einen Dynastiewechsel sahen, und die Griechen beispielsweise alle, einschließlich der Perser, weiterhin Meder nannten.

Bei den griechischen Völkern im Westen wurde dieser Machtwechsel jedoch als ein Zeichen von Schwäche gedeutet, und so hatte Kyros schnell neue Feinde. Kroisos – bei uns besser bekannt als Krösus –, der reiche König des wohlhabenden Lydien in Kleinasien, das auch die griechischen Städte an der Küste umfasste, verbündete sich mithilfe des Orakels von Delphi mit den Staaten der griechischen Halbinsel gegen Kyros. Dieser war aber schneller, überraschte die Lydier in den Wintermonaten, die eigentlich kriegsfrei waren, und eroberte Sardis, die vermeintlich uneinnehmbare Hauptstadt der Lydier. Herodot behauptet, Kyros habe das Leben des Kroisos geschont, doch wahrscheinlich verbrannte dieser sich selbst, um einer Gefangennahme durch die Perser zu entgehen. Nach diesem Sieg kehrte Kyros nach Osten zurück und überließ es dem Meder Hepagos, den Feldzug fortzuführen. Dieser unterwarf dann die griechischen Ionier, was den Auftakt eines 200-jährigen griechisch-persischen Dauerkonfliktes bildete, der vielfach Thema der klassischen Literatur Griechenlands ist.

Als letzter großer Baustein des persischen Weltreiches fehlte nun noch Babylonien. Dort waren nicht nur die Juden mit den politischen Verhältnissen unzufrieden, sondern auch die Priester Marduks, des obersten Gottes der Babylonier. Kyros hatte deshalb leichtes Spiel, König Nabonid zu besiegen, der im eigenen Land nur noch wenig Unterstützer hatte, und wurde von vielen Babyloniern als von Marduk gesandter Befreier gefeiert. Als Herrscher eines Weltreiches verfolgte Kyros nun nach innen eine Politik der Toleranz. Diese war durchaus von rationalem Kalkül untermauert. Die Juden etwa fühlten sich Kyros durch die Möglichkeit, nach Palästina zurückkehren zu können, überaus verpflichtet und feierten ihn als großen Staatsmann. Diese Treue ermöglichte es den Persern, ihre Herrschaft in den Nachbarregionen Palästinas – Phönizien und Syrien – zu stabilisieren.

Überhaupt trugen Pluralismus und die Weigerung des Kyros, besiegte Völker und deren oberste Repräsentanten zu demütigen, erheblich zur Stabilität des ersten Großreichs der Weltgeschichte bei. In Babylon setzte Kyros einen Statthalter ein, der schon unter König Nabonid eine hohe Position innegehabt hatte. Den Mardukkult ließ er bestehen, restaurierte aber gleichzeitig die Heiligtümer des Gottes Sin, den der mit den Mardukpriestern zerstrittene Nabonid verehrt hatte. Mit solchen und ähnlichen Maßnahmen verhinderte er, dass aus der Elite von gestern die Umstürzler von morgen wurden. Ohnehin änderte Kyros in Regierung und Verwaltung der eroberten Gebiete nur sehr wenig und knüpfte allerorts an gewachsene Traditionen an. Neben dem Altpersischen blieben auch die örtlichen Sprachen Amtssprachen – so ist eben der Kyros-Zylinder mit babylonischen Buchstaben beschrieben.

Aischylos schreibt in seinem Drama „Die Perser" über Kyros: „Kein Gott hat ihn gehasst".

Die Perser waren das am wenigsten chauvinistische Volk unter den großen Eroberern des Altertums. Kyros, der als erster eine indo-europäische Sprache sprechender Führer die ältesten Zentren menschlicher Hochkultur in seinen Besitz gebracht hatte, wollte von den eroberten Völkern immer auch lernen. So versöhnte er etwa die Meder nicht nur mit ihren Bezwingern, sondern vereinigte sie mit seinem Volk zu einer Art Doppelmonarchie, welche die staatliche Tradition Mediens weiterführte. Sogar von den Elamiten, den Ureinwohnern der iranischen Hochebene, lernten die Perser. So zeigen Reliefs aus Persepolis, wie Perser Kleidung und Gegenstände elamischer Herkunft besitzen. Wie kein anderer verstand es Kyros, das von anderen Übernommene mit dem Eigenen zu verschmelzen. So ist etwa die frühe Architektur von Pasargadai in ihrem Gesamteindruck persisch, zeigt aber auch Elemente anderer Völker, etwa der Griechen.

Es ist bezeichnend, dass gerade die griechischen Autoren Kyros keine hundert Jahre später über die Maßen idealisierten, wo doch Persien eigentlich der Erzfeind Griechenlands war. Aischylos schrieb in seinem Drama „Die Perser" über Kyros: „Kein Gott hat ihn gehasst". Und Xenophon widmete ihm sogar ein ganzes Buch, seine „Kyropädie" – Erziehung des Kyros –, den ersten Entwicklungsroman der Geschichte. Er ist allerdings kaum von Fakten unterfüttert. Kyros ist für Xenophon das Ideal eines Fürsten des Altertums, dessen gute Herrschaft nachzuahmen er den Griechen für folgende Generationen ans Herz legt. Durch die griechische Literatur wurde Kyros tatsächlich zum Vorbild für Alexander den Großen und die Römer der Kaiserzeit.

Heute wird das Regierungssystem des Kyros kritischer gesehen, und es treten auch seine Schattenseiten deutlicher zu Tage. Der Aufstieg Persiens zur Weltmacht beruhte nicht zuletzt auf einer Übereinkunft zwischen dem König und dem Adel, dass dieser für seine Kriegsdienste direkt an Macht und Reichtum beteiligt wird. Deshalb musste immer auch eine hohe Kriegsbeute an den Adel verteilt werden, und Adelige rissen sich um Posten als Satrapen und Statthalter, weil sie sich an den eroberten Gebieten glänzend bereichern konnten. Dieses System stieß irgendwann an seine Grenzen, da sich das Reich nicht unbegrenzt ausdehnen ließ, um immer neue Quellen des Reichtums zu erschließen. Auch hätten die Babylonier Ende des 6. Jahrhunderts v. Chr. sicher nicht zwei Mal versucht, die Herrschaft der Perser mit Gewalt abzuschütteln, wenn sie mit ihren Herren rundum zufrieden gewesen wären. Doch zu diesem Zeitpunkt war Kyros, der 530 v. Chr. starb und in Pasargadai ein bis heute erhaltenes Grabmal erhielt, längst zur Legende geworden.

Das Sprichwort, nach dem man keine Freunde in der Not habe, hielt der Publizist Johannes Gross für Unsinn. In schlechten Zeiten habe man durchaus Freunde, schrieb er einmal, bloß Freunde, die einem den Erfolg gönnen, gebe es so gut wie keine. Wie dem auch sei – einige schaffen es trotzdem immer wieder: Nicht nur ihre Freunde gönnen ihnen den Erfolg, sondern die ihnen Unterlegenen bringen ihnen Achtung entgegen und sogar ihre Gegner zollen ihnen Respekt. Die Voraussetzungen? Fair play wohl in erster Linie. Dann: Konkurrenten und Gegner niemals persönlich verletzen und demütigen. Schließlich versuchen, auch Unterlegene wieder einzubinden. Wer menschlich bleibt, dem gönnt man den Erfolg.

10

Success Story – Philipp der Gute und die Blütezeit von Burgund: Mit Glück und Geschick ist es tatsächlich möglich, auf der ganzen Linie Erfolg zu haben. Wer versucht, sein Unternehmen im Spannungsfeld von Macht, Ethik, Partikularinteressen und Profit auszubalancieren, der soll wissen, dass dies keine Utopie ist. Es ist möglich, und es gibt unglaublich erfolgreiche Vorbilder.

„Wer Geld hat und es ausgeben möchte, wird alles finden"

Das Herzogtum Burgund war im fünfzehnten Jahrhundert neben Oberitalien die reichste Region Europas. Herzog Philipp der Gute (1396–1467) galt als der erfolgreichste und mächtigste Fürst des Kontinents. Nachdem er den Konflikt mit Frankreich beendete hatte, förderte er Handel und Handwerk sowie ganz besonders die Kultur. In seiner Regierungszeit entstanden die großen Meisterwerke der altniederländischen Malerei.

Aus dem ganzen Norden und Westen Europas kamen im fünfzehnten Jahrhundert Menschen zu Besuch nach Gent. Sie unternahmen jedoch keine der zu dieser Zeit selbstverständlichen Pilgerreisen, sondern waren so etwas wie Kunstpilger, wie man sie ja heute noch kennt. Um in der Kathedrale St. Bavo den berühmten Altar der Brüder Hubert und Jan van Eyck zu sehen, mussten sie außerhalb der Heiligen Messen schon damals einen Obolus bezahlen. Anders als heute richtete sich dessen Höhe nach der sozialen Stellung und der Freigiebigkeit des Besuchers. Sobald der Eintrittspreis entrichtet war, wurden die Kunstsinnigen zur ersten Seitenkapelle des südlichen Chorumgangs geleitet, wo der Genter Altar ursprünglich aufgestellt war. Man zog einen schweren, dunklen Vorhang zur Seite und öffnete das Vorhängeschloss, das die Altarflügel zugeriegelt hielt und die Bildtafeln im Inneren vor Dieben schützte. Was dann mit den Besuchern geschah, ist in vielen zeitgenössischen Berichten überliefert. Sie waren ergriffen von der Größe und Schönheit des mehr als mannshohen und einige Meter breiten Kunstwerks.

Der Genter Altar zeigt im oberen Teil Christus als Herrscher auf seinem himmlischen Thron, flankiert von seiner Mutter Maria und Johannes dem Täufer. Links und rechts der zentralen Figurengruppe sind singende und musizierende Engel zu sehen, ganz außen Bildnisse der ersten Menschen, Adam und Eva. Im unteren Teil des Altars öffnet sich eine weite, üppig grüne Landschaft. Im Zentrum steht ein Altar mit einem Lamm, das wiederum Christus symbolisiert, diesmal in seiner unsichtbaren Gegenwart auf der Erde als Mittelpunkt der Welt. Aus allen Richtungen strömen Menschen der unterschiedlichen Stände zum Altar, während am Horizont die Türme des himmlischen Jerusalem, der Stadt als Symbol für die vollkommene menschliche Gemeinschaft, aufleuchten. Eine von einem Strahlenkranz umgebene Taube, der Heilige Geist, stellt die Verbindung zwischen dem Christus im Himmel und seiner Präsenz in der Welt her.

Die Betrachter standen vor einem großartigen Gemälde und sahen sich gleichzeitig einem Ideal gegenüber. Eine in jeder Hinsicht blühende Landschaft tut sich auf, die dargestellten Figuren tragen kostbare Stoffe und edlen Schmuck, die Architektur ist vollkommen. Es ist ein Ideal irdischen Wohlstands in einer geistigen Orientierung auf Christus, der das Irdische überragt, gleichzeitig aber in ihm wohnt und ihm von innen her Sinn verleiht. Als Jan van Eyck, der Hofmaler Philipps des Guten, dieses Gemälde im Jahr 1432 vollendete, fühlte man sich im Herzogtum Burgund dem dargestellten Ideal wohl ziemlich nahe. Und das durchaus mit einigem Recht.

Im fünfzehnten Jahrhundert reichte Burgund vom Gebiet des Genfer Sees bis an die Nordsee.

Wenn heute von Burgund die Rede ist, denken die meisten an eine Weinregion im Nordosten Frankreichs, wo es sich weit abseits der politischen und wirtschaftlichen Zentren gut leben lässt. Im fünfzehnten Jahrhundert reichte Burgund jedoch vom Gebiet des Genfer Sees bis nach Nordholland, und der Herzog war einer der mächtigsten Männer Europas. Die offizielle Hauptstadt der Burgunder war zwar Dijon, doch lag das kulturelle und wirtschaftliche Zentrum in Flandern und Brabant. Rund um Brügge und Gent, Lille, Antwerpen, Brüssel und Löwen war eine Städtelandschaft entstanden, die an wirtschaftlicher Prosperität und kultureller Vielfalt in Europa allenfalls mit Oberitalien zu vergleichen war.

Seit Philipp der Gute, nach der Ermordung seines Vaters Johann ohne Furcht 1419, Herzog von Burgund geworden war, musste er immer wieder aufpassen, dass sein Land nicht zu sehr in den Dauerkonflikt zwischen Frankreich und England hineingezogen wurde. Philipp, dessen Gebiete zum großen Teil dem König von Frankreich unterstanden, der aber wirtschaftlich und politisch eher nach England orientiert war, verstand es immer wieder, der lachende Dritte zu sein. Als er 1435 mit Frankreich den Frieden von Arras geschlossen hatte, konnten die Burgunder ihren Erfolg dann relativ sorgenfrei genießen.

Philipp den Guten und Jan van Eyck, den Vollender des Genter Altars, verband eine zwischen einem Fürsten und einem Bürgerlichen ganz ungewöhnliche Freundschaft. Philipp, ein großer Liebhaber von Kunst, Musik und Literatur und ein freigiebiger Mäzen, schätzte Jan als einen der besten Künstler seiner Zeit. 1425 ernannte er ihn zu seinem Hofmaler und verlieh ihm den Ehrentitel „Kammerdiener". Jan durfte allerdings auch weiterhin für bürgerliche Auftraggeber tätig sein, und so malte er den Genter Altar für den Stadtverordneten Jodocus Vijd und seine Frau Elisabeth Borluut, die ihn der Kathedrale schenkten.

Jan van Eyck war sich seiner Bedeutung und seines Rangs als Künstler durchaus bewusst. Er war der erste Maler, der seine Bilder signierte, und zwar mit den berühmt gewordenen Worten „Als ich chan" – so gut ich es kann. Darin drückt sich vornehmes Understatement ebenso aus wie stolzes Selbstbewusstsein, war es doch eigentlich dem Adel vorbehalten, sich mit einem Motto zu schmücken. Philipp sah in Jan denn auch nicht nur einen großen Künstler, sondern schätzte ihn als Vertrauten und Ehrenmann. Der hoch gebildete, weltoffene und elegante Jan erwies sich dabei als überaus loyal und begab sich im Auftrag des Herzogs mehrmals auf heikle diplomatische Missionen, bei denen er teilweise wie ein Geheimagent operierte. Auch als der schlanke, gutaussehende Philipp eine dritte Ehefrau brauchte, weil die ersten beiden Gemahlinnen verstorben waren, ohne ihm Nachkommen geschenkt zu haben, nahm Philipp den Maler Jan mit auf eine Reise nach Spanien und Portugal, wo sich mit Isabella von Portugal schließlich eine geeignete Kandidatin fand. Man nahm sie nach einer heiklen Schiffsreise mit nach Brüssel, wo Philipp am liebsten Hof hielt.

Was Isabella in Brüssel erwartete, war eine Hofgesellschaft, die den angenehmen Seiten des Lebens überaus zugetan war. In der Politik konnte sich Philipp ganz auf den mächtigen Nicolas Rolin verlassen. Der beleibte Kanzler der Burgunder war ein politisches Genie und trug wesentlich dazu bei, das Land stabil, unbeeinflusst von den Problemen Frankreichs und ökonomisch auf Erfolgskurs zu halten. Philipp selbst war ein Nachtmensch, der lange, ausgelassene Feiern liebte und vom Papst einen Dispens besaß, die tägliche Heilige Messe statt am Morgen erst am frühen

Nachmittag zu hören. Die Nachtstunden wusste Philipp zu nutzen. Nach der – allerdings etwas zweifelhaften – Überlieferung hatte er im Lauf seines Lebens insgesamt 33 Mätressen, und von 17 bekannten unehelichen Kindern kamen viele in hohe Ämter.

An der Frömmigkeit des charismatischen Herzogs, der großzügig spendete, häufig pilgerte und eine mobile Kapelle aus Holz besaß, die er auf allen Reisen mitnahm, hätte in Burgund niemand allein deswegen gezweifelt, weil er seine Ehe eher pragmatisch sah. Der Bischof Guillaume Fillastre, selbst Sohn eines Abtes und einer Nonne, schreibt in seinem schwärmerischen Porträt Philipps zwar, man könne dem Herzog eine gewisse „Schwachheit des Fleisches" vorwerfen, räumt aber ein, die Keuschheit sei ohnehin eher eine Gabe der Engel als der Menschen und auf der Erde nur wenigen gegeben.

Philipp, von dem man sagte, er rede nicht viel und wenn, dann präzise auf den Punkt, war eben ganz Erfolgsmensch. Und er wollte durchaus möglichst viele am Wohlstand teilhaben lassen. Jan van Eyck, den er mindestens einmal in dessen Werkstatt besuchte und für dessen Kind er 1434 Taufpate war, erhielt immer wieder Sonderzahlungen und silberne Becher als Geschenk. Nach Jans Tod unterstützte Philipp Jans Familie, die in Brügge ein vornehmes Haus besaß, großzügig.

Philipp der Gute senkte Steuern und öffnete Märkte, bekämpfte Zunftvorschriften und strich Stellen im öffentlichen Dienst.

Geldsorgen hatte Philipp ebenso wenig wie viele seiner Untertanen, nachdem er eine frühe Form von Thatcher-Revolution durchgesetzt hatte. Er hatte die Steuern radikal gesenkt und sämtliche Märkte für Ausländer geöffnet. Die restriktiven Vorschriften der Zünfte, mit denen die Zahl der Marktteilnehmer künstlich klein gehalten wurde, bekämpfte er mit allen Mitteln. Im Staatsapparat strich er Stellen und kürzte sämtliche Gehälter – mit Ausnahme der Zuwendungen für Jan van Eyck. Aus dem bloßen Handel mit Tuch in Flandern und Brabant wurde unter ihm eine eigene Tuchindustrie. Fisch konnte nun an der Küste nach modernen Verfahren verarbeitet werden, und die heute noch berühmten belgischen Brauereien etablierten sich. Die flämische Städtelandschaft wurde neben Tuch bekannt für Leder, Teppiche, Juwelen, Metallwaren und Waffen. Philipp schloss neue Handelsverträge, zum Beispiel mit Tournai und England, so dass sich Flanderns Handelsvolumen verdoppelte.

Der spanische Reisende Pero Tafur zeigte sich im Jahr 1438 beeindruckt von einem Besuch in Brügge. Bei seiner Schilderung ist zu bedenken, dass dieses Jahr in Flandern als ein Hungerjahr galt:

> *Diese Stadt Brügge ist eine große und sehr reiche Stadt und einer der größten Märkte der Welt. Man sagt, dass zwei Städte miteinander um die wirtschaftliche Vorherrschaft konkurrieren, Brügge in Flandern im Westen und Venedig im Osten. Mir scheint jedoch, und viele stimmen meiner Meinung zu, dass es in Brügge sehr viel mehr wirtschaftliche Aktivität gibt als in Venedig. […]*
>
> *Die Bewohner sind außergewöhnlich geschäftstüchtig, vielleicht wegen der Kargheit des Bodens, denn es wird nur sehr wenig Getreide angebaut und kein Wein, es gibt kein trinkbares Wasser und keine Früchte. Aus diesem Grund werden die Produkte aus der ganzen Welt nach hier gebracht, so dass die Menschen hier alles im Überfluss haben, im Tausch gegen die Arbeit ihrer Hände. Von diesem Ort aus werden die Handelswaren in die Welt verschickt, Wolle und Tuche aus Arras, alle Arten von Teppichen und viele andere für die Menschheit nützliche Dinge, die es hier in großem Überfluss gibt. […]*
>
> *Die Stadt Brügge hat ein hohes Steueraufkommen und die Bewohner sind sehr reich. Jeder, der Geld hat und es ausgeben möchte, wird allein in dieser Stadt alles finden, was die ganze Welt produziert. Ich habe Orangen und Zitronen aus Kastilien gesehen, die aussahen, als seien sie eben erst von den Bäumen gepflückt worden, Früchte und Wein aus Griechenland in der gleichen Fülle wie in dem Land selbst. Ich sah auch mit Zucker Eingemachtes und Gewürze aus Alexandria und dem ganzen Orient, als ob ich dort gewesen wäre; Pelze vom Schwarzen Meer, als ob sie hier in dieser Region hergestellt würden. Da war ganz Italien mit seinen Brokaten, Seiden und Rüstungen und allem anderen, was dort hergestellt wird; und tatsächlich gibt es keinen Teil der Welt, dessen Produkte man hier nicht in allerbester Qualität vorfindet.*

Tafur vergisst in seinem Bericht auch nicht, die beeindruckenden Häuser und Straßen, die schönen Kirchen und Klöster sowie die ausgezeichneten Gasthäuser zu erwähnen. Gut möglich, dass er dem Maler Jan van Eyck auf der Straße begegnete, den er durchaus für einen reichen Kaufmann gehalten haben könnte. Und vielleicht trug es ja nicht unwesentlich zum Erfolg der flämisch-brabantischen Städte bei, dass man genauso viel für die Kultur übrig hatte wie fürs Geschäft, und die Kulturschaffenden fast alle auch gute Geschäftsleute waren. Philipp der Gute schuf mit seiner Büchersammlung den Grundstock für die heutige Belgische Nationalbibliothek, und die altniederländische Malerei kennt noch eine Reihe anderer Namen außer Jan van Eyck – Rogier van der Weyden etwa, Petrus Christus, Dirk Bouts oder den Meister von Flémalle –, die heute in den großen Museen der Welt zu finden sind.

Möglicherweise lässt sich noch ein letztes burgundisches Erfolgsrezept ausmachen. Weltoffen und dynamisch, wie die Flamen waren, hielten sie auch nicht einfach an den bestehenden Formen mittelalterlichen Christentums fest. Angestoßen von dem Bußprediger Gerhard Groote breitete sich im 15. Jahrhundert die „Devotio moderna" – moderne Frömmigkeit – aus, eine religiöse Erneuerungsbewegung, welche die persönliche, innerliche Beziehung des einzelnen Gläubigen zu Jesus Christus in den Mittelpunkt stellte.

Ohne die mittelalterliche Philosophie zu verwerfen, betonte die Devotio moderna das Praktische des Glaubens und machte den einzelnen Menschen freier, seinen individuellen Weg zu gehen. Ihr Einfluss erklärt, warum der Genter Altar Jesus Christus als den Mittelpunkt sowohl des Himmels als auch der Welt darstellt, und alle Menschen auf ihn hin orientiert sein lässt. Noch deutlicher tritt dieses Ideal beim Flügelaltar von Dirk Bouts in der Peterskirche von Löwen hervor. Das biblische letzte Abendmahl findet hier in einem modernen, wohlhabenden flämischen Haushalt statt. Christus, der auch geometrisch im Zentrum des Gemäldes steht, wird nicht mehr weit weg in einem goldgrundierten Himmel angesiedelt, sondern mitten in der modernen Welt, die man befürwortet und tatkräftig gestalten will.

Erfolg auf der ganzen Linie ist möglich, wenn die Voraussetzungen stimmen. Vernünftiger Ausgleich mit Gegnern, die man nicht besiegen kann. Eine Kultur der Offenheit nach außen, die Wandel begünstigt. Entfaltungsmöglichkeiten und Verantwortung für den Einzelnen. Nicht zuletzt auch: Eine echte Wertschätzung für kulturelle Werte sowie Antworten auf die Frage nach Sinn. Und weil echter Erfolg möglich ist, lohnt es sich auch, sich für ihn anzustrengen.

11

Führungsqualitäten – Helmuth von Moltke und seine drei Siege: Erfolgreiche Chefs müssen keine Showstars sein. Wissen, Bildung und Intellekt können auch introvertierten und kamerascheuen Führungskräften Autorität und Ansehen verschaffen – sofern sie erfolgreich sind.

Der Mann, der „in sieben Sprachen schweigen" konnte

Helmuth von Moltke (1800–1891), der preußische Generalstabschef und militärische Wegbereiter der Reichsgründung von 1871, war eine der eigenwilligsten und zugleich erfolgreichsten Führungspersönlichkeiten der deutschen Geschichte. Als Stratege wirkt er bis in die Gegenwart nach.

Man sah ihn selten auf dem Parkett der Berliner Gesellschaft, den Chef des preußischen und später gesamtdeutschen Generalstabs, der wohl nach Kaiser und Kanzler der drittmächtigste Mann im Land war. Und noch seltener hörte man etwas von Helmuth von Moltke. König Wilhelm I. fragte jeden, der Moltke gesehen hatte: „Was hat er denn gesagt?" Denn für gewöhnlich sagte Moltke gar nichts. Sowohl in dem alten Amtssitz des Generalstabs in der Behrenstraße 66, einem von Bismarck „rote Bude" getauften Backsteingebäude, als auch dem späteren reichsdeutschen Prachtbau am Rand des Tiergartens besaß der Hausherr außer seinem Dienstzimmer auch eine Wohnung, so dass er sich tagelang vor der Außenwelt verstecken konnte. Selbst wenn er auf den Balkon seines Büros trat, hielt er Abstand zum Geländer, um von der Straße aus nicht gesehen zu werden. Berlin, fand der oberste Militär, sei „in der Tat eine schöne Stadt geworden", allerdings seien die sozialen Kontakte hier „mit einem sehr störenden Nachtleben verbunden".

Wer einen Blick auf den Sieger von Königgrätz und Sedan erhaschen wollte, hatte noch die größten Chancen am frühen Morgen im Tiergarten, wo Moltke regelmäßig ausritt oder, vor allem in seinen späteren Lebensjahren, spazieren ging. Wer den General erblickte, der genau zwei zivile Anzüge besaß und fast immer seinen langen Offiziersmantel und eine schlichte Schirmmütze trug, hielt meist respektvoll Abstand. Wie die

Philosophen der griechischen Antike galt Moltke als „Peripatetiker", der im Umhergehen am besten nachdenken konnte. Und wer dann doch den Mut aufbrachte, Moltke auf einem seiner Spaziergänge anzusprechen, musste mit eigenwilligen Auskünften rechnen. Als im Sommer 1870 der Dauerstreit mit Frankreich eskaliert war und die Presse gerade den Kronprinzen mit den Worten „Krieg und alles mobil!" zitierte, rief ein aufgeregter Zivilist Moltke im Tiergarten zu: „Nun, wie steht es, Exzellenz?" Und der General, der von seinem Geldgeschenk für den Sieg über Österreich 1866 das Gut Kreisau in Schlesien gekauft hatte, antwortete: „Nun, gut. Die Sommersaat steht gut. Und mit den Kartoffeln bin ich auch zufrieden." Kurz zuvor hatte ein Mitglied des Generalstabs ihn in seinem Büro bei der Lektüre eines Romans von Walter Scott angetroffen. „Ist das die passende Lektüre für den Augenblick?", fragte er seinen Chef. „Warum nicht?", antwortete dieser trocken. „Es ist alles fertig, die Klingel braucht nur gezogen zu werden." Ein dummer Spruch? Keineswegs. Vorbereitung war die große Stärke der preußischen Armee – dank Moltke.

Helmuth Karl Bernard von Moltke, geboren im Jahr 1800 und damit so alt wie das Jahrhundert, entsprach kaum dem Klischeebild eines preußischen Offiziers. Er ging nie ganz aufrecht, sondern stets etwas gebeugt, ganz wie ein Professor auf dem Weg zur Vorlesung. Er war groß und sehr schlank, ein feingliedriger Asket, der im selben Raum mit einem Haudegen wie Bismarck nicht eben furchterregend wirkte. Er hatte Gesichtszüge, denen man, besonders im Profil, etwas Klassisches nachsagte – allein der Mund war reichlich verkniffen und sah eher wie ein Briefschlitz aus. Nicht unbedingt besser wurde sein insgesamt gutes Aussehen auch dadurch, dass er seine Halbglatze unter einer Perücke versteckte, die selbst die für ihren schlechten Geschmack berüchtigte englische Königin Viktoria „abscheulich" fand.

„Da ich keine Erziehung, sondern nur Prügel erhalten, so habe ich bei mir keinen Charakter ausbilden können. Das fühle ich oft schmerzlich."

Dieser Moltke war an die Spitze des Militärs aufgestiegen, und zwar gegen jede Erwartung. Er stammte nicht aus dem Adel, war keiner jener „ostelbischen Junker", aus deren Reihen das Land des schwarzen Adlers seine Elite rekrutierte, ja er war nicht einmal gebürtiger Preuße. Im mecklenburgischen Parchim als Sohn eines verarmten deutsch-dänischen Elternhauses aufgewachsen, besuchte der junge Moltke zunächst die Königliche Kadettenschule in Kopenhagen und trat dann in die dänische Armee ein. Über diese Zeit schreibt der 29-Jährige rückblickend: „Da ich keine Erziehung, sondern nur Prügel erhalten, so habe ich bei mir keinen Charakter ausbilden können. Das fühle ich oft schmerzlich. Man hat sich ja beeilt, jeden

Der preußische Hofmaler Anton von Werner (1843–1915) pflegte dem Geschmack seiner Auftraggeber entsprechend einen naturgetreuen Malstil. Die Schlachtszene „Moltke bei Sedan“ verbrannte im Zweiten Weltkrieg nach der Bombardierung Kölns.

hervorstechenden Charakterzug zu verwischen.“ Doch gleich fügt er hinzu: „… eines aber muss betont werden, dass tüchtige und in jeder Richtung militärisch denkende Soldaten aus dieser spartanischen Schule hervorgingen.“

Bei einem Besuch in Berlin beeindruckten den jungen Spartaner die vorbeimarschierenden preußischen Soldaten dann aber so sehr, dass er in einem Brief an den Preußenkönig darum bat, die Seiten wechseln zu dürfen und sich kurz darauf in einer Kaserne in Frankfurt an der Oder einfand. Dieses Motiv schreibt ihm zumindest die Legende zu. In Wahrheit werden rationale Gründe bei dieser Neuorientierung eine große Rolle gespielt haben. In Dänemark wurden Offiziere zu Gentlemen erzogen, zu Stützen der damaligen Gesellschaft, doch ausreichend bezahlt wurden sie nicht. Man setzte voraus, dass die künftigen Truppenführer aus reichem Hause stammten. Moltke aber hatte von zu Hause allenfalls seine Begabungen mitbekommen. Das war übrigens auch der Grund, warum das Militär für den jungen Mann die einzige Möglichkeit war, Karriere zu machen und Einfluss zu gewinnen. Überall sonst hätte er Geld, einen Adelstitel, ein Rittergut, irgendeinen bereits ererbten gesellschaftlichen Stand gebraucht. In der Armee, zumal der großen und gegen Napoleon siegreichen preußischen, war ein Aufstieg aus eigener Kraft dagegen immerhin möglich, wenn auch wenig wahrscheinlich. Und in diesem Fall umso erstaunlicher, als Kronprinz Wilhelm bei einem Truppenbesuch den neuen

Offiziersschüler aus dem Norden, an dessen Armen und Beinen die Uniform im Wind flatterte, als „keine gute Akquisition" abtat.

Fünfzig Jahre später, nach dem Sieg Preußens über Frankreich in Sedan, brachte dieser Wilhelm als König den Trinkspruch aus: „Sie, Kriegsminister von Roon, haben unser Schwert geschärft, Sie, General von Moltke, es geleitet und Sie, Graf von Bismarck haben seit Jahren durch die Leitung der Politik Preußen auf seinen jetzigen Höhepunkt gebracht." Damit war das Dreigestirn der kommenden Reichsgründer benannt: Roon, Moltke, Bismarck. Aber Moltke war unter diesen dreien der populärste und unumstrittenste. Aus einem in sich gekehrten, künstlerisch und musisch interessierten jungen Mann war der Sieger der preußisch-deutschen Einigungskriege gegen Dänemark (1864), Österreich (1865) und Frankreich (1870/71) geworden. Dabei hatte sich Moltkes Aufstieg an die Spitze des Generalstabs sehr unspektakulär vollzogen und gründete nicht auf Schlachtenruhm, sondern allein auf intellektuellen Leistungen.

„Glück hat auf die Dauer nur der Tüchtige."

Moltkes ganze Leidenschaft galt dem Wissen, dem strategischen Denken. Wenn er sich für etwas interessierte, wenn sein Geist ganz beansprucht war, dann konnte er selbst auf das Essen verzichten. Noch in späten Jahren war er dafür bekannt, nur mit einem einzigen Butterbrot in der Tasche ins Manöver zu ziehen oder tagesfüllende Eisenbahnfahrten – er fuhr immer nur zweiter Klasse – ganz ohne Proviant anzutreten. Geistiges Futter genügte ihm: der neueste Stand von Naturwissenschaft und Technik ebenso sehr wie Literatur und Musik. Fast auf allen Gebieten war er belesen. Schon als Offiziersschüler schrieb er eine geografische Arbeit über Skandinavien, die für so herausragend befunden wurde, dass eine Abschrift ins Archiv des Generalstabs kam. Bald entdeckte Moltke dann, dass Publizieren ein wichtiger Schlüssel für die Karriere ist. So veröffentlichte er technische Studien, Historien, Romane, Lyrik und Übersetzungen. Das alles getreu einem Lebensmotto, das zum geflügelten Wort wurde: „Glück hat auf die Dauer nur der Tüchtige." Und das alles auch ohne Engstirnigkeit, galt Moltke, verheiratet mit einer Engländerin, doch als Kosmopolit, dessen Neugier auf die Welt kaum kleiner war als sein Wissensdurst. Als militärischer Berater absolvierte er Stationen in der Türkei, in Nahost und in Italien, wo Landschaft und Kultur in ihm, ganz wie bei einem echten Preußen, tiefe Sehnsüchte weckten. Moltke war schließlich mit sechs Fremdsprachen vertraut, doch da er so wenig den Mund aufmachte, kursierte das Bonmot, er könne „in sieben Sprachen schweigen." Moltke also, der „große Schweiger", der introvertierte Intellektuelle, wurde zum militärischen Architekten der Reichsgründung und – mit allen seinen Schrullen – zu einem Idol des aufstiegsorientierten Bürgertums.

Doch was machte seinen Erfolg aus? Vielleicht, dass er seiner Zeit so weit voraus war. Moltke gilt als Erfinder der modernen Kriegführung. Nicht auf zahlenmäßiger Überlegenheit der Soldaten fußten seine militärischen Leistungen, sondern auf Technologieeinsatz, Mobilität (per Eisenbahn), Kommunikation (per Telegraf), Szenarienplanung und hohem Ausbildungsgrad des Personals. Alles, was heute noch militärische Überlegenheit ausmacht, geht letztlich auf Moltke zurück. Insofern, analysiert der amerikanische Historiker Arden Bucholz, war Moltke erfolgreich nicht obwohl, sondern weil er ein Intellektueller war. Denn er begriff als erster das Militär als Organisation im modernen Sinn, als System, das es zu managen gilt. Wo Menschen in Organisationen aber immer spezialisierter in ihrem Wissen und die Organisationen selbst immer arbeitsteiliger und komplexer werden, da werden auch immer mehr Informationen benötigt. Und dort hat am Ende – so Bucholz – derjenige die größte Macht, der über die Informationen und das Wissen für die notwendigen Entscheidungen verfügt.

Das Volk hatte denn auch immer ein Gespür dafür, was Moltkes eigentliche Fähigkeiten waren. Als die populäre „Berliner Illustrirte Zeitung" 1899 ihre Leser nach den größten Persönlichkeiten des 19. Jahrhunderts fragte, kam Moltke in der Kategorie „größter Feldherr" hinter Napoleon nur auf den zweiten Platz. Doch in der Kategorie „größter Denker" belegte er Rang eins – vor Kant, Darwin, Schopenhauer und Nietzsche.

> Manchmal scheint es, Karriere sei gleichbedeutend mit Anpassung, und Erfolg habe nur jener, der wie die bereits Erfolgreichen handelt. Doch das gilt bestenfalls für diejenigen, die trotz mittelmäßiger Begabung unbedingt Entscheider sein wollen. Was letztlich zählt, sind herausragende Leistungen und persönliche Integrität. Wer beides vorzuweisen hat, darf auch in so ziemlich jeder Hinsicht unangepasst sein.

12

Wirtschaftsethik – Erwin Rommel und der sinnlose Erfolg: Was man tut, ist manchmal wichtiger als Können und Anerkennung. Nach Erfolg um jeden Preis zu streben kann in die ethische Sackgasse führen, wenn der Überblick über die mittelbaren Auswirkungen und späteren Folgen des eigenen Tuns verloren geht.

„Der Führer vertraut mir, und das genügt mir auch“

Während des Zweiten Weltkriegs war Erwin Rommel (1891–1944) ein enger Vertrauter Adolf Hitlers und wurde von der nationalsozialistischen Propaganda zum Kriegshelden stilisiert wie kein zweiter General der Wehrmacht. Als der Krieg für Deutschland nicht mehr zu gewinnen war, versuchte er, Hitler für einen Friedensschluss mit den Westalliierten zu gewinnen, fügte sich aber schließlich dem Durchhaltewillen des „Führers“. Durch Missverständnisse und Intrigen wurde er zu Unrecht mit dem Attentat auf Hitler am 20. Juli 1944 in Verbindung gebracht, was für ihn tödliche Konsequenzen haben sollte.

Im Jahr 1937 veröffentlichte ein unbekannter Dozent an der Potsdamer „Kriegsschule“ bei einem unbedeutenden Kleinverlag einen Taktikleitfaden mit dem Titel „Infanterie greift an“. Dieses Buch, in dem der Autor seine dramatischen Erlebnisse als Frontsoldat im Ersten Weltkrieg schildert, wurde überraschend zu einem Bestseller. Es sprach die Gefühle einer Generation von Männern an, die durch nichts so sehr geprägt worden waren wie die Erfahrung jenes Kriegs. Die meisten Überlebenden des völkerverzehrenden Abnutzungskriegs hatten die vier Kriegsjahre als eine in einer Schicksalsgemeinschaft verbrachte Zeit erlebt, während der sie alle sozialen Schranken hatten überwinden müssen.

Die Niederlage Deutschlands bedeutete nicht nur das Ende dieses Gemeinschaftsgefühls, sondern für viele auch den Verlust der Fähigkeit, sich andere und eigene Lebensziele zu setzen. In der neuen, bürgerlichen Welt der Weimarer Republik fanden sie nie ihren Platz. So war denn die Aussicht, eines Tages noch einmal in einen Krieg zu ziehen, diesen Männern eher Verheißung als Alptraum. Ja, viele waren davon überzeugt, die „Revanche“ für 1918 müsse und werde kommen. Diesmal würde Deutschland siegen und dann endlich zur verdienten Größe wachsen, wenn auch zunächst unter Entbehrungen.

Der Autor des erwähnten Buches hieß Erwin Rommel und schrieb in seinem Schlusswort: „Die deutschen Schützen mahnen uns Überlebende und die kommenden Geschlechter, ihnen nicht nachzustehen, wenn es gilt, Opfer zu bringen für Deutschland.“ Einer der begeistertsten Leser des Buches war Adolf Hitler, und er bereitete längst jenen neuen Krieg vor, auf den viele insgeheim hofften. Hitler erkannte in dem fast gleich alten Rommel sofort einen Mann mit einer ganz ähnlichen Prägung. Beide, Rommel wie Hitler, hatten sich vor zwei Jahrzehnten durch ihr unerschrockenes, kaltschnäuziges Verhalten an der Front bei ihren Kameraden einen legendären Ruf erworben. Sie galten als unverwundbar und schienen auf fast magische Weise jede noch so kühne Operation zum Erfolg führen zu können.

Der Unterscheid zwischen den beiden Männern bestand darin, dass Rommel, der mit 19 Jahren in die Kadettenschule eingetreten war und zeitlebens Soldat blieb, glaubte, auf vorbildliche Weise seine Pflicht zu erfüllen, während Hitler, der ehemalige Bewohner eines Obdachlosenheims, die Gewalt und Anarchie des Krieges als Chance begriff, seinem Scheitern in der bürgerlichen Gesellschaft zu entkommen. Knapp zwanzig Jahre später war Hitler, dessen destruktive Phantasien sich inzwischen geradezu ins Wahnhafte gesteigert hatten, maßgeblich von der Generation der Kriegsteilnehmer auf den Schild eines „Führers“ der Deutschen gehoben worden. Und er beschloss, den Buchautor Rommel, mit dem er einen besonderen Erfahrungsschatz – Wille als Erfolgsgarant, Krieg als Sinnstifter, Militär als Heimat – zu teilen schien, in den Kreis seiner engsten Vertrauten aufzunehmen.

Rommel war, wie viele Angehörige der Reichswehr, schon früh von Hitler begeistert gewesen. Der neue Reichskanzler hatte versprochen, wieder eine starke Armee zu schaffen und dieser, wie er formulierte, einen „Ehrenplatz im Staat“ einzuräumen. Die Begeisterung der militärischen Kreise schlug in Euphorie um, als Hitler 1935 die Verträge mit den Siegern des letzten Krieges brach, die allgemeine Wehrpflicht einführte und ankündigte, die Truppenstärke der inzwischen in Wehrmacht umgetauften Armee auf mehr als das fünffache auszudehnen.

Für Rommel, den Mann aus kleinen Verhältnissen, war Hitler schließlich auch die Symbolfigur für einen im früheren Kaiserreich undenkbaren sozialen Aufstieg. Aus dem gesellschaftlichen Abseits kommend hatte der Politiker Hitler in seinem Buch „Mein Kampf" angekündigt, eine „moderne Gesellschaft" schaffen zu wollen, die nicht mehr von Adel und Großbürgertum beherrscht sein sollte und wo stattdessen der einfache Mann aus dem Volk mit seinem „gesunden Empfinden" den Ton angeben würde. Für Rommel war entscheidend, dass er nun Angehöriger einer Armee war, die wegen des angestrebten Wachstums viele neue Offiziere brauchen würde und deren politische Führung bei der Auswahl des Personals weniger die preußischen Adelsfamilien als, bei entsprechender Leistung, den Mann aus dem Volk berücksichtigen wollte.

Im Oktober 1938 ernannte Hitler Oberstleutnant Rommel zum Kommandeur des so genannten Führerbegleitbataillons. Rommel erlebte den „Führer" nun aus nächster Nähe und empfand dessen Gegenwart als große Ehre. Durch jedes kurze Gespräch mit Hitler fühlte er sich geschmeichelt, jede kleine Aufmerksamkeit des Diktators beschrieb er ausführlich in Briefen an seine Frau. In einem dieser Briefe schreibt er, von Hitler gehe „eine magnetische, vielleicht hypnotische Kraft aus, die ihren tiefsten Ursprung in dem Glauben hat, er sei von Gott oder der Vorsehung berufen, das deutsche Volk zur Sonne empor zu führen." Rommel zeigte sich überzeugt: „Hitler weiß, was das beste für uns ist." Der Jubel, den er beim Einmarsch deutscher Soldaten ins tschechische Sudetenland an der Seite Hitlers erlebt hatte, lieferte ihm die letzte Bestätigung für diese Überzeugung, von der er bis an sein Lebensende nicht abrücken würde. So viele Menschen konnten sich nicht irren.

Dass Hitler mehr vorhatte, als nur die Versailler Verträge zu revidieren, wussten schon seit 1937 alle in der Führung der Wehrmacht. In einer Rede vor Offizieren hatte Hitler angekündigt, spätestens 1943 Krieg gegen Russland führen zu wollen, um die deutsche „Raumfrage", wie er es formulierte, zu lösen. Auch schloss Hitler nun nicht mehr aus, England – ursprünglich für ihn der ideale Verbündete – ebenfalls anzugreifen. Der Diktator begann seinen Krieg schließlich früher und führte ihn aggressiver, als er es sich selbst noch vor wenigen Jahren hatte vorstellen können. Da der Krieg mit dem Angriff auf Polen begann, brachte er auch Rommel als Angehörigen des engsten Zirkels um Hitler zunächst an die Ostfront. Wie er die Wirklichkeit zu dieser Zeit wahrnahm, illustriert ein weiteres Zitat aus einem seiner Briefe. Aus Warschau, wo der deutsche Einmarsch unzählige Häuser zerstört und tausenden von Zivilisten das Leben gekostet hatte, schreibt Rommel an seine Frau: „Die Bevölkerung atmet wohl auf, dass wir gekommen sind und sie erlöst haben."

Die sprachliche Nähe zu der verhüllenden Rede Hitlers und seiner Parteielite von „Erlösung", „Endlösung" oder „Euthanasie" für die systematisch geplanten Verbrechen des Regimes mag hier sicherlich Zufall sein. Erwin Rommel war nie Mitglied der NSDAP und auch in keiner Weise an der Planung der deutschen Massenmorde beteiligt. Was dennoch auffällt, ist sein Schweigen zu all dem Vernichtungswillen, den er in Hitlers Umfeld täglich mitbekam. Selbst in den Briefen an seine Frau, der er sonst jede Kleinigkeit berichtet, erwähnt er nie etwas davon. Kein Wort von Hitlers Rassenwahn oder den mordlüsternen Reden Heinrich Himmlers im engsten Kreis der SS-Führung, die Rommel mehrmals als Gast miterlebte.

Rommel beschränkte sich in seiner Weltsicht und seinem Urteil ganz auf militärische Fragen. Was die SS im Gefolge der Wehrmacht unternahm, wusste er zwar, doch er blendete es aus.

Der Berufssoldat Rommel beschränkte sich in seiner Weltsicht und seinem Urteil ganz auf militärische Fragen. Was die SS im Gefolge der Wehrmacht in den besetzten Gebieten unternahm, wusste er zwar, doch er blendete es aus. Zu großartig war der Krieg für Deutschland, zu schön die Erfüllung des lang gehegten Wunsches, dort weiterzumachen, wo man 1918 meinte aufhören zu müssen, weil einen – so die Legende – feige bürgerliche Politiker verraten hätten. Im Übrigen legten sich Rommel und andere Vollblutmilitärs eine ganz simple Erklärung für die Schattenseiten des Nationalsozialismus zurecht: Schuld waren die „Parteibonzen", Männer wie Martin Bormann oder der bei den alten Reichswehrangehörigen verhasste Wilhelm Keitel, einer jener Generäle, die ihre militärische Karriere vor allem Hitlers Partei verdankten. Hitler hingegen war für die „echten" Soldaten der begnadete Führer und geniale Stratege, auf den man sich hundertprozentig verlassen konnte. Rommel glaubte das auch dann noch, als die Offiziere seines Stabes, wenn der Chef nicht im Raum war, von Hitler nur noch als dem „Arschloch vom Berghof" sprachen.

Wenn man so will, war es das Glück Rommels, während des Zweiten Weltkriegs in Süd- und Westeuropa und vor allem in Afrika zu kämpfen. Hier war der Zusammenhang zwischen Kriegführung und Völkermord nicht ganz so offensichtlich wie in Osteuropa. Vor allem in Afrika schien zudem die politische Führung weit weg, was es Rommel erlaubte, in einem gewissen Rahmen seine Strategie selbst zu bestimmen. Zunächst mit großem Erfolg.

Seit Februar 1941 kommandierte Rommel das deutsche Afrikakorps und konnte seine taktischen Fähigkeiten in eine Reihe von Siegen gegen britische Truppen ummünzen. Hitler war begeistert und beförderte Rommel, den er bald als „Generalissimus von unsterblichem Ruhm“ bezeichnete, zum Generalfeldmarschall. Gleichzeitig ließ er eine Propagandamaschinerie in Gang setzen, die dafür sorgte, dass der General bald in fast jedem deutschen Haushalt als der Inbegriff des Kriegshelden wahrgenommen wurde. Dabei führte Rommel im fernen Afrika ein sehr eigenwilliges Regiment, das durchaus nicht immer im Sinne Hitlers war. Gefangene behandelte er, entgegen dem, was man in Berlin für geboten hielt, ausgesprochen menschlich und fair. Befehle Hitlers, die massenhafte Erschießungen anordneten, ignorierte er einfach. Er verbrannte das Papier, auf dem solche Dinge standen, und tat nichts dergleichen. Auch verweigerte er sich stets dem Befehl, unter den Gefangenen in seiner Gewalt Juden auszusondern und in die Konzentrationslager abtransportieren zu lassen.

Zur Krise im Verhältnis zu Hitler kam es jedoch erst, als das Kriegsglück Rommel verließ. Im Winter 1942/43 war er in Nordafrika bis El Alamein vorgestoßen, sah sich dort aber nun mit einer immer größeren Übermacht britischer Truppen unter Feldmarschall Bernard Montgomery konfrontiert. Als die Briten dann die deutsche Front durchbrachen, tat Rommel das einzig militärisch Vernünftige und ordnete den Rückzug an. Hitler, für den es nie etwas anderes gab als „durchhalten“, was er auch für diesen Fall befohlen hatte, war empört.

Hier hatte sich ein Konfliktschema zwischen den beiden Männern ergeben, das sich bis zum Sommer 1944 noch mehrmals wiederholen sollte. Als Afrika endgültig verloren war, hätte Rommel die Alliierten an der Atlantikküste aufhalten sollen – ein angesichts der Überlegenheit der Amerikaner und Briten aussichtsloses Unterfangen. Rommel sah klar die Unterlegenheit seiner Truppen und versuchte immer wieder, Hitler zu einem Einlenken im Westen zu bewegen. Er solle sich doch mit den Amerikanern und den Briten, deren „Fair Play“ Rommel in Afrika zu schätzen gelernt hatte, gütlich einigen, um dann alle Kräfte für einen Sieg an der Ostfront mobilisieren zu können. Aber jedes Mal kann der rhetorisch weit überlegene Hitler Rommel von einem Durchhalten an allen Fronten überzeugen, zuletzt mit der Aussicht auf die künftige „Wunderwaffe“ V2.

Beinahe hätte der Krieg diesen Konflikt auf seine Weise beendet. Am 17. Juli 1944 wird Rommel in Frankreich beim Beschuss seines Autos durch einen Tiefflieger lebensgefährlich verletzt. Aber sein Ende sollte weniger soldatisch und weitaus tragischer sein. Ausgerechnet Rommel, der immer unpolitisch bleiben und nur seinem militärischen Treueeid auf den „Führer“ verpflichtet sein wollte, geriet in einen Strudel aus Missverständnissen und politischen Intrigen. Am Ende bot ihm Hitler den Selbstmord als einen die Gesundheit und die Ehre seiner Familie rettenden Ausweg an.

Die Widerständler werteten Rommels Zustimmung zu ihren Zielen fälschlicherweise schon als Einverständnis mit ihren Mitteln.

Am 20. Juli 1944 scheiterte ein Bombenattentat auf Hitler, das von der militärischen Opposition um Claus Graf Schenk von Stauffenberg und Ludwig Beck geplant worden war. Fatal für Rommel wirkte sich aus, dass die Attentäter und ihre Sympathisanten ihn ohne sein Wissen in die Planungen für eine Zeit nach Hitler mit einbezogen hatten. Einige Offiziere hatten sogar versucht, Rommel im Vorhinein für die Widerstandsbewegung zu gewinnen – aber man redete nicht offen miteinander, sondern machte Andeutungen, die der andere verstehen konnte oder nicht. Ähnlich wie die Männer um Stauffenberg und Beck wünschte sich Rommel einen Frieden im Westen, aber er wollte Hitler für seine Position gewinnen, nicht ihn beseitigen. Doch die Emissäre der Widerständler werteten Rommels Zustimmung zu ihren Zielen fälschlicherweise schon als Einverständnis mit ihren Mitteln und glaubten, auf Rommel als einen der ihren zählen zu können. Nichts anderes sagten sie dann auch bei ihren Geständnissen in den Folterkellern der Gestapo. Hitler erfuhr kurz darauf davon und zögerte zunächst, Rommel fallen zu lassen. Doch der beim Volk so beliebte „Wüstenfuchs“ hatte zahlreiche Neider und Feinde in der Wehrmachtsführung, die den „Führer“ alsbald zu einer Entscheidung drängten.

Als Hitlers Chefadjutant Wilhelm Burgdorf am 14. Oktober 1944 mit einer Zyankalikapsel in der Tasche an Rommels Haustür klingelt, glaubt dieser noch, Hitler wolle ihn wegen des verlorenen Abwehrkampfes am Atlantik zur Rede stellen. Er hat Karten herbeischaffen lassen und sie auf einem Tisch zurechtgelegt, um alles ausführlich erklären zu können. Dann erfährt er, dass Hitler ihn für einen Verschwörer hält. Er ist entsetzt – und erkennt doch sofort die Falle, aus der es für ihn kein Entrinnen mehr gibt. Kurze Zeit später ist er tot.

In Erwin Rommels Biografie scheinen ethische Grundprobleme für Menschen in Organisationen auf, die nichts an Aktualität verloren haben. So kann man sich fragen: Lässt sich Management allein nach einer betriebswirtschaftlichen Ratio betreiben, die das politische und soziale Umfeld weitgehend ausblendet? Welchen Sinn haben Erfolge in Teilbereichen, wenn sie nicht nachhaltig sind und die Gesamtrichtung nicht stimmt? Wie schnell ersetzen Loyalität gegenüber Führungspersönlichkeiten und das Ideal der Geschlossenheit die eigene Verantwortung? Oder: Inwiefern lassen sich scheinbar rein sachbezogen handelnde Manager in Wirklichkeit von ihren prägenden Erlebnissen, Enttäuschungen, Hoffnungen und Illusionen bestimmen?

13

Vorbildfunktion – Kaiser Mutsuhito und die Modernisierung Japans: Veränderungen brauchen Vorbilder, die dem Wandel voraus sind. Ohne Symbole und emotionale Kristallisationskeime kann sich keine Aufbruchstimmung entwickeln, die nachhaltige Veränderungen trägt und vorübergehende Opfer verkraften lässt.

Mit Volldampf an die Spitze des Fortschritts

Japan war seit dem frühen siebzehnten Jahrhundert ein von der übrigen Welt weitgehend isoliertes Land. Eine feudalistische Staatsorganisation, die sich auf Landbesitz und militärische Stärke stützte, verhinderte jede Dynamik. Mit der Thronbesteigung des Kaisers Mutsuhito (1852–1912) kam es ab 1867 zu einem radikalen Bruch mit der Vergangenheit. Das Inselreich wurde innerhalb weniger Jahre zu einer mächtigen Industrienation nach westlichem Muster.

Den 14. Oktober 1872 hat der japanische Kaiser Mutsuhito zu einem Feiertag erklärt. Kein Staatsbediensteter soll arbeiten müssen. Nach den Wolkenbrüchen der letzten Tage, deretwegen der große Tag um eine halbe Woche verschoben werden musste, kann an diesem heiteren Herbstmorgen nichts mehr die festliche Stimmung dämpfen. Heute wird der Kaiser die knapp dreißig Kilometer lange Eisenbahnstrecke zwischen Shinbashi, einem Stadtteil Tokios, und Yokohama einweihen. Es ist Japans erste Eisenbahnstrecke. Und sie ist mehr als eine Verkehrsverbindung zwischen zwei Punkten auf der Landkarte. Sie ist ein Symbol, so wie auch der Kaiser selbst eine Symbolfigur ist, für den Wandel eines Landes, in dem plötzlich nichts mehr so ist, wie seit Jahrhunderten gewohnt. Der jugendliche Kaiser wird am festlich geschmückten Bahnhof von Shinbashi mit Trompetenschall empfangen und tritt dann seine Hin- und Rückfahrt nach Yokohama an, wo sich eine ebenso große Festgesellschaft versammelt hat. Aus den Rohren von Kriegsschiffen im Hafen und Kanonen an Land donnern Salutschüsse, die nirgendwo in Japans Hauptstadt zu überhören sind.

Gerade einmal fünf Jahre sind es her, da war Kyoto noch die Hauptstadt des Inselreichs. Hier residierte Mutsuhitos Vater, Kaiser Komei, vollkommen entrückt und unnahbar für sein Volk. Ein solcher Auftritt in aller Öffentlichkeit wäre für ihn undenkbar gewesen. Die Regierungsmacht hatte ohnehin nicht er, sondern der 15. Shogun, Tokugawa Yoshinobu. Japan wurde nämlich seit 1192, dem Ende eines blutigen Bürgerkriegs, von den Shogunen regiert. Shogun, eigentlich Seii Taishogun, heißt ‚Feldherr und Unterwerfer der Barbaren', und tatsächlich beruhte die Macht der Shogunen auf ihrer militärischen Stärke. Seit 1600 stützten sie sich auf ein feudales System aus mehreren hundert kleinen, selbstständigen Fürstentümern. Und auf dass dieses Machtsystem auf immer und ewig Bestand haben möge, verboten die Shogunen dem japanischen Volk schlechterdings sämtliche Kontakte zu anderen Ländern. So zog die Französische Revolution an den Japanern ebenso unbeachtet vorüber wie die Amerikanische oder die Industrielle.

Der Amerikaner Matthew Perry landete 1852 mit seinen Kriegsschiffen an der Küste Japans und erzwang die Öffnung des Landes für den Welthandel.

Doch im Jahr 1852 war es mit der Ruhe plötzlich vorbei. Japan interessierte sich zwar nicht für den Rest der Welt, doch umgekehrt waren da ein paar Mächte, die gerade den Globus unter sich aufzuteilen begannen und nicht vorhatten, größere Teile unangetastet stehen zu lassen. Und so landete der Amerikaner Matthew Perry mit seinen Kriegsschiffen an der Küste Japans. Er hatte zwar keineswegs vor, Japan zu einer Kolonie der Vereinigten Staaten zu machen, wollte das Land aber zum eigenen Vorteil in das amerikanische Welthandelssystem einbeziehen, bevor ein Brite, Franzose, Russe oder sonst wer auf dieselbe Idee gekommen wäre. Der Shogun und seine Provinzfürsten mit ihren Schwertkämpfern hatten den hochmodernen Kriegsschiffen der Amerikaner nicht das Geringste entgegenzusetzen, und so fügten sie sich eher widerwillig der Öffnung für den Welthandel. Das vermeintlich ewige Herrschaftssystem hatte damit sichtbare Kratzer bekommen. Im Grunde war es nur noch eine Frage der Zeit, bis sich im Land eine mächtige Opposition formieren würde. Und diese Opposition bekam schon bald einen Vorgeschmack auf das, was man in Japan bisher verpasst hatte.

Bei seinem zweiten Besuch in Japan 1854 brachte Commodore Matthew Perry, der sich schon wieder selbst eingeladen hatte, seinen Gastgebern nämlich eine Reihe von Geschenken mit, die den Japanern die neuesten Errungenschaften der industriellen Produktion in Amerika vor Augen führen sollten. Das Highlight des Geschenkpakets der Yankees war eine Modelleisenbahn im Maßstab 1:4 – Lokomotive, Tender und ein Waggon – sowie einige Kilometer Gleise. Zwar hatte ein kleiner Kreis hoher japanischer Beamter vor einem halben Jahr schon einmal an Bord eines russischen Schiffes eine Modelleisenbahn gesehen, doch die war kein Vergleich gewesen zu diesem Meisterwerk der Technik.

In eben jenem Yokohama, wo in nicht allzu langer Zeit Japans erste „richtige“ Eisenbahnstrecke enden sollte, verlegten die Amerikaner Gleise zu einem ungefähr anderthalb Kilometer langen Rundkurs und baten die höchsten Würdenträger des Landes zur Showtime. Die mehreren hundert Menschen waren ebenso verblüfft wie begeistert, als sich der kleine Zug schnaufend in Bewegung setzte und dann Runde um Runde in zügigem Tempo absolvierte. Bei jedem Signal der Dampfpfeife ging ein Aufschrei des Entzückens durch die Menge. Schließlich konnte sich einer der Besucher – ein „würdevoller Mandarin“, wie der offizielle amerikanische Bericht vermerkt –, nicht mehr beherrschen: Er wollte Japans erster Eisenbahnfahrgast sein. Sein traditionelles Gewand flatterte wild im Wind, als der Beamte der konfuzianischen Hochschule des Shogun der mit rund dreißig Kilometer pro Stunde dahinschnurrenden Modellbahn hinterher rannte und sich schließlich mit Verve auf das gerundete Dach des kleinen Waggons warf. Lauthals lachend und mit weit aufgerissenen Augen fuhr er Runde um Runde. Später notierte er, es sei ein Erlebnis gewesen, als ob er hätte fliegen können.

Keine zwanzig Jahre später ist dann also der im Jahr der Landung Matthew Perrys geborene Kaiser Mutsuhito auf der Eisenbahnfahrt von Shinbashi nach Yokohama. Der symbolische Charakter des Ereignisses wird hier einmal nicht erst von der Nachwelt erkannt werden, nein, die Beteiligten selbst haben diesen Feiertag so inszeniert, dass er im ganzen Land als ein Zeichen wahrgenommen werden kann. Ohnehin wird über niemanden im Land so viel gesprochen wie über den jungen Kaiser, und keine der Erfindungen, die neuerdings aus Amerika und Europa ins Land kommen, erregt mehr Aufmerksamkeit als die Eisenbahn.

Der Shogun ist inzwischen ebenso Geschichte wie sein ganzes überkommenes Herrschaftssystem, entmachtet durch die Überlegenheit der Männer an den Hebeln der Dampfmaschinen. Als Musuhito im Alter von sechzehn Jahren Kaiser wird, reicht der letzte Shogun seinen Rücktritt ein. Die Devise des neuen Kaisers heißt Meiji – ‚erleuchtete Regierung‘ –, deshalb wird der Monarch auch Meiji Tenno genannt. Die Erleuchtung garantiert ein Beraterkreis des Kaisers aus hohen Beamten des Hofes und des Militärs, die in den USA und Europa umfangreiche Studien betrieben haben. Ihr ehrgeiziges Projekt ist es nun, Japan möglichst von Heute auf Morgen in einen modernen Staat nach europäischem Muster zu verwandeln.

Mit der Verlegung der Hauptstadt nach Tokio begann 1868 die „Meijireform" – ein komplett neuer Staats und Gesellschaftsentwurf entstand.

Mit der Verlegung der Hauptstadt von Kyoto nach Tokio fällt im Jahr 1868 der symbolische Startschuss für ein gigantisches Reformprogramm, das als „Meijireform" in die Geschichte eingehen soll. Innerhalb von nur rund zwanzig Jahren bekommt Japan eine neue Verfassung – die der Jurist Ito Hirobumi nach preußischem Vorbild gestaltet – und ein komplett neues Regierungs- und Rechtssystem. Nach dem Rücktritt des Shogun währt die Kaiserliche Alleinherrschaft nur kurz, denn schon im Juni 1868 tritt Seitaisho, das verfassunggebende Dokument in Kraft, das den Übergang Japans zu einer konstitutionellen Monarchie nach europäischem Vorbild einleitet. 1890 wird dann das erste Parlament gewählt.

Bis dahin sind eine Währungsreform und die Neuordnung des Heeres erfolgt, es gibt ein zeitgemäßes Post- und Fernmeldewesen, der westliche Kalender ist übernommen worden und nicht zuletzt hat man mit dem Bau der Eisenbahn begonnen. Genau wie im Westen verkörpert sie die Moderne, den Fortschritt, die neue industrielle Macht. Sie sorgt für wirtschaftlichen Aufschwung durch den Überlandtransport von Menschen und Gütern, lässt einen florierenden Binnenmarkt entstehen und stärkt nicht zuletzt auch das Zusammengehörigkeitsgefühl aller Japaner.

Kaiser Mutsuhito ist zwar – zumindest in den ersten Jahren der Reform – aktiv in die Regierungsgeschäfte eingebunden, doch seine wesentliche Rolle besteht darin, die Galionsfigur des Fortschritts zu sein. Sein Vater ist noch der Überzeugung gewesen, die ganze westliche Kultur sei von Übel. Doch lässt er seinem Sohn eine liberalere Erziehung zuteil werden, als es bisher für Thronfolger denkbar gewesen ist. Mutsuhito lernt schon als Kind die Welt außerhalb Japans kennen, ja er studiert sogar die unterschiedlichen Staats- und Verfassungssysteme.

Der athletische Junge liebt sportliche Wettkämpfe und fällt schon früh durch seine ausgeprägte Selbstbeherrschung und Disziplin auf. Als Kaiser kann er sich deshalb ohne Verrenkungen einen Lebensstil zulegen, der seinem Volk ein Vorbild sein soll. Er lebt bescheiden, ja geradezu asketisch, und widmet sein Leben geordneter, harter Arbeit. Dieser Kaiser meidet jede Prunkentfaltung; Pferde sind sein einziges aufwändiges Hobby. Pünktlich um acht Uhr morgens sitzt er an seinem Schreibtisch, den er erst wieder verlässt, wenn er alle politischen Geschäfte des Tages erledigt hat. Er kleidet sich ausschließlich westlich, nimmt nur westliche Speisen zu sich und legt bald auch die Haltung eines europäischen Monarchen an den Tag. Allerdings schreibt er traditionelle japanische Gedichte und beschäftigt sich mit konfuzianischer Philosophie, die er ausdrücklich fördert. Der Fortschritt soll letztlich in einer kulturellen Tradition verwurzelt bleiben.

In späteren Jahren entrückt der Kaiser dann immer mehr der Politik und dem Volk, wie es für seinen Vorgänger so typisch war, und tritt kaum noch öffentlich auf. Doch bis ins hohe Alter bleibt er leidenschaftlich politisch interessiert. Er liest nicht nur täglich alle Zeitungen des Landes, sondern auch sämtliche Kabinettsakten. Ein Vorbild bleibt er ohnehin, die Verkörperung des neuen Staates, des Wandels und des Fortschritts. Möglichst viele Menschen sollen es ihm gleichtun, um eine neue Gesellschaft aufbauen zu können.

Die politischen und wirtschaftlich-technischen Symbole, die der Kaiser und seine Berater schaffen, verfehlen ihre Wirkung nicht. Für die Mehrheit der jungen Japaner wird die Modernisierung des Landes und die Aussicht auf Erfolg ein enorm starker Antrieb. Zwei Schlagworte machen die Runde und geben dem Enthusiasmus der frühen Meiji-Jahre Ausdruck. Das erste lautet „bunmei kaika" und bedeutet ‚Zivilisation und Aufklärung'. Das andere kommt einem Appell gleich: „risshin shusse" – ‚sei erfolgreich'! Die Parallelen zum Geist der Gründerzeit etwa in Deutschland sind unverkennbar, bloß das Tempo ist ein anderes. Kein anderes Land der Welt hat sich jemals so schnell so drastisch gewandelt. Die Japaner sehen sich als – beinahe – Zuspätkommende, die unbedingt aufholen und den Anschluss bekommen wollen.

Unter denjenigen, die dem Land bei dieser Aufholjagd helfen, sind auch Deutsche. Wer als Berater aus Europa oder den USA nach Japan kommt, findet sich rasch in privilegierten, sehr gut dotierten Positionen. Alles, wirklich alles wollen die Japaner jetzt so haben wie im Westen – vom Bildungssystem bis hin zur Straßenbeleuchtung. Die Ausländer wohnen in eigens für sie gebauten Häusern im westlichen Stil. Die Unterrichtssprache an den Hochschulen und in der Ausbildung von Spezialisten ist Englisch, so wächst eine zweisprachige Gründergeneration heran. Der deutsche Arzt Erwin Bälz, einer der vielen hoch qualifizierten Gastarbeiter, notiert einmal einen Ausspruch seiner jungen Studenten: „Wir haben keine Geschichte. Unsere Geschichte beginnt heute."

Veränderungen brauchen Leitbilder, welche die Ziele der Veränderung anschaulich verkörpern. Ein bloß in abstrakten Worten und mit Zahlen, Daten und Fakten begründeter Richtungswechsel oder Neubeginn setzt kaum Energien frei. Menschen, dagegen, die dem Wandel voraus sind, das Neue bereits leben und nach außen verkörpern, stecken andere an, ihnen zu folgen. Auch neue Technik kann begeistern, wenn sie mit einer starken Erlebniskomponente verknüpft ist. Von ihr zu profitieren erscheint dann vielen als lohnendes Ziel und größere Anstrengungen wert.

14

Lösungsstrategien – US-Präsident John F. Kennedy und die Kubakrise: Wenn es ums Ganze geht, darf man nicht auf die Hitzköpfe hören. Rationales Krisenmanagement ist aber andererseits nahezu unmöglich, wenn gefährliche Situationen sich zuspitzen und irrationale Eigendynamiken entstehen. Was ist die richtige Haltung am Abgrund?

Dreizehn Tage Countdown zum Atomkrieg

Im Sommer 1962 begann die Sowjetunion unter strenger Geheimhaltung mit dem Bau von Abschussbasen für atomare Mittelstreckenraketen auf Kuba. Die Vereinigten Staaten sahen sich dadurch akut bedroht. Präsident John F. Kennedy (1917–1963) verlangte den Abbau der Basen und die Rückführung der Raketen. Die USA verhängten eine Seeblockade gegen Kuba. Angesichts eines drohenden Krieges lenkte die UdSSR schließlich ein.

In dem eindrucksvollen Dokumentarfilm „The Fog of War – Elf Lektionen aus dem Leben von Robert McNamara“ lehnt sich der ehemalige amerikanische Verteidigungsminister plötzlich in seinem Stuhl nach vorn, einer Kamera entgegen, die ihn ohnehin über weite Strecken in Großaufnahme zeigt. Der fast neunzigjährige, hellwach wirkende Mann hält dem Betrachter Daumen und Zeigefinger der rechten Hand entgegen und lässt zwischen beiden nur noch wenige Millimeter Abstand. Dann sagt er, der sich in dem stundenlangen Interview sonst so ruhig und gelassen äußert, mit erhobener Stimme und fast leidenschaftlichem Nachdruck: „We were that close. That close.“ So nah waren wir dran.

McNamara spricht von der Kubakrise. Und so nah wie der Daumen seinem Zeigefinger war für ihn die Zerstörung eines großen Teils der menschlichen Zivilisation. McNamara ist sich dessen sicher, weil er heute mehr weiß als damals, 1962, als er als einer der engsten Berater von US-Präsident John F. Kennedy war. Der spätere Präsident der Weltbank hat inzwischen mit allen gesprochen: mit dem Kubaner Fidel Castro, mit den russischen Militärs. Und alle haben ihm gesagt Ja, wir waren bereit, Atomwaffen einzusetzen. Genauso wie die Militärs in seinem eigenen Land.

McNamara lässt sich in seinen Stuhl zurückfallen, macht eine lange Pause und blickt wie jemand, der in diesem Moment gar nicht recht glauben kann, dass die Welt noch steht.

Am Montag, den 15. Oktober 1962 wird McGeorge Bundy, Sicherheitsberater des amerikanischen Präsidenten, durch einen Telefonanruf beim Abendessen gestört. Am anderen Ende der Leitung ist der für die Nachrichtenübermittlung an die Regierung zuständige Vizedirektor der CIA, Ray S. Cline. „Die Dinger, deretwegen wir uns Sorgen gemacht haben", sagt er zu Bundy, „– es sieht so aus, als ob wir da tatsächlich etwas hätten." Kennedys Sicherheitsberater begreift sofort den Ernst der Lage und verspricht, alles Notwendige zu veranlassen. Schon seit Wochen vermutet die CIA, die Sowjets könnten dabei sein, auf Kuba Atomraketen zu stationieren, die binnen Minuten amerikanische Großstädte erreichen würden. Ab Mitte August laufen sicherheitshalber Vorbereitungen für einen Militärschlag gegen Kuba. Im September haben Kampfflugzeuge Nachbauten kubanischer Einrichtungen in der Wüste von Nevada bombardiert. Und nun also das Beweisfoto eines Aufklärers, dass die Raketenbasen tatsächlich errichtet werden.

Am nächsten morgen fährt Bundy ins Weiße Haus und informiert um kurz nach neun Uhr den Präsidenten. Kennedy schäumt vor Wut, hat sich aber bald wieder unter Kontrolle. Was machen die Russen da? Was denken die sich? „Es ist mir ein gottverdammtes Rätsel", wird Kennedy im Kreis seiner Berater in den nächsten Tagen noch mehrmals sagen. Was der junge Präsident nicht weiß: Er und seine Geheimdienste werden im Kreml völlig unterschätzt. Die Männer um Staats- und Parteichef Nikita Chruschtschow glauben, ihre Atomwaffen auf Kuba unter strengster Geheimhaltung stationieren und dann den noch unerfahrenen Präsidenten vor vollendete Tatsachen stellen zu können.

Kennedy ist jedoch nicht nur bestens informiert, sondern als Repräsentant einer jungen Politikergeneration auch angetreten, einen neuen Politikstil zu etablieren. Mit einer Gruppe hochkarätiger Berater will er entschlossen handeln und die vermeintliche bürokratische Schwerfälligkeit seiner Vorgänger abstreifen. Gemeinsam mit seinem Verteidigungsminister Robert McNamara prägt er für Situationen wie die nun entstandene ein neues Wort: Krisenmanagement.

Um die Krise zu bewältigen, ruft Kennedy für 11.45 Uhr das Exekutivkomitee des Nationalen Sicherheitsrats, kurz ExComm genannt, im Weißen Haus zusammen. Zu den wichtigsten Mitgliedern zählen, neben Kennedy, McNamara und Bundy, Außenminister Dean Rusk, Llewellyn Thompson, langjähriger Botschafter in Moskau und jetzt Sonderbotschafter, General Maxwell Taylor, Vorsitzender der Vereinigten Stabschefs, Paul Nitze, Staatssekretär im Verteidigungsministerium, John McCone, Direktor der CIA, Theodore Sorensen, Sonderberater des Präsidenten, und Robert Kennedy, der Justizminister und Bruder des Präsidenten. Diese und noch einige andere Männer werden in den nächsten Tagen versuchen, die Sowjets zum Abbau ihrer Raketenbasen auf Kuba zu zwingen und dabei immer höhere Risiken in Kauf nehmen. Vermutlich weiß keiner außer Kennedy, dass alle ihre Gespräche aufgezeichnet werden.

Mit einer „Politik der Stärke“ müsse man antworten, fordert McNamara. Diplomatische Initiativen, irgendein Zugehen auf Moskau sei dagegen zwecklos und pure Zeitverschwendung.

Niemand im ExComm kann sich die Motive der Russen so recht erklären. Bundy spekuliert über Chruschtschow: „Ich bin sicher, seine Generäle erzählen ihm seit anderthalb Jahren, dass er eine perfekte Gelegenheit verpasst, seine strategischen Fähigkeiten zu vergrößern.“ Mittelstreckenraketen auf Kuba seien schließlich auch wesentlich billiger als eine entsprechende Anzahl Langstreckenraketen in Russland. Man vermutet, die Russen handelten aus einer Position der Schwäche, und beschließt, diese militärische Kräfteverschiebung keinesfalls hinzunehmen. Mit einer „Politik der Stärke“ müsse man antworten, fordert McNamara. Diplomatische Initiativen, irgendein Zugehen auf Moskau sei dagegen zwecklos und pure Zeitverschwendung.

Morgen wird der sowjetische Außenminister Andrei Gromyko in Washington erwartet – soll man ihn offen auf die Raketenstationierung ansprechen? Nein, beschließt das ExComm, besser nichts sagen und sich auf eine Militäraktion vorbereiten, bevor die Russen mobil machen. Mit einer begrenzten Aktion, einem „chirurgischen Schlag“ aus der Luft, argumentiert McNamara, müsse man die Kubakrise vielleicht am Schluss lösen. In jedem Fall müsse aller Welt die militärische Übermacht der USA gegenüber der UdSSR vor Augen geführt werden.

„Doch was, wenn das den Dritten Weltkrieg auslöst?“, fragt Dean Rusk. Kennedy hatte seine Berater in der letzten Zeit wiederholt gewarnt, die vor der Weltöffentlichkeit gern bemühte Rhetorik vom atomaren Erstschlag irgendwann selbst ernst zu nehmen. Und McNamara hatte ihm beigepflichtet, die Planungen der Militärs seien „abenteuerlich“, übernähmen sie doch für das Überleben der eigenen Nation keine Garantie. Doch jetzt wiegeln die Sicherheitsexperten ab. Eine Kriegsgefahr bestehe überhaupt nicht. Die USA seien der UdSSR militärisch haushoch überlegen.

Außerdem bestehe „jetzt oder nie" die Gelegenheit, das kommunistische Regime des Fidel Castro auf Kuba gleich mit zu beseitigen. Als erstes Mittel wird eine Seeblockade erwogen – in dem vollen Bewusstsein, dass dies nach internationalem Recht als Kriegserklärung gilt. Dann will man dem Kreml ein Ultimatum stellen und bei Bedarf „dosiert" Gewalt einsetzen.

Das Treffen Gromykos mit Kennedy im Weißen Haus verstreicht als Austausch ideologischer Floskeln und höflich verpackter Bosheiten. Zu einer offenen Aussprache kommt es nicht. Der amerikanische UNO-Botschafter Adlai Stevenson, gleichzeitig Kopf des liberalen Flügels der Demokratischen Partei, hat noch kurz vorher vergeblich für offene Karten plädiert. In Moskau ist man unterdessen weiter entschlossen, auf Kuba Raketen zu stationieren und außerdem Castro im Fall eines Angriffs der Amerikaner militärisch Hilfe zu leisten.

Am Abend des 22. Oktober verkündet Präsident Kennedy im Fernsehen die Seeblockade Kubas. Ein Sprecher des Pentagon erklärt, der Präsident sei am Vortag um 14.30 Uhr von dem Beweisfoto der Raketenbasen überrascht worden. Die Öffentlichkeit soll die Regierung als spontan und entschlossen handelnd wahrnehmen. Und auch die NATO-Verbündeten sollen auf keinen Fall erfahren, dass das ExComm schon sechs Tage lang beraten hat, ohne die Partner zu informieren. Den ganzen Tag lang hat das ExComm an einer Kommunikationsstrategie gefeilt, um die Krise als akute, plötzlich hereingebrochene Notlage zu verkaufen. Dass in den letzten Tagen 150.000 Soldaten zum Angriff bereit gemacht worden sind, erklärt das Pentagon mit einem lange geplanten Manöver.

Kurz vor seiner Fernsehansprache hat der Präsident Senat und Repräsentantenhaus, den russischen Botschafter und die NATO-Partner informiert. Botschafter Anatoli Dobrynin verlässt das Weiße Haus kreidebleich – von den Raketen seines Landes auf Kuba hat er nichts gewusst. Englands Premier Harold Macmillan mahnt die USA, behutsam vorzugehen. Eine Blockade sei eine Kriegserklärung, Washington dürfe nicht als Aggressor dastehen. Unterdessen hört die ganze Welt, wie Kennedy Moskau mit einem Atomschlag droht und die kubanische Bevölkerung zum Umsturz aufruft.

In den kommenden Tagen spitzt sich die Situation immer mehr zu. Am 27. Oktober dringt eine amerikanische U2 aus zunächst unbekannter Ursache in den sowjetischen Luftraum ein. „Das bedeutet Krieg!" brüllt McNamara hysterisch, irrt sich aber. Die Krisenmanager des ExComm hatten versäumt, solche Flüge zu untersagen. Als dann ein U2-Aufklärer über Kuba abgeschossen wird, vermutet das ExComm einen Kurswechsel Moskaus. Niemand kann wissen, dass in Wirklichkeit ein lokaler Befehlshaber die Nerven verloren und das Feuer eröffnet hat. Im ExComm ist man davon überzeugt, es auf der anderen Seite mit einem „rationalen Akteur“ zu tun zu haben, dessen Schritte sich genauestens analysieren lassen.

Am 27. Oktober dringt eine amerikanische U2 aus zunächst unbekannter Ursache in den sowjetischen Luftraum ein. „Das bedeutet Krieg!“ brüllt Robert McNamara hysterisch.

Umso größer ist die Verunsicherung, als ein Schreiben Chruschtschows an Kennedy eintrifft. Der Staatschef ist bereit, seine Raketen abzuziehen, wenn die USA eine Invasion Kubas für alle Zukunft ausschließen. Als man am Samstag, den 27. Oktober im ExComm über diesen Brief diskutieren will, trifft um 10.17 Uhr plötzlich noch ein zweiter Brief ein. Jetzt verlangt Chruschtschow zusätzlich ein Tauschgeschäft: Abzug der Raketen auf Kuba gegen Abzug der amerikanischen „Jupiter“-Raketen aus der Türkei. Das ExComm ist ratlos. Niemand kann wissen, dass der erste Brief von Chruschtschow ganz allein verfasst worden ist, der zweite auf Druck des Parteipräsidiums, das einen höheren Preis verlangt hat.

McNamara ist dafür, alle Forderungen Moskaus öffentlich zurückzuweisen. „Das Problem ist Kuba“, meint Bundy, „die Türken sind keine Bedrohung für den Frieden. Wir sollten das abschmettern.“ Kennedy reagiert vorsichtiger. Die Jupiter sind veraltet, eigentlich längst Raketenschrott, ihre Ausmusterung ist überfällig. Der Präsident ist nicht wirklich für den Raketentausch, will aber auch nicht gleich Nein sagen. Vielleicht sollte man die Bündnispartner nach ihrer Meinung fragen?

Paul Nitze glaubt, dass es Zeit für ein Ultimatum sei. Entweder die Sowjets lenkten ein, nach den Bedingungen des ersten Briefs, oder es gebe Krieg. Robert Kennedy ist sich sicher, man werde Montag oder Dienstag mit Angriffen auf Kuba beginnen müssen. Bundy gibt zu bedenken, ein Deal auf Kosten der Türkei wäre für das Bündnis katastrophal: „Nach ihrem Verständnis läge es auf der Hand, dass wir versuchen, aus Eigennutz unsere Alliierten zu verkaufen. Die ganze NATO würde so denken.“ Die USA hätten eine Mission in der Welt zu erfüllen, Zweifel an ihrer Stärke dürften sie sich nicht erlauben.

Kennedy gerät immer mehr in die Defensive. Die Mehrheit seiner Berater ist zu unbeugsamer Härte entschlossen. Ihm ist nicht wohl dabei – und doch weiß er keine Alternative, findet keinen Ausweg. Schließlich lässt er sich zu einem Ultimatum überreden. Chruschtschow soll einen Brief erhalten, den er nur mit Ja oder Nein beantworten kann: „Ist die

Das „Revolutionsmuseum“ in der kubanischen Hauptstadt Havanna zeigt das Wrack des amerikanischen Aufklärungsflugzeugs U2, das während der Kubakrise von sowjetischen Bodentruppen abgeschossen wurde.

UdSSR bereit, die Arbeit an den Abschussrampen sofort einzustellen, die Raketen zu entschärfen und eine internationale Überwachung zuzulassen?“ Thompson ist überzeugt, Chruschtschow wolle ohnehin nur „bluffen“. Mit einer Gewaltverzichtserklärung der Amerikaner, dem einzigen Zugeständnis, zu dem das ExComm bereit ist, würden die Sowjets zufrieden sein. So kommt es zum „Trollope-Trick“: Die Amerikaner nehmen das Angebot aus Chruschtschows erstem Brief an und ignorieren den zweiten. Der Schachzug bekommt seinen Namen nach einer Romanfigur von Anthony Trollope, Alice Vavasor, die den ersten Heiratsantrag ihres Lebens unbesehen annimmt, weil sie glaubt, nie wieder ein besseres Angebot zu bekommen.

Kennedy unterschreibt einen Brief an Chruschtschow, von dem er nicht restlos überzeugt ist. Man könne nur hoffen, dass die Gegenseite richtig reagiere. Jetzt sieht General Maxwell Taylor seine große Stunde heraufziehen. Sollte Moskau nicht innerhalb von 48 Stunden auf die Forderung eingehen, darüber sei er sich mit den Stabschefs einig, könne und müsse am Montag mit dem Einsatz nach „OP-Plan 3–12" begonnen werden – Luftangriffe auf Kuba und anschließende Invasion. Kennedy stimmt Punkt eins widerwillig zu, hat jedoch noch Bedenken gegen eine Invasion.

Robert McNamara hat seine Meinung während der vergangenen dreizehn Tage grundlegend geändert und hält nun einen Militärschlag für unumgänglich. Er kalkuliert nüchtern durch: Ein Großangriff auf Kuba wird eine russische Vergeltung „irgendwo in Europa" nach sich ziehen, wahrscheinlich die Zerstörung West-Berlins. Was kann man tun, um den Konflikt noch so weit wie möglich einzudämmen? McNamara hat am 16. Oktober noch argumentiert, ein Angriff komme nicht mehr infrage, sobald die kubanischen Raketen einsatzbereit seien. Das Risiko eines Atomschlags gegen amerikanische Großstädte sei viel zu groß. Inzwischen weiß die CIA, dass die Raketen einsatzbereit sind. Doch McNamara, Nitze, Dillon und Taylor fordern, jetzt endlich zuzuschlagen. Die Stimmung ist äußerst aggressiv, Schlafmangel und Überanstrengung machen sich bemerkbar. Das ExComm unterbricht seine Sitzung bis 21 Uhr.

Kennedy ist von seinen Beratern in die Ecke gedrängt worden. Er traut ihnen nicht mehr rückhaltlos, ringt mit seinen Skrupeln, hadert mit den Konsequenzen dessen, was hier gerade beschlossen werden soll. Jetzt versucht er es mit Geheimdiplomatie. Er schickt Rusk zur UNO und seinen Bruder zum russischen Botschafter. Der Botschafter soll Chruschtschow das Ultimatum übermitteln. Was Robert Kennedy genau mit ihm bespricht, ist bis heute unklar. Wahrscheinlich sagt er, der Präsident wolle keinen Krieg, werde aber von den Militärs unter Druck gesetzt, die kurz davor seinen, ihm die Kontrolle aus der Hand zu nehmen. Spätestens Dienstag sei mit einen Angriff zu rechnen. Und die Jupiter wolle der Präsident sowieso demnächst verschrotten.

Zwischen 21 und 23 Uhr trifft sich das ExComm noch einmal zu einer Sitzung, die völlig chaotisch verläuft. Die Diskussion dreht sich nur noch im Kreis. Kennedy weiß nichts mehr zu sagen, der Schlüssel liege jetzt im Kreml. Entschlossenes und rationales Handeln erwarte man. Das ExComm vertagt sich schließlich auf Sonntagvormittag. Kennedy sagt am Schluss zu seinem Bruder, er schätze das Risiko für einen Atomkrieg „irgendwo zwischen 25:75 und 50:50". Und Robert McNamara fragt in die Runde: „Werden wir je wieder einen Samstag erleben?"

Sonntagfrüh Moskauer Ortszeit erhält Chruschtschow das Ultimatum – und akzeptiert es. Gegen den Willen Castros. Trotz Bedenken des Politbüros. Er befiehlt den Abbau der Raketenbasen auf Kuba. Der Russe zieht die Notbremse. Warum, weiß bis heute niemand genau. Er tut es einfach. Es ist eine politische Instinkthandlung.

Robert McNamara sagte im Oktober 1987 in Harvard: „Ich denke, wir haben zwei Dinge gelernt. Erstens: Man kann eine [solche] Krise nicht managen. Da gibt es absolut keine Möglichkeit. Es ist unmöglich, in einem solchen Fall Aktionen zu starten und darauf zu vertrauen, die Konsequenzen im Griff zu behalten. Wir sind fehlbar, in Zeiten der Krise reagieren wir auf Fehlinformationen, Fehleinschätzungen, Fehlurteile, Emotionen. Man kann keine Krise managen und dabei sicher sein, dass unannehmbare Konsequenzen vermieden werden. Und deshalb lautet die zweite Lehre: Wir müssen lernen, Krisen zu vermeiden." Im ExComm merkte man, ähnlich wie zuweilen in Boardrooms großer Unternehmen, zu spät, dass man nur noch über eigene, spekulative Gedankengebäude diskutierte – in sich logische Konstrukte, doch völlig abgekoppelt von der Realität. Was schützt davor? Wohl am besten das offene Gespräch mit allen an der Krise Beteiligten – und das rechtzeitig.

15

Risikokapital – Johannes Gutenberg und der finanzielle Ruin: Wenn der Innovator am Ende nicht auf seine Kosten kommt. Zwischen Risikokapitalgeber und Innovator besteht ein Abhängigkeitsverhältnis. Der eine muss finanziell durchhalten, der andere seine Entwicklung zur Marktreife bringen. Beide verlassen sich hundertprozentig aufeinander. Oder auch nicht.

Die Tücken der Innovationsfinanzierung im 15. Jahrhundert

Johannes Gensfleisch zur Laden, genannt Gutenberg, (um 1400–1468) ist der Erfinder der Typografie, des Buchdrucks mit beweglichen Lettern. In Mainz baute er eine Druckerwerkstatt auf, um seine bahnbrechende Innovation zu verwerten. Kurz vor der Auslieferung der berühmten Gutenbergbibel wurde er von seinem Geldgeber Johann Fust ausgebootet. Während Fust mit den prachtvollen Büchern Geld verdiente, war Gutenberg ruiniert und lebte zum Schluss von einer Ehrenpension.

Wer Anfang des 15. Jahrhunderts in einer deutschen Schule Lesen und Schreiben lernte, der tat das anhand des Lateinischen. Schließlich gab es in Deutschland keine einheitliche Schriftsprache, sondern eine Vielzahl von Dialekten mit einer unüberschaubareren Fülle von Varianten der Aussprache und Schreibung. Das Lateinische dagegen war die Sprache der Kirche und durch die dort verwendete lateinische Bibelübersetzung, die so genannte Vulgata, seit Jahrhunderten unverändert geblieben. Wenn über die ganze Kindheit und Jugend Gutenbergs nichts bekannt ist, außer, dass er der Sohn des Mainzer Patriziers Friele Gensfleisch zur Laden war und sich später nach seinem Elternhaus „zum Gutenberg" nannte, so kann doch als sicher gelten, dass er früh Latein lernte und so eine wesentliche Voraussetzung mitbekam, um später im Leben eine prachtvolle lateinische Bibel herzustellen.

Gesichertes, wenn auch lückenhaftes Wissen über Gutenberg gibt es erst aus seiner Straßburger Zeit in den Jahren 1434 bis 1444. Nach einem Aufstand der Mainzer Handwerker gegen die vornehmen Bürger, die im Rathaus eine alles bestimmende Clique gebildet hatten, war es für den Patriziersohn in seiner Heimatstadt ungemütlich geworden. Gutenberg suchte deshalb rheinaufwärts sein Glück, konnte in Straßburg aber nicht Mitglied einer Zunft werden, da er kein Bürgerrecht besaß. Möglicherweise lernte er das Goldschmiedehandwerk und übte dann verschiedene Tätigkeiten gleichzeitig aus. Fest steht, dass er bald gegen Bezahlung „Edelsteine polieren" lehrte und seine Vermögensverhältnisse ausreichten, um für andere zu bürgen, wie es urkundlich belegt ist.

Vor Gutenberg arbeiteten die Drucker nach dem xylografischen Prinzip – für jede Druckseite musste ein Holzschnitt angefertigt werden.

Als ungebundener „Zugeselle" wird Gutenberg mit den verschiedensten damals üblichen handwerklichen Techniken in Berührung gekommen sein und irgendwann eine besondere Faszination für den Druck entwickelt haben. Die Druckerpressen waren damals schon technisch ausgereift – auch Gutenberg hat sie später nicht mehr verändert. Freilich arbeiteten die Drucker nach dem xylografischen und eben noch nicht nach dem typografischen Prinzip, das heißt, für jede Druckseite musste von Hand ein Holzschnitt angefertigt werden, mit dem sich bis zum Verschleiß ungefähr tausend Seiten bedrucken ließen. Um diese Technik zu verbessern, hat Gutenberg mit ziemlicher Sicherheit schon in Straßburg Versuche unternommen. Verbürgt ist ein Rechtsstreit mit den Brüdern Dritzehn, den Erben eines Teilhabers, über die Nutzung einer geheimen „Afentur und Kunst". Bei dieser Technik muss es sich um eine Vorstufe des Buchdrucks gehandelt haben.

So richtig in Schwung kam die Sache aber erst, nachdem Gutenberg 1448 in seine Heimatstadt Mainz zurückgekehrt war, wo es sich nun, zumindest vorübergehend, wieder gut leben ließ. Von dieser Zeit an arbeitete er zielstrebig an seiner Erfindung, die „ars artificialiter scribendi" – künstliches Schreiben – genannt wurde. Um aber eine richtige Druckerwerkstatt eröffnen und weiter forschen zu können, brauchte Gutenberg Geld. Deshalb besorgte er sich im Jahr 1450 bei dem reichen Financier Johann Fust ein Darlehen in Höhe von 800 Gulden, womit er Werkzeuge und Geräte anschaffen konnte. Gutenberg machte sich nun daran, die wohl schon in Straßburg geborene Idee des Drucks mit beweglichen Lettern technisch umzusetzen. Da er hierzu nicht mehr nur mit Holz, sondern auch mit Metall arbeiten wollte, kamen ihm seine Erfahrungen mit dem Goldschmiedehandwerk sehr zugute. Bald schaffte er seine Arbeit nicht mehr allein und stellte den jungen Peter Schöffer ein, den er ausbildete und zu seinem Assistenten machte.

Wichtig für Gutenbergs neue Technik war vor allem, ein Gießinstrument zu entwickeln, mit dem Einzelbuchstaben und Satzzeichen in größeren Mengen hergestellt werden konnten. Er gravierte jeden Buchstaben zunächst auf einen Metallkegel. Diese so genannte Patrize – ein Stahlstempel mit dem erhabenen und spiegelverkehrten Buchstaben in positiver Prägung – haute er dann in ein weicheres Metallteil, Matrize genannt. Das Ganze justierte er in einer Gussform, so dass er auf diese Weise seitenverkehrte Buchstaben in beliebiger Menge herstellen konnte. Diese Buchstaben setzte er dann auf einem so genannten Winkelhaken zu Text zusammen, fügte die Haken anschließend in einem Setzschiff zu Blocksatz, färbte sie ein, feuchtete sie an, klappte einen Rahmen darüber und schob schließlich alles in die Presse. Nach dem Druck wurde die Seite zum Trocknen aufgehängt.

Diese Technik zu perfektionieren war überaus aufwändig und dauerte schon über zwei Jahre, als Fust sein Geld von Gutenberg zurückverlangte. Ob dieser Zeitraum von Anfang an vereinbart gewesen war, Fust die Geduld verlor oder er auf diese Weise in das Geschäft einsteigen wollte, ist nicht bekannt. Gutenberg konnte natürlich nicht zahlen, denn das ganze Kapital steckte ja noch in Forschung und Entwicklung. Schließlich einigten sich die beiden darauf, dass Gutenberg ein weiteres Darlehen in ähnlicher Höhe wie beim ersten Mal erhielt und Fust im Gegenzug Teilhaber der Druckerwerkstatt wurde.

Die Entscheidung des Unternehmens Gutenberg & Fust, mit der neuen Drucktechnik eine Bibel zu produzieren, dürfte nun einigermaßen naheliegend gewesen sein. Nicht nur religiöse Gründe oder die Herausforderung des schieren Textumfangs sprachen für das Buch der Bücher, sondern auch die Aussicht auf einen lukrativen Absatzmarkt – eine aufwändig gestaltete Bibel würde bei Klerikern, Adeligen und reichen Bürgern gleichermaßen begehrt sein. Außerdem konnte der Text der Vulgata auch sprachlich nie veralten, das Buch also gewiss zu einer Anschaffung für mehr als ein Leben machen.

Gutenberg schuf insgesamt 290 austauschbare Zeichen in der so genannten Donat- und Kalendertype, die er für seine 42-zeilige Bibel verwendete. Warum so viele? Die Bibel musste unbedingt wie handgeschrieben und eben nicht wie gedruckt aussehen, das war wichtig für die nötige Wertanmutung. Übrigens sollte das Buch in der Regel ungebunden verkauft werden. Die Initialen auszuschmücken, illustrierende Kunstwerke einzufügen und die Bindearbeiten vorzunehmen, war Sache des Käufers. Diese herstellerische Trennung von Text, Grafik und Einband erklärt, warum alle erhaltenen Gutenbergbibeln Unikate sind.

Die Gutenbergbibel wurde ungebunden verkauft – Initialen auszuschmücken, Illustrationen einzufügen und die Bindearbeiten vorzunehmen, war Sache des Käufers.

Alles lief ganz wunderbar, die ersten Bibeln waren fast fertig, da kam es zwischen Gutenberg und Fust zum Bruch. Fust verlangte kurz vor dem Verkauf des ersten Buchs seine Einlage komplett zurück. Doch Gutenberg, der anders als Fust nichts als die Werkstatt besaß, konnte ohne Umsätze keine Einnahmen erzielen und ohne Einnahmen keine Tilgungen leisten. Fust verklagte Gutenberg auf Zahlung von 2000 Gulden, gewann den Prozess und bekam, da Gutenberg das Geld nicht hatte, die ganze Werkstatt mit allen Materialien und Werkzeugen zugesprochen. Sofort gründete Fust gemeinsam mit Schöffer – der ja als Gutenbergs Schüler über das komplette „intellektuelle Kapital" der Werkstatt verfügte – eine neue Firma. Diese lieferte dann ab dem Jahr 1456 die „Gutenbergbibel" als Produkt des Hauses Fust & Schöffer aus. Insgesamt entstand eine Auflage von etwa 180 Exemplaren, die zu einem nicht mehr genau bekannten, in jedem Fall sehr hohen Preis verkauft wurde.

Gutenberg musste also zuschauen, wie andere mit seiner Erfindung Geld verdienten, und selbst noch einmal von vorn anfangen. Irgendwie schaffte er es Ende der 1450er Jahre, wieder Fuß zu fassen und eine eigene Werkstatt zu betreiben. Die Frucht dieser Jahre ist wahrscheinlich eine 36-zeilige Bibel, die allerdings weit weniger prachtvoll ist als die berühmte Gutenbergbibel.

Im Jahr 1462 traf das Schicksal dann alle Mainzer gleichermaßen hart. Adolf II. von Nassau, ein Papst und Kaiser gleichermaßen treuer Graf, wurde 1461 zum Erzbischof von Mainz ernannt, nachdem der Papst Diether von Isenburg abgesetzt hatte. Hessen, die Kurpfalz und die Stadt Mainz schlugen sich aber auf Diethers Seite und unterstützten ihn weiterhin, so dass Adolf seinen Bischofssitz nur unter schweren Kämpfen erobern konnte. Im Zuge dieser Auseinandersetzungen wurde Fusts Druckerei in Brand gesteckt, und auch der ohnehin gebeutelte Gutenberg erlitt noch einmal schwere Verluste. Nach dieser Katastrophe verließen viele Drucker die Stadt Mainz, was zur Folge hatte, dass sich ihr Wissen in Europa weit verbreitete.

Dem zum zweiten Mal verarmten Gutenberg blieb nun kaum noch etwas anderes übrig, als den neuen Bischof um eine Sinekure – Pfründe ohne Amtspflichten – zu bitten. Am 14. Januar 1465 gewährte Erzbischof Adolf dem Drucker Gutenberg ein Amt „mit Gehalt und Privilegien" und erkannte damit dessen Lebensleistung an. Dank der finanziellen Absicherung durch das bezahlte Ehrenamt am fürstbischöflichen Hof konnte Gutenberg weiter als Drucker tätig sein, doch sind weitere Werke von ihm nicht identifizierbar. Am 3. Februar 1468 starb Gutenberg in Mainz und wurde in der Franziskanerkirche begraben.

Gutenberg wurde für die Nachwelt ein Mann ohne Gesicht, denn es existiert kein zeitgenössisches Porträt von ihm. Mehr noch, ein bis zwei Generationen nach seinem Tod war auch sein Name vollkommen vergessen. Gutenberg hatte nämlich nie ein Impressum gedruckt, während Fust und Schöffer jedes Druckwerk mit ihren Namen versahen. Seine ehemaligen Partner hatten Gutenberg also nicht nur geschäftlich ausgebootet, sondern verdrängten auch noch seinen Namen. Völlig rätselhaft ist bis heute, warum Gutenberg für seine Erfindung kein „Privileg" beantragte. Denn Gewerbeschutz und Erfinderprivilegien gab es schon seit dem 14. Jahrhundert. So aber waren Gutenbergs Spuren bald verwischt, und der Humanist Erasmus von Rotterdam beispielsweise hielt Anfang des 16. Jahrhunderts Peter Schöffer für den Erfinder der Typografie. Erst im 18. Jahrhundert wurde die Sache erforscht. Im Jahr 1741 veröffentlichte der Göttinger Geschichtsprofessor Johann David Köhler ein Buch mit dem Titel „Hochverdiente und aus bewährten Urkunden wohlbeglaubte Ehren-Rettung Johann Gutenbergs", in dem er den wahren Erfinder des modernen Buchdrucks benannte.

Der eine hat die Ideen – der andere hat das Geld. Das kann die perfekte Voraussetzung für ein innovatives Team sein. Oder völlig daneben gehen, wie im Fall Gutenberg und Fust. Dort stand Fust zwar am Ende weitaus besser da, aber die ganz große Chance verspielte auch er. Denn ohne das Genie Gutenberg konnte er das bereits fertig entwickelte Produkt sicherlich gut vermarkten, jedoch keine neuen und noch besseren Produkte mehr entwickeln. Kapitalgeber und Innovator kommen also letztlich am besten auf ihre Kosten, wenn jeder seine Rolle behält und auch die des anderen akzeptiert.

16

Bedenkenträger – Alexander Graham Bell und die Erfindung des Telefons: Das Potenzial von Innovationen wird oft nicht gleich erkannt. Bahnbrechende Erfindungen werden manchmal nebenbei gemacht – auf der Suche nach etwas ganz anderem. Wer den wahren Wert einer herausragenden Innovation als erster erkennt, wird reich.

„Ich habe Sie verstanden! Ich habe jedes Wort verstanden!"

Alexander Graham Bell (1847–1922) gelang es im Jahr 1876 erstmals, die menschliche Stimme mithilfe einer Stromleitung an einen anderen Ort zu übertragen. Damit gilt er als der Erfinder des Telefons. Doch eigentlich hatte der Logopäde ein Hilfsmittel für gehörlose Kinder bauen wollen. Und auch die Öffentlichkeit begriff erst mit erheblicher Verzögerung, dass ein neues Zeitalter der Technik angebrochen war.

Am 10. Mai 1876 eröffnete in Philadelphia die Jahrhundertaustellung im Fairmount Park, wo hundert Jahre zuvor die amerikanische Unabhängigkeitserklärung feierlich unterzeichnet worden war. Fünf Jahre hatte es gedauert, diese Schau nach dem Modell der Londoner Weltausstellung von 1851 vorzubereiten. Dafür war sie nun auch drei Mal so groß wie ihr Vorbild an der Themse. Mehr als sechzigtausend Aussteller aus siebenunddreißig Ländern präsentierten zehn Millionen Besuchern alle Facetten des modernen Lebens. Der englische Pavillon war ein nachgebautes Schloss im Tudorstil, die Schweden präsentierten sich mit einem landestypischen rotweißen Schulgebäude aus Holz und bei den Amerikanern gönnte sich allein die Bundesregierung achttausend Quadratmeter Ausstellungsfläche. Alles, wirklich alles war so groß und weitläufig, wie es das Publikum noch nie erlebt hatte. Vierzig Kilometer Wege erschlossen das Gelände für die Besucher, und das Begleitprogramm aus wissenschaftlichen Vorträgen, Konzerten und Tanzveranstaltungen war für niemanden zu bewältigen. Ganz Amerika sprach in diesem Sommer von nichts als der Jahrhundertausstellung, auch diejenigen, die zu arm oder zu beschäftigt waren, nach Philadelphia zu reisen.

Der Ausstellungskatalog, ein wahrer Wälzer, verzeichnete unter den Ausstellern auch einen gewissen Alexander Graham Bell. Den Bostoner Professor für Sprecherziehung mit Wohnsitz in Kanada kannte in der breiten Öffentlichkeit niemand. Laut Katalog präsentierte dieser Alexander Bell in der Abteilung Pädagogik neueste Hilfsmittel für gehörlose Kinder, darunter einen „telefonischen und telegrafischen Apparat zur Verbildlichung von Sprache". Insgesamt widmete der Ausstellungskatalog Professor Bell achtzehn Wörter, Abbildungen gab es keine.

Der aus Schottland stammende Bell war noch keine dreißig Jahre alt und hatte sich der Aufgabe verschrieben, es gehörlosen Kindern zu ermöglichen, am gesellschaftlichen Leben teilzunehmen. Schon sein Vater war Logopäde gewesen und hatte ein raffiniertes System der Verbildlichung von Sprache entwickelt, das Alexander Bell weiterentwickelte. Als Bell nach Kanada übersiedelt war und in Boston seine Professur angetreten hatte, organisierte er Kongresse für Taubstumme und gründete die Amerikanische Gesellschaft für Taubstummensprache.

Schon in seiner Jugend hatte Bell in London die akustischen Experimente des Deutschen Herrmann Ludwig von Helmholtz mit Stimmgabeln und Elektromagneten beobachtet. In dieser Zeit entwickelte er seine Vision eines elektrischen Apparats, der die gesprochene Sprache für Gehörlose automatisch in Bildsignale übersetzt. Taubstumme könnten so alles verstehen, was um sie herum gesprochen wird, und wären endlich aus ihrer sozialen Isolation befreit. Bell begann zu experimentieren und fand bald mit Gardiner Hubbard, dem Vater seiner gehörlosen Schülerin und späteren Ehefrau Mabel, einen finanzkräftigen Sponsor für seine Versuche. Er konnte nun einen Assistenten bezahlen und engagierte den Techniker Thomas Watson. So entstand ein kongeniales Duo: Bell, der ja nicht Ingenieur, sondern Logopäde und Sprachwissenschaftler war, entwickelte die Ideen, der Bastler Watson kümmerte sich um die technische Umsetzung.

Kontinuierlich fließender Strom musste seine Spannung genau so verändern, wie die Dichte der Luft sich verändert, wenn Töne entstehen.

Irgendwann, nach vielen Tagen und Nächten des Experimentierens, wurde Bell etwas Entscheidendes klar: Das ganze Vorhaben, die menschliche Stimme in elektrische Impulse zu übertragen, konnte nur dann funktionieren, wenn man nicht wie beim Telegrafen mit abgehackten Stromstößen arbeitete, sondern wenn kontinuierlich fließender Strom seine Spannung genau so verändern würde, wie die Dichte der Luft sich verändert, wenn Töne entstehen.

Alexander Graham Bell spricht in eines seiner ersten Telefone. Mit dem Satz „Watson, kommen Sie hierher" hatte das Zeitalter der Telekommunikation begonnen.

Nun war es durchaus nicht so, als ob zu der Zeit noch nie jemand versucht hätte, mithilfe elektrischen Stroms die menschliche Stimme zu übertragen. Hans Oersted hatte 1820 den Elektromagnetismus entdeckt und Michael Faraday 1831 die Induktion, woraufhin Charles Wheatstone 1837 seinen Telegrafen entwickeln konnte. Dass man nun Morsezeichen über weite Distanzen übertragen konnte, ließ den Franzosen Charles Bousel 1854 und den Deutschen Philipp Reis 1861 sich die Köpfe zerbrechen, wie man Sprache elektrisch übertragen könnte. Aber sie waren Physiker, gingen streng wissenschaftlich an die Sache heran und scheiterten mit allen ihren Experimenten. Bell und Watson dagegen hatten von der Theorie wenig Ahnung, wollten letztlich auf etwas anderes hinaus – nämlich die automatische Visualisierung des gesprochenen Worts – und fanden schließlich doch den entscheidenden Kniff.

Ohne ihr eigentliches Ziel aus den Augen zu verlieren, probierten Bell und Watson im Frühjahr 1876 vor sich hin und testeten spielerisch alle Möglichkeiten. Am 10. März haben die beiden eine eigenartige Apparatur aus einem Elektromagneten, dünnem Schilfrohr, jeder Menge Kabel und einer Schüssel mit einer geheimnisvollen Flüssigkeit aufgebaut. Das ganze gleich zweimal, in benachbarten Räumen und durch ein Stromkabel verbunden. Watson geht in den Nebenraum, schließt die Tür hinter sich, hält sein Ohr an die Apparatur und lauscht gebannt. Bell spricht laut und deutlich gegen das Schilfrohrplättchen an der Apparatur in seinem Raum: „Watson, kommen Sie hierher. Ich brauche Sie." Daraufhin stürzt Thomas Watson ins Zimmer und ruft begeistert: „Ich habe Sie verstanden! Ich habe jedes Wort verstanden!"

Zum ersten Mal war das gesprochene Wort über eine elektrische Leitung übertragen worden. Für Alexander Bell war das Versuchsergebnis zwar nur ein Zwischenschritt auf dem Weg zur automatischen Übersetzung gesprochener Sprache in Zeichensprache, aber immerhin interessant genug, um es der Fachöffentlichkeit zu präsentieren. Am 10. Mai demonstrierte er seinen Apparat an der Amerikanischen Akademie für Künste und Wissenschaften. Die Wissenschaftler waren verblüfft und spendeten kräftigen Applaus, zu einer Meldung in den Zeitungen reichte es aber nicht. Und dann war da bald die Jahrhundertausstellung. Der Anmeldeschluss für den wissenschaftlichen Teil war längst verstrichen, weshalb Bell beschloss, seinen „Telefon- und Telegrafenapparat" einfach gemeinsam mit seinen Hilfsmitteln für Gehörlose auszustellen.

Der 25. Juni 1876 ist ein glutheißer Sonntag, an dem die Sonne noch erbarmungsloser auf die Ausstellungspavillons scheint als an den Tagen zuvor. Wie es sich für das strenggläubige Amerika gehört, ist die Ausstellung am Sonntag für die Öffentlichkeit geschlossen. Nur wissenschaftliche Fachbesucher und besondere Ehrengäste erhalten Zutritt. Heute hat sich eine hochkarätige Delegation angekündigt, die Exponate im Bereich der Elektrizität zu begutachten, darunter der weltberühmte Wissenschaftler Sir William Thompson und Dom Pedro II., der Kaiser von Brasilien. Dom Pedro befindet sich gerade auf Staatsbesuch in den USA und bereist die verschiedensten Städte. In Boston hat er bereits Alexander Bell kennen gelernt und dessen Schule für gehörlose Kinder besucht. Bell müsse unbedingt auch auf der Ausstellung sein, wenn ihr der Staatsgast und all die hochrangigen Wissenschaftler einen Besuch abstatteten, hatte Bells Schweigervater Gardiner Hubbard gemeint, doch erst dem Drängen seiner Frau gab Bell, der glaubte, besseres zu tun zu haben, schließlich nach und fuhr nach Philadelphia.

Die Ausführungen der Gelehrten an den Ständen mit den physikalischen Apparaturen wollen nicht enden, während die Hitze immer unerträglicher wird. Der Kaiser hört alldem geduldig zu. Der Forscher Elisha Gray demonstriert gerade die Übertragung eines Tons über eine elektrische Leitung – keine Sensation für Bell, der ja viel weiter ist –, als Dom Pedro den Professor aus Boston unter den Umstehenden wiedererkennt, auf ihn zugeht und ihm die Hand reicht. Er bedankt sich herzlich für den Vortrag neulich und für das interessante Buch über die Visualisierung von Sprache, das Bell ihm geschenkt hat. Nun endlich soll aber auch Bell mit seinem Apparat an der Reihe sein, und so folgen ihm der Kaiser samt Entourage sowie die versammelten Wissenschaftler an das andere Ende des Gebäudes, dort die Treppe hinauf in das Obergeschoss, wo seine Exponate zu sehen sind.

Der Versuch gelingt. „Sein oder nicht sein", spricht Bell in den Sender, und der Kaiser am Empfänger ruft erfreut: „Ich höre es! Ich höre es!" Der Kaiser ist so begeistert, dass er bald hundert Exemplare des Apparats bei Bell bestellen wird. Nur die Presse nimmt immer noch keine rechte Notiz von der bahnbrechenden Erfindung. Über den Besuch Dom Pedros auf der Weltausstellung wird kurz berichtet, auch über das, was er sich alles angesehen hat. Nächstes Thema bitte. „Scientific American" behauptet sogar, den Kaiser sei auf seinem Rundgang über die Ausstellung am meisten von der elektrischen Druckpresse der Londoner Zeitung „The Times" beeindruckt gewesen. Diese gab es allerdings schon seit sieben Jahren.

Bells Erfindung spricht sich auch ohne Unterstützung der Medien herum, durch Mundpropaganda unter Wissenschaftlern und Technikbegeisterten. Immer öfter wird Bell gebeten, seine Erfindung zu demonstrieren. Kenner halten sie längst für das bahnbrechendste Exponat der Jahrhundertausstellung. Aber nach der ersten Vorführung im heimischen Kanada schreibt der „Toronto Globe" auf Seite drei, der Apparat von Alexander Bell habe die Zuschauer ganz nett unterhalten – mehr aber auch nicht. Die Einschätzung der Presse änderte sich in der nächsten Zeit kaum wesentlich. Das Telefon hielten die Journalisten – und wohl auch viele Leser – für ein lustiges Spielzeug, das nur leider zu nichts zu gebrauchen sei.

Das Patent auf den Telefonapparat von Alexander Bell gilt heute als das wertvollste Einzelpatent aller Zeiten.

Bell entwickelte seine Technik jetzt konsequent weiter – wenigstens ihm dämmerte langsam ihr Potenzial. Am 9. Oktober kam es zu dem ersten wechselseitigen Telefongespräch zwischen Menschen an verschiedenen Orten. Bell in Boston telefonierte mit Watson im benachbarten Cambridge. Je öfter der Apparat vorgeführt wurde, desto mehr Menschen äußerten spontan den Wunsch, einen solchen zu besitzen. Ein Jahr nach der Jahrhundertausstellung gründete Bell seine eigene Telefongesellschaft, stellte seine Erfindung in Europa vor und verkaufte den ersten Apparat an einen Privathaushalt. Bell hatte rechtzeitig, noch vor der Fahrt nach Philadelphia, das Patent auf seine Erfindung angemeldet und gewann in der Folge alle Prozesse gegen andere Erfinder, die es ihm streitig machen wollten. Es gilt heute als das wertvollste Einzelpatent aller Zeiten.

Alexander Bell läutete das Zeitalter der Telekommunikation ein, was ihn – mit einiger Verspätung – nicht nur wohlhabend, sondern auch zu einer Person des öffentlichen Lebens machte. Als keine fünfzehn Jahre nach der Jahrhundertausstellung allein im Untergrund der Stadt New York achtzehntausend Kilometer Telefonkabel verlegt waren, wollte keine Zeitung mehr von einem netten Gag sprechen. Bell, der einst angetreten war, das Los der Gehörlosen zu verbessern, musste allerdings mit dem Gedanken leben, dass seine größte Erfindung für Taubstumme vollkommen unbrauchbar war.

Ein Blick in die Technikgeschichte zeigt schnell: Ideen entstehen oft mehr oder weniger durch Zufall. Die Erfinder wollen manchmal auf etwas ganz anders hinaus. Das meiste Geld wird noch in die Fortentwicklung des Bestehenden gesteckt, als es längst Zeit für das ganz Neue ist. Niemand erkennt das große Potenzial des Neuen. Bei Alexander Bells Erfindung traf schließlich der Markt die Entscheidung – die Leute wollten einfach haben, was zunächst nur für die Wissenschaft gedacht war. In unserer Zeit war es beim Internet genauso. Und auch das wird wahrscheinlich nicht das letzte Mal gewesen sein.

17

Kundenorientierung – Paulus und der größte Marketingerfolg der Geschichte: Was man erreichen kann, wenn man die Sprache des Kunden spricht. Nähe zum Kunden – im übertragenen wie im wörtlichen Sinn – und dauerhafte, verlässliche Beziehungsangebote gegenüber dem Kunden zahlen sich langfristig aus.

„Wie wäre es, wenn wir gemeinsam reisten?“

Paulus von Tarsus (um 5–64) trug entscheidend dazu bei, dass das Christentum von einer jüdischen Reformbewegung zur Weltreligion werden konnte. Rund 25 Jahre lang reiste er durch nahezu den gesam-ten Mittelmeerraum und gründete dort zahlreiche Gemeinden. Weil er die Sprache der Menschen sprach und seine Gruppen intensiv betreute, war er nachhaltig erfolgreich.

In dem historischen Roman „Der Apostel“ erzählt der amerikanische Autor Walter Wangerin das Leben des Paulus von Tarsus aus der Perspektive seiner Zeitgenossen und Weggefährten. Timotheus aus Lystra in Kleinasien berichtet:

> *In meinem neunzehnten Lebensjahr kehrte der Apostel Paulus noch einmal nach Lystra zurück, kam in unser Haus, als wäre er nie fort gewesen, und blieb eine Woche bei uns.*
>
> *Paulus erzählte uns, dass sie im Frühjahr, kurz nach der Schneeschmelze, durch Zilizien gereist waren. Sie hatten den hohen, beschwerlichen Pass über die Berge nördlich von Tarsus, der Heimatstadt des Paulus, genommen. Er berichtete uns, dass sie den Gemeinden, die er vor zwei Jahren gegründet hatte, kurze Besuche abgestattet hatten, um bei ihnen zu predigen und sie zu unterstützen.*
>
> *„Wie gut ist dein Hebräisch inzwischen?“, fragte er mit der Andeutung eines Lächelns in seinem Gesicht. In seinen langen Fingern hielt er meine Hand. Er saß neben mir auf der Bank. „Wie gut ist dein Hebräisch inzwischen?“*

> *„Ich kann Hebräisch lesen", sagte ich. „Ich lese jeden Abend meiner Mutter vor. Sie lernt die Worte auch."*
>
> *„Kannst du Griechisch schreiben?"*
>
> *„Das kann ich. Schon lange. Und auch Latein."*
>
> *„Könntest du dich in Rom mit den Römern unterhalten?"*
>
> *„Ja."*
>
> *„Timotheus", sagte Paulus. Sein Lächeln war verschwunden. Er sah mir in die Augen und hatte sich nach vorn gebeugt wie jemand, der ungeduldig auf etwas wartet. „Wie wäre es, wenn du mit mir kämest? Wie wäre es, wenn wir gemeinsam reisten?"*

Als Paulus um das Jahr 48 den jungen, intelligenten Timotheus zu seinem Begleiter machte, hatte er gerade einen Riesenkrach mit den Christen in Jerusalem und Antiochia hinter sich. Er hatte sich im Streit von seinem langjährigen Reisegefährten Barnabas getrennt und war es satt, dass man sich in Jerusalem und anderswo nicht an den Geist der getroffenen Vereinbarungen hielt. Dabei waren 48 in Jerusalem alle Apostel zusammengekommen, um endlich an einem Strang zu ziehen. Apostel nannten sich Männer, die es zu ihrer Lebensaufgabe gemacht hatten, Menschen von Jesus Christus zu berichten. Jesus, so sagten sie, sei nach seinem Tod am Kreuz für eine gewisse Zeit noch einmal lebendig geworden und nun immer noch im Geist bei ihnen. Alle hatten Paulus ausdrücklich zugestimmt, dass man nicht erst Jude werden müsse, um Mitglied der Gemeinschaft Jesu Christi sein zu können.

Und was machten die Juden unter den Christen dann? Sie weigerten sich, mit Christen, die keine Juden waren, gemeinsam zu essen. Paulus kochte vor Wut. Für ihn, der selber Jude war, stand längst fest, dass das Christentum mehr sein sollte als eine jüdische Sekte. Fünfzehn Jahre lang hatte er immer auf die Befindlichkeiten der anderen Apostel Rücksicht genommen. Nun reichte es ihm. Er suchte sich neue Freunde und ging – mit Gott – seinen eigenen Weg. Jetzt erst recht, mag sich Paulus gedacht haben, und orientierte sich weg vom Orient – nach Westen, nach Europa. Dort wollte er Menschen mit jenem Jesus in Kontakt bringen, auf den er sein Leben ausgerichtet hatte.

Paulus. – Wohl von wenigen historischen Figuren ist der Gegenwart ein so fragwürdiges Bild überliefert wie von ihm. Kaum eine Epoche, die nicht neue Zerrspiegel aufgestellt hätte, in denen die Konturen des Mannes, ohne den es bei uns vermutlich kein Christentum gäbe, immer mehr verschwammen. Da war zunächst der Evangelist Lukas mit seiner „Apostelgeschichte“, einem typischen Stück spätantiker Erbauungsliteratur – fraglos gut für das christliche Gemüt, aber bis auf den ganz groben Rahmen ohne historische Aussagekraft.

Dann der Paulus, den Michelangelo 1512 an die Decke der Sixtinischen Kapelle in Rom malte: ein Tattergreis mit Rauschebart, herabgezogenen Mundwinkeln und schielendem Blick. So soll man sich den Mann vorstellen, der fünfundzwanzig Jahre lang, wenn nicht per Schiff, dann zu Fuß, im ganzen Mittelmeerraum unterwegs war, um für das Christentum zu werben und es zu einem Weltunternehmen zu machen? Paulus war Ende 20, als er zum Apostel wurde, Anfang vierzig, als er mit Timotheus und Titus den Westen geistig eroberte, und wurde mit Ende fünfzig in Rom hingerichtet. Wenig zum Greisenimage des Paulus, das seit Michelangelo durch die europäische Kunstgeschichte geistert, will auch passen, dass er zu keiner Zeit seines Lebens von Spenden – oder gar Rente – lebte, sondern als selbstständiger Zeltmacher auf allen Reisen sein eigenes Geld verdiente. Als sei er nicht genug ausgelastet gewesen, Gemeinden zu gründen, zu predigen, Streit zu schlichten und sich immer wieder von körperlichen Misshandlungen durch seine Gegner – zum Beispiel Auspeitschungen – zu erholen.

Der Paulus, den Michelangelo 1512 an die Decke der Sixtinischen Kapelle in Rom malt, ist ein Greis mit Rauschebart, herabgezogenen Mundwinkeln und schielendem Blick.

Schließlich haben sich noch die lutherischen Kirchen Paulus besonders intensiv angenommen. Sie wollten in ihm vor allem einen Theologen sehen, der in seinen Briefen fest umrissene Lehren begründet habe, etwa die, dass der Mensch selbst nichts beitragen könne, um vor Gott zu bestehen. Ob es Paulus auf solche oder ähnliche Dogmen ankam, darf jedoch durchaus bezweifelt werden. Paulus war ein denkender Mensch, keine Frage, aber er war ein ganz praktischer Denker, der sich in seinen Briefen nie losgelöst von ganz konkreten Situationen und Problemen seiner Gemeinden geäußert hat. Immer ging es ihm um das bestmögliche Vorankommen unter den gegebenen Umständen.

Paulus hat das Christentum buchstäblich vermarktet – in fast allen bedeutenden Städten des Römischen Reiches tauchte er irgendwann auf, stellte sich auf den Marktplatz und begann, zu den Menschen zu sprechen. Warum er dabei um so vieles erfolgreicher war als seine zahllosen Mitbewerber – Wanderphilosophen, Prediger, Wunderheiler –, versteht besser, wer sich anschaut, was Paulus geprägt hat und mit welchen Methoden er arbeitete.

Zunächst war Paulus zeitlebens ein Stadtmensch, das zeigt nicht zuletzt die Sprach- und Bilderwelt seiner Schriften ganz deutlich. Tarsus in Kleinasien, wo Paulus aufwuchs, war die Hauptstadt der römischen Provinz Kilikien und ein wirtschaftliches und kulturelles Zentrum, gelegen an einer bedeutenden Handelsstraße von West nach Ost. In der quirligen Stadt stand die griechische Kultur in hoher Blüte. Es gab zahlreiche Philosophen, Rhetoriker und Dichter, von denen viele durch die geistige Strömung der Stoa beeinflusst waren. Als reich, arrogant und selbstzufrieden galten die Bewohner von Tarsus bei Neidern aus weniger prosperierenden Regionen. Griechisch, die Muttersprache des Paulus, war die Weltsprache der damaligen Zeit, mit der man sich im ganzen Mittelmeerraum zumindest unter Geschäftsleuten und Bildungsbürgern verständigen konnte. Auch Rom war praktisch zweisprachig – wenn Paulus in Wangerins Roman Timotheus fragt, ob er sich mit den Römern unterhalten könnte, so ist das Gespräch mit dem einfachen Volk gemeint.

Als streng gläubiger Jude lernte Paulus früh Hebräisch, die Sprache der Heiligen Schrift der Juden. Unter den im Römischen Reich lebenden Juden gehörte Paulus zu den Privilegierten, denn er besaß das volle römische Bürgerrecht. Geistig orientierte er sich als junger Mann jedoch zunächst nach Jerusalem, schloss sich der Gemeinschaft der Pharisäer an und bekämpfte die ersten Christen voller Zorn. Dann veränderte eine Begegnung sein Leben, von der er immer nur sehr zurückhaltend spricht. Im Jahr 33, also drei Jahre nach dem Tod Jesu von Nazareth am 7. April 30, will er diesem Jesus auf eine Weise begegnet sein, über die er keine Einzelheiten mitteilt. Er versichert nur immer wieder, von Jesus seinen Lebensauftrag bekommen zu haben und ihn mit dessen Hilfe zu erfüllen. Dieser Auftrag war, Nichtjuden mit der Antwort Jesu auf die Sinnfrage des Lebens bekannt zu machen.

Deshalb also ein Leben auf Reisen, ohne Familie, aber in Begleitung meist junger Männer wie Timotheus, denen er viel Verantwortung übertrug und sie bisweilen heikle Aufträge selbstständig ausführen ließ. Die lange Periode des Friedens in der römischen Kaiserzeit hatte das Reisen erstmals in der Geschichte für viele Menschen zu einer Selbstverständlichkeit gemacht. Im Reich gab es insgesamt etwa 300.000 Kilometer Fernstraßen, dazu gute und preiswerte Schiffsverbindungen, die von Händlern, Pilgern und so genannten Bildungsreisenden – sprich: Touristen – gern in Anspruch genommen wurden.

Die lange Periode des Friedens in der römischen Kaiserzeit hatte das Reisen erstmals in der Geschichte zu einer Selbstverständlichkeit gemacht.

Der intellektuelle und religiöse Pluralismus der römischen Welt machte es Paulus relativ leicht, in einer neuen Stadt für die Sache „seines" Jesus Christus zu werben. Als kraftvoll-dynamische und hoch emotionale Persönlichkeit wurde er wahrgenommen – dabei vom äußeren Eindruck her eher schwächlich, gewiss kein Athlet. In jeder Stadt fand er schnell Menschen, die das, was er sagte, überzeugte. Eine Ausnahme bildete lediglich Athen, das Zentrum griechisch-philosophischer Bildung, wo Paulus mit seiner praktischen, zupackenden Art wahrscheinlich den hohen Ton nicht recht traf und deshalb abblitzte. Überall sonst zwischen Syrien und Italien gründete er christliche Gemeinden und behielt diesen auch nach heutigen Maßstäben großen Aktionsraum stets im Überblick.

Die Sprache der Menschen, die sich zu den neuen Gemeinschaften zusammenschlossen, sprach Paulus gleich in doppelter Hinsicht: als griechisch sprechender Stadtbürger und als jemand, der seit seiner Kindheit mit den populären Ansichten der hellenischen Welt vertraut war. Aus manchen Äußerungen des Paulus scheint so stark der damalige Zeitgeist hindurch, dass man sich fragen könnte, ob sie überhaupt noch „christlich" sind. Begriffe wie „Evangelium", „Verkündigung", „Glaube", „Offenbarung" oder „Charisma" fand er in der nichtchristlichen griechischen Kultur bereits vor, griff sie auf und gab ihnen einen neuen Sinn. Die Briefe des Paulus, die heute kaum noch jemand versteht, müssen damals den Nerv der Adressaten genau getroffen haben. Im Übrigen verbreitete er das, was sich an Positionen in den Gemeinden von Jerusalem und Antiochia als Gemeingut über Jesus Christus herausgebildet hatte. Er schuf weder ein eigenes noch das eigentliche Christentum, sondern brachte die Dinge auf moderne Begriffe, die auf der ganzen Welt verständlich waren.

Paulus blieb immer so lange bei einer von ihm gegründeten Gemeinde, bis diese selbstständig leben konnte. Das dauerte mal Wochen, mal Monate und mal Jahre. Wenn er weitergezogen war, hielt er mit den Gemeinden brieflich Kontakt. Überliefert sind nur wenige Briefe aus den letzten Jahren seiner Tätigkeit. Sie geben einen guten Eindruck, wie Paulus sich bemühte, Streitfragen zu klären und die Gemeinde in ihrer Entwicklung voranzubringen.

Immer wieder ist ihm vor allem eines wichtig: Jeder kann Christ werden, und jeder kann es auf seine Art und Weise sein. In den Gemeinden kommt es nämlich regelmäßig dazu, dass Einzelne wegen ihrer jüdischen Abstammung, ihres Wohlstands oder ihrer Nähe zu einer bestimmten

Philosophie glauben, die besseren oder gar die einzig wahren Christen zu sein. Paulus hält leidenschaftlich dagegen. Und wenn irgendwo die Dinge aus dem Ruder zu laufen drohen, schickt er Timotheus oder einen anderen Mitarbeiter dorthin, um nach dem Rechten zu sehen. Sollte es ganz schlecht aussehen, dann macht er sich persönlich auch auf den weitesten Weg.

Dazu war niemand der anderen Wanderprediger und Gebrauchsphilosophen bereit. Sie tauchten auf, hielten ihre Reden, kassierten ein wenig Geld und verschwanden wieder. Paulus nahm nie Geld, außer für seine selbst genähten Zelte. Dafür hatten seine Gemeinden auch dann das Gefühl, dass er sich um sie kümmerte, wenn er gerade hunderte Kilometer entfernt war. Paulus von Tarsus, der Weltbürger, der die griechisch-römische und die jüdische Kultur in sich vereinte, dessen große Stärke es war, sich ganz auf aktuelle Fragen zu konzentrieren und diese vom Grundsätzlichen her zu beantworten, sah sich selbst nicht wirklich als etwas Besonderes. Er war sich allerdings bewusst, dass er mehr zu leisten bereit war als andere und damit auch mehr Erfolg hatte.

Erfolgreiches Marketing bedeutet, nah am Kunden zu sein und die Sprache des Kunden zu sprechen. Wer dem Kunden das Gefühl gibt, im Mittelpunkt zu stehen und sich überdurchschnittlich für ihn engagiert, stellt die Weichen für den Erfolg. Allerdings muss das Produkt ebenso herausragend sein wie das Marketing und dem Kunden wirklich etwas Einzigartiges bieten, sonst ist alle Mühe schnell vergebens.

18

Eventmarketing – Mahatma Gandhi und der Salzmarsch der indischen Unabhängigkeitsbewegung: Wie man Kunden zu Fans macht. Die Zutaten: Emotionale, suggestive Symbole, charismatische Galionsfiguren, einfache Botschaften, die Aufforderung an die Kunden und die Möglichkeit für diese „mitzumachen".

Vierhundert Kilometer zu Fuß für eine Hand voll Salz

Der indische Rechtsanwalt Mohandas Karamchand „Mahatma" Gandhi (1869–1948) wurde in den 1920er Jahren zum Führer des Indischen Nationalkongresses (INC), der gegen die britische Kolonialherrschaft und für die Selbstbestimmung des indischen Volkes eintrat. Auf der Grundlage einer Mischung aus altindischer Weisheit und christlichen Gedanken entwickelte er die Idee des „Satyagraha", des „gewaltfreien Widerstands". Im März 1930 beteiligten sich Tausende seiner Anhänger an einem Protestmarsch gegen das Salzmonopol der Briten.

Am Abend des 11. März 1930 finden sich immer mehr Menschen vor Mahatma Gandhis „Ashram" – einer Art klösterlicher Wohnanlage für Gebet und Meditation – in der Nähe der indischen Kleinstadt Ahmedabad ein. Bei Einbruch der Dunkelheit lassen sie sich in kleinen Gruppen am Ufer des Flusses Sabarmati nieder, zünden Lagerfeuer an und legen sich schließlich zum Schlafen auf die Erde. Als am nächsten Morgen die Dämmerung einsetzt, sind es mehrere Tausend Menschen, die hier aufwachen.

Gandhi nimmt seit sechs Jahren kein Salz zu sich, weil die Briten es künstlich verteuern und damit vor allem die Ärmsten belasten.

Sie alle sind gespannt, ob Gandhi tatsächlich zu dem großen Protestmarsch aufbrechen wird, von dem in allen Zeitungen zu lesen war. Er will den britischen Kolonialherren die Salzsteuer verweigern. Doch wie genau soll der Protest aussehen? Gandhi selbst nimmt seit sechs Jahren bewusst kein Salz zu sich, weil die Briten es künstlich verteuern und damit vor allem die Ärmsten belasten. Wie will er seinen Protest ausdehnen? Es heißt, er wolle mit seinen gewaltfrei protestierenden Anhängern, den „Satyagrahis", bis an die vierhundert Kilometer entfernte Küste des Indischen Ozeans wandern. Werden die Briten das zulassen? Und wenn ja, was gedenkt er an seinem Ziel zu tun?

Wilde Gerüchte kursieren in der Menge. Kurz vor Beginn des Protestmarsches werde man Gandhi verhaften, meinen einige. Andere wollen gehört haben, die Briten planten einen Luftangriff auf den Ashram. Und einer ist überzeugt, er habe auf einer nicht weit entfernten Brücke, die der Protestzug überqueren will, ein Maschinengewehr in Stellung gesehen. Das alles wühlt die Menge auf, kann aber an ihrer Entschlossenheit, Gandhi auf seinem Marsch zumindest eine Etappe weit zu begleiten, nichts ändern. Vor allem die jungen Satyagrahis versichern sich gegenseitig, sie seien bereit, für Gandhi und seine gerechte Sache zu sterben.

Um zehn nach sechs tritt Gandhi ganz ruhig und entspannt vor sein Haus. Er wechselt ein paar Worte mit einigen der Wartenden und fordert dann die Menge auf, mit ihm gemeinsam ein Gebet zu sprechen. Gandhi möchte nicht nur die Alleinherrschaft der Briten beenden, sondern auch die religiösen Spannungen in Indien, vor allem zwischen Hindus und Muslimen, überwinden. Deshalb spricht er Gebete, die alle Menschen vereinen können. Nach dem Gebet malt ihm seine Frau Kasturbai das „Tilak“ auf die Stirn, einen roten Punkt, der Glück bringen soll. Sie hängt ihm eine Stoffgirlande um den Hals und reicht ihm einen Wanderstab aus Bambus für den langen Weg.

Um halb sieben dann der Abmarsch. „Wir marschieren im Namen Gottes“, sagt Gandhi. Zwanzigtausend Unterstützer sind dabei, als sich der eigentliche Protestzug – Gandhi und 79 weitere, mit schlichten weißen Gewändern bekleidete Männer aus dem Ashram – in Bewegung setzt. Frauen sind keine dabei, so wie es Gandhi vor einer Woche bei einer Gebetsstunde schon angekündigt hat: „Nur Männer werden mit uns kommen. Die Frauen werden im Ashram zurückbleiben. Genauso wie Hindus keiner Kuh Leid zufügen, greifen die Briten keine Frauen an. Für Hindus wäre es eine feige Tat, Kühe in die Schlacht zu schicken. Von uns wäre es daher feige, Frauen mitzunehmen.“ Der Indische Nationalkongress hat im Übrigen die Namen und vollständigen Adressen aller Teilnehmer in einer großen Tageszeitung veröffentlicht. Die britischen Behörden sollen wissen, wen sie verhaften müssen.

Überhaupt pflegte Ghandhi bei der Vorbereitung der Aktion einen geradezu entwaffnenden Kommunikationsstil gegenüber der Gegenseite. Anfang März schrieb er dem britischen Gouverneur von Indien, Lord Edward Frederick Irwin, einen Brief, in dem er seine Pläne für eine Pro-

Der Salzmarsch war die erste Protestaktion mit dem Charakter einer Medieninszenierung. Am 5. April 1930 brach Gandhi vor zahllosen Kameras das Gesetz der Briten, nach dem kein Inder unversteuertes Salz besitzen durfte.

testaktion offen legte. „Lieber Freund", begann Gandhi den Brief, nicht gerade mit der formal korrekten Anrede, „bevor ich mit einer erneuten Kampagne des zivilen Ungehorsams beginne, möchte ich Sie auffordern, mit mir gemeinsam einen Weg zu finden, das Problem der Salzsteuer in Indien friedlich beizulegen." Der Reporter des amerikanischen Magazins „Time" beschrieb dieses Problem zur gleichen Zeit so:

> *Für einen Inder ist es gesetzwidrig, einen Eimer Salzwasser mit nach Hause zu nehmen. Obwohl Indien über vier der weltweit ertragreichsten Gebiete mit Salzablagerungen verfügt und problemlos alles Salz, das es benötigt, selbst abbauen könnte, wirft die britische Regierung jährlich 600.000 Tonnen Salz auf den indischen Markt und sorgt dafür, dass britische Frachtschiffe stets genügend Tonnage haben; die jährlichen Staatseinkünfte aus Indien betragen 20 Mio. Dollar. Das monopolisierte Salz wird den Indern zu einem Preis verkauft, der die Produktionskosten manchmal um 2000 Prozent übersteigt. Indische Bauern, die ihr Vieh nachts zum Strand führen, um es Salz auflecken zu lassen, gehen damit das Risiko einer Verhaftung ein.*

Indem er sich auf die Salzgesetzgebung konzentrierte, wählte Gandhi geschickt ein emotional aufgeladenes Thema mit hohem Symbolwert, das die Massen mobilisieren konnte. Wenn die Inder nicht das nutzen durften, was ihr eigenes Land in Fülle bereithielt, sondern den Europäern dafür etwas zahlen mussten, so zeigte sich darin das ganze moralische Dilemma der Kolonialherrschaft. Gleichzeitig war die Tragweite des Themas aber immer noch relativ begrenzt, so dass der Protest nicht gleich als Umsturzversuch zu werten war. Deshalb konnten sich auch politisch Gemäßigte guten Gewissens an der Aktion beteiligen.

„Sollten die Engländer nicht willens sein einzulenken", schrieb Gandhi weiter an Lord Irwin, „so werden wir unsere Kampagnen des zivilen Ungehorsams fortsetzen. Mein Ziel ist nicht mehr und nicht weniger, als die Engländer durch Gewaltlosigkeit davon zu überzeugen, dass es falsch war, Indien diese Ungerechtigkeiten angetan zu haben. ... Ich erlaube mir, Sie zu Verhandlungen über die sofortige Abschaffung dieser Übel einzuladen. ... Wenn Sie sich jedoch zu einer solchen Konferenz nicht durchringen können und mein Brief Ihr Herz nicht ändert, werde ich mit meinen Anhängern am elften Tag dieses Monats die Bestimmungen der Salzsteuer verweigern und einen Protestmarsch beginnen." Der Gouverneur antwortete nicht auf Gandhis Brief. Also marschierten die Satyagrahis los.

Rund zwanzigtausend Zuschauer säumen die Straßen auf der ersten Etappe nach Ahmedabad. Kleine Mädchen laufen zwischen den weiß gewandeten Männern umher und malen ihnen „Tilaks“ auf die Stirn. Die Menge wirft Blumen und Münzen auf den Weg, Sprechchöre ertönen und eine kleine Kapelle schmettert „God Save the King“ – bis den Musikanten auffällt, dass die britische Nationalhymne für den Anlass wohl eher unpassend ist. In Ahmedabad sind Journalisten aus aller Welt eingetroffen. Lastwagen fahren neben dem Protestzug her, und von den Ladeflächen machen die Fotografen und Kameraleute ihre Aufnahmen – ganz im Sinn von Gandhi, der gesagt hat: „Publicity ist unsere beste und vielleicht einzige Verteidigung.“

„Publicity ist unsere beste und vielleicht einzige Verteidigung.“

So geht es durch hunderte von Dörfern und Kleinstädten, die ganzen vierhundert Kilometer bis ans Meer. Gandhi, mit 61 Jahren der mit Abstand Älteste unter den Satyagrahis, legt mit seinen weit ausholenden Schritten ein enormes Tempo vor. Die fünfzehn bis achtzehn Kilometer am Tag, zumal in zwei Etappen, seien doch ein Kinderspiel, sagt er. Und als seine Anhänger häufig Krämpfe und wunde Füße bekommen, meint er nur, die Jugend sei eben sehr empfindlich und zu verwöhnt. Gewöhnlich begleiten die Bewohner eines Dorfes oder einer Stadt den Protestzug bis zum nächsten Aufenthalt. Aber an jeder Station schließen sich auch Menschen den Satyagrahis für den ganzen Rest des Weges an, so dass der Zug immer größer wird.

Um der Mittagshitze zu entgehen, machen Gandhi und seine Anhänger stets Rast in einem Dorf. Alle Dörfer sind festlich geschmückt, die Bewohner vollständig auf der Straße. Mittags diskutiert Gandhi mit den Dorfbewohnern, abends hält er dann an dem Ort, wo die Satyagrahis die Nacht verbringen werden, eine längere Rede. Er erklärt den Menschen seine Prinzipien des gewaltlosen Widerstands und ruft zum Boykott englischer Produkte auf. Er empfiehlt für eine gesunde, billige und von englischen Importen unabhängige Ernährung Brotbäume und Sojabohnen zu pflanzen. Er mahnt, sich von Opium und Alkohol fernzuhalten und die Nachkommen nicht schon im Kindesalter zu verheiraten. Nach seiner Rede unterhält sich Gandhi noch mit den Bauern, gibt Journalisten Interviews, schreibt Zeitungsartikel und Briefe, widmet sich seinem Tagebuch. Während er mit anderen spricht, spinnt er auf seinem kleinen zusammenklappbaren Spinnrad Garn.

Gandhi wollte, ja musste breite Bevölkerungsschichten ansprechen und zu politischem Engagement bewegen, sonst hätte er gegen die technische und militärische Übermacht der Briten keine Chance gehabt. Je länger er nachdachte und je mehr Erfahrungen er sammelte, desto tiefer war er davon überzeugt, dass die emotionale Energie, die Menschen zum Handeln treibt, aus ihren „Herzen“ komme. Nur mit einer klug gewählten Symbolsprache glaubte er, Menschen wirklich begeistern zu können. In dem Bewusstsein, dass die Kultur der Hindus ohnehin sehr von Bildern bestimmt war, entwickelte er starke, suggestive Symbole.

Dazu gehörte etwa das Spinnrad, mit dem nach Gandhis Vorstellungen jeder Inder Wolle spinnen sollte. Das war eine sanfte Rebellion gegen einseitigen technischen Fortschritt, drückte Verbundenheit mit der Landbevölkerung aus, betonte die Würde von Handarbeit und war nicht zuletzt ein Protest gegen die Wirtschaftspolitik der Engländer, die Indien als Absatzmarkt für ihre Textilien sahen und die einheimische Produktion klein hielten. Am Spinnrad sollte zudem jeder Inder eine halbe Stunde am Tag in Ruhe mit sich alleine sein und nebenher neue Gedanken „ausspinnen“. Auch das Khadi, das einfache, gesponnene Tuch, mit dem Gandhi sich kleidete, war ein Symbol. Oder die Kuh, die für die Gewaltfreiheit des Protestes stand. Gandhis Symbole konnten Emotionen wecken und gleichzeitig zum Nachdenken anregen. Sie zielten nicht einseitig auf Kopf oder Bauch, sondern eben auf das Herz. Sie waren dem Alltag entnommen und sollten die „Ganzheitlichkeit“ – der Begriff ist mittlerweile in Europa angekommen – des menschlichen Lebens betonen.

Begleitet von Tausenden erreicht Gandhi am 5. April das Dorf Dandi an der Küste des Indischen Ozeans. Die Satyagrahis verbringen die Nacht im Dorf, einige ruhen sich aus, andere verharren wie Gandhi die ganze Nacht im Gebet. Früh am nächsten Morgen macht sich Gandhi begleitet von seinen Anhängern, der Menschenmenge und zahllosen Journalisten auf den Weg an den Strand. Niemand weiß, was er vorhat. Zunächst nimmt er in aller Ruhe ein Bad im Meer. Zurück am Strand bückt er sich, nimmt eine Hand voll mit Sand vermischtes Salz, richtet sich auf und hält das Salz in die Höhe wie die Fackel eines Siegers.

Anschließend wird er es filtern und raffinieren. Damit hat er das Gesetz gebrochen, sich rechtswidrig unversteuertes Salz angeeignet. Die schlichte Geste versetzt die Weltöffentlichkeit in Staunen – und löst in Indien eine Massenbewegung aus. Hunderttausende fahren mit Pfannen und Töpfen ans Meer, um illegal Salz zu schürfen. Festnahmen und Verurteilungen nützen nichts mehr; es sind einfach zu viele Menschen. Niemand kann ein ganzes Volk verhaften und einsperren.

> Wo das Produkt zur Bewegung wird, werden Kunden zu Fans. Events, bei denen ein Gemeinschaftsgefühl entsteht, gehören einfach dazu. Glaubwürdige Identifikationsfiguren auch. Dann: Eine klare Botschaft, wofür das Produkt steht. Suggestive Symbole. Möglichkeiten zum Mitmachen und Nachahmen. Bei alledem sind das Bedürfnis des Menschen nach Abgrenzung und der Wunsch, auf der „richtigen" Seite zu stehen, nicht zu vergessen – was wäre der Macintosh-Fan ohne Microsoft?

19

Reden – Demosthenes und sein mündlicher Widerstand gegen Makedonien: In Medien und Öffentlichkeit sind Worte Taten. Insbesondere in schwierigen Zeiten kann oder muss eine Führungspersönlichkeit mit der Kraft des Wortes Weichen stellen und den Laden zusammenhalten.

„Ein Schurke aus Makedonien, wo es früher nicht einmal brauchbare Sklaven gab"

Der athenische Redner und Staatsmann Demosthenes (384–322 v. Chr.) war einer der meistgelesenen Autoren der griechischen und römischen Antike. Allenfalls sein römischer Bewunderer Cicero wurde von späteren Generationen ähnlich häufig zitiert. Demosthenes verdankte den politischen Einfluss, der ihn auf dem Höhepunkt seiner Macht die Richtlinien der athenischen Politik bestimmen ließ, allein seiner Redekunst. Er plädierte leidenschaftlich für den Fortbestand eines freien, unabhängigen und demokratischen Athen, konnte aber nicht verhindern, dass sein Erzfeind Philipp II. von Makedonien und dessen Sohn Alexander der Große die Athener in ein von den Makedoniern geführtes hellenisches Reich eingliederten.

Es ist das Jahr 341 v. Chr., als Demosthenes vor der Volksversammlung in Athen eine seiner leidenschaftlichsten Reden hält. Der Mann, der da das Wort ergreift, ist auf dem Höhepunkt seiner staatsmännischen Karriere und weiß in der athenischen Polis, die durch eine demokratische Verfassung vom Volk selbst regiert wird, die Mehrheit hinter sich. Immer wieder hat er in den vergangenen Jahren davor gewarnt, dass Athen seine Freiheit und Unabhängigkeit verlieren könnte, doch die Bürger sind ihm nach wie vor zu passiv und abwartend gegenüber Makedonien, das seine Machtbasis kontinuierlich ausweitet. Demosthenes will die Athener endlich aufrütteln. Und dazu will er ihnen nicht nur Angst machen, sondern sie auch bei ihrem Stolz packen.

Natürlich, räumt Demosthenes ein, hätten auch die Athener in der Vergangenheit Fehler gemacht und sich gegenüber den anderen griechischen Staaten schon einmal ins Unrecht gesetzt. Doch das seien wenigstens Streitigkeiten der Griechen unter Griechen gewesen, etwa so, als ob ein rechtmäßiger Sohn aus reichem Haus etwas nicht richtig verwalte und dafür Tadel verdiene. Aber immerhin tue er das nicht als Außenstehender. Damit hat Demosthenes rhetorisch den Boden bereitet, um seinen Erzfeind mit voller Wucht zu treffen. Zornentbrannt schleudert er den Zuhörern seine Sätze entgegen:

> *Wenn aber gar ein Knecht oder ein untergeschobener Sohn Vermögen, auf das er keinen Anspruch hat, vergeuden und verschleudern würde, o Himmel, für wie viel schlimmer und empörender würden das alle ansehen. Aber ganz anders halten sie es mit Philipp und mit dem, was er jetzt tut, er, der doch nicht nur kein Grieche ist und mit den Griechen gar nichts zu tun hat, nicht einmal ein Barbar, der aus einem Lande stammt, das man mit Ehren nennen kann, sondern ein Schurke aus Makedonien, von wo man früher nicht einmal einen brauchbaren Sklaven kaufen konnte.*

Es sind rhetorische Frontalangriffe wie dieser aus der dritten Rede des Demosthenes gegen Philipp von Makedonien, die eine „Philippika" bis in die jüngere Zeit hinein zur sprichwörtlichen Verkörperung einer vernichtenden Rede oder Strafpredigt gemacht haben. Der König von Makedonien erscheint hier also als ein Verbrecher aus einem Volk, das es nicht einmal verdient, als barbarisch bezeichnet zu werden. Der 360 v. Chr. geborene Philipp stammte in Wirklichkeit zwar aus einem Land ganz im Norden des Peloponnes, dessen Bevölkerung sich von den Athenern durchaus unterschied, fühlte sich aber aufgrund seiner Erziehung und Bildung kulturell als Grieche. Und immerhin hatte er Aristoteles, einen der klügsten Köpfe der Griechen, in sein Land geholt, um seinen Sohn Alexander ganz im griechischen Geist auszubilden.

Für Demosthenes, den Demokraten aus dem geistigen Zentrum Griechenlands, ist Philipp jedoch schlimmer als jeder Barbar, weil er die politischen Ideale der Athener nicht teilt. Als äußerst effektiver autoritärer Herrscher baut Philipp gerade ein Staatswesen auf, das den untereinander zerstrittenen griechischen Stadtstaaten mit ihren komplizierten demokratischen Traditionen außenpolitisch und militärisch schlicht überlegen ist. Langsam entsteht in Makedonien die Vision eines hellenischen Großreichs, eines Einheitsstaats mit griechischer Kultur, aber unter makedonischer Führung, das allein langfristig in der Lage sein wird, sich gegen die Völker und Reiche des Vorderen Orients zu behaupten. Dieses in den Köpfen der Makedonier sich formende Weltreich kann für Athener wie Demosthenes nur eine Horrorvision sein. Sie sehen gerade in der kleinen Einheit, der lokalen Tradition, der Selbstverwaltung im überschaubaren Rahmen ihre große Stärke. Demosthenes gegen Philipp – hier prallen zwei grundverschiedene politische Modelle aufeinander, deren Züge auch in der heutigen Welt noch wiederzuerkennen sind: Bürgergesellschaft oder Staatsgesellschaft? Erneuerung von unten oder Wandel von oben? Muddling through oder große Visionen?

„Selbst wenn alle hier Vorschläge unterbreiten wollten, die sich ganz negativ auswirken könnten, so könnte nichts Schlimmeres eintreten."

Demosthenes beginnt seine dritte Philippika damit, zunächst einmal eindringlich den Ernst der Lage zu beschwören: „Selbst wenn alle Redner hier Vorschläge unterbreiten wollten, die sich auf unsere Lage ganz negativ auswirken könnten, und ihr für diese stimmen würdet, so könnte nach meiner Überzeugung nichts Schlimmeres als jetzt eintreten." Wenn es aber schlimmer nicht mehr kommen kann, dann hat der Redner schon eine gewisse Aufmerksamkeit für seine Argumente. Denn er bemüht sich ja immerhin um eine Lösung, die auszuprobieren kaum noch schaden, sondern allenfalls nützen kann.

Demosthenes geht gleich noch einen Schritt weiter. Er wirft den Athenern vor, dass jeder nur noch seine eigenen Interessen im Blick habe und – obwohl alle so überzeugt von der Redefreiheit seien – die Wahrheit nicht mehr hören wollten, sondern nur noch das, was in ihren Ohren angenehm klinge. „Die Hauptschuld", meint Demosthenes mit Blick auf die schlimme Lage, „trifft, so werdet ihr bei richtiger Prüfung herausfinden, diejenigen, die es vorziehen, gefällige Worte von sich zu geben, statt das Beste zu raten; von diesen achten, Männer von Athen, einige nur auf das, was ihr eigenes Ansehen und ihren eigenen Einfluss gewährleistet, ohne sich um die Zukunft zu sorgen." Und weil die Athener die Wahrheit gar nicht mehr hören wollten, so ergebe sich daraus, dass sie sich lieber mit schönen Reden schmeicheln ließen und sich das alles „nur zum Vergnügen" anhörten, während sie tatsächlich schon in ihrer Existenz bedroht seinen. So gesehen entzieht sich hier die Demokratie durch ihren Unterhaltungswert langsam selbst die Grundlage.

Doch natürlich gibt es noch Hoffnung. Demosthenes will ja schließlich keine Grabesrede für die Demokratie halten, sondern um Zustimmung für seine politische Agenda werben. Dafür ist es nun zunächst einmal notwendig, den außenpolitischen Gegner – Philipp, den „Schurken aus Makedonien" – und den innerpolitischen Gegner – die Anhänger eines friedlichen Ausgleichs mit Philipp und damit dessen Helfer – in ihrer ganzen Gefährlichkeit zu erkennen. Auch Demosthenes versichert, nichts als Frieden im

Sinn zu haben. „Wenn jemand aber den Zustand als Frieden ansieht, der es Philipp ermöglicht, nach Eroberung unserer auswärtigen Besitzungen gegen uns vorzurücken, so ist er einmal von allen guten Geistern verlassen, und dann spricht er von einem Frieden für Philipp von eurer Seite, nicht von einem für euch von Philipps Seite“, schränkt Demosthenes ein. Einen echten Frieden mit Makedonien sieht er also als unmöglich an, da Frieden mit Philipp immer bedeute, dass dieser seinen Willen bekomme.

Jetzt ist es Zeit für Demosthenes' Lieblingsbeispiel: Olynthos. In drei leidenschaftlichen Reden hatte Demosthenes die Volksversammlung aufgefordert, dem alten Verbündeten Athens gegen Philipp beizustehen. Doch den Athenern schien die Bedrohung nicht ernst genug. Als die Athener sich endlich durchringen konnten, den Olynthern zu Hilfe zu kommen, war es zu spät. Philipp hatte die widerspenstige Stadt eingenommen und dem Erdboden gleichgemacht. Soll es den Athenern mit ihrer eigenen Stadt nun genauso ergehen? Philipp gebe ja nie offen zu, dass er eine Stadt erobern und unterwerfen wolle, mahnt Demosthenes. „Wenn wir darauf warten, bis er eingesteht, gegen uns Krieg zu führen, so sind wir die Dümmsten von allen; denn nicht einmal wenn er gegen Attika selbst und Piräus vorrückt, wird er das zugeben, jedenfalls nach seinem Handeln den anderen gegenüber zu urteilen“, ist Demosthenes überzeugt.

Und wer ist dieser Philipp überhaupt? Aus kleinen und unbedeutenden Verhältnissen sei er zur Macht gekommen und habe sich zunutze machen können, „dass bei den Griechen untereinander Misstrauen und Zerrissenheit herrschen“. Doch jetzt seien die Athener sogar bereit, ihm etwas zuzugestehen, das in Griechenland bisher stets ein Kriegsgrund gewesen sei: „Dass er tun kann, was er will, so einen nach dem anderen von den Griechen ausraubt und ausplündert und im Angriff die freien Städte unterjocht.“ In der Vergangenheit hätten sich stets alle gewehrt, wenn jemand den Bogen überspannt habe, deshalb sei es höchste Zeit, sich gegen diesen Mann zur Wehr zu setzen, für dessen Machtstreben „weder Hellas noch das Barbarenland“ groß genug seien.

Solange ein Schiff noch unversehrt ist, muss jeder an Bord seine Pflicht tun.

Noch einmal appelliert Demosthenes an das schlechte Gewissen der Athener. Früher sei der Geist der Freiheit in Athen noch intakt gewesen – doch nun habe die Gesellschaft ihre Tugenden ausverkauft, und Neid, Hass und Bestechlichkeit seien an ihre Stelle getreten. „Geschäftemacherei“ bestimme das Land statt Patriotismus und Sorge um das Gemeinwohl. Und die „Agenten“ Philipps seien überall. Doch noch, wiederholt Demosthenes, sei es nicht zu spät. Solange ein Schiff noch unversehrt sei, müsse jeder an Bord seine Pflicht tun. Und solange Athen noch die mächtigste Polis Griechenlands sei, müsse sie für die Freiheit ganz Griechenlands kämpfen: „Eure Aufgabe ist das! Euch haben die Vorfahren dieses Ehrenamt unter vielen schweren Kämpfen erworben und hinterlassen.“ Also gelte es aufzurüsten, sich Verbündete zu suchen und gegen Philipp endlich offensiver vorzugehen. Denn Passivität führe zu nichts: „Wenn aber jeder, nur den eigenen Neigungen nachgehend, ruhig dasitzt und darauf bedacht ist, selbst nichts tun zu müssen, so wird er erstens schwer jemals Leute finden, die für ihn eingreifen werden, und ferner fürchte ich, dass wir in den Zwang kommen werden, auf einmal alles das zu tun, woran uns nichts liegt.“

Seinen Reden verdankte Demosthenes, der in seiner Jugend durch Misswirtschaft seiner Vormünder verarmte Sohn eines wohlhabenden Waffenhändlers, seinen ganzen politischen Einfluss. In der athenischen Demokratie konnte der beste Redner die meisten Anhänger hinter sich vereinen, und Demosthenes als der beste von allen bestimmte schließlich die Richtlinien der Politik. Die Makedonier aufzuhalten gelang ihm letztlich aber nicht. Bei Chaironeia besiegte Philipp 338 die Athener und unter seinem Sohn Alexander dem Großen wurde Athen zum Teil eines hellenischen Weltreichs. Die klassische griechische Geschichte war damit ebenso an ihrem Ende wie die athenische Demokratie. Als Alexander starb, versuchte Demosthenes noch ein Mal, Athens Unabhängigkeit wiederherzustellen, musste aber vor den Makedoniern fliehen und entzog sich schließlich der Gefangennahme durch seine Erzfeinde, indem er Gift nahm.

In der Öffentlichkeit sind Worte Taten – das gilt im Medienzeitalter noch mehr als in Athen zur Zeit des Demosthenes. Ohne Öffentlichkeitsarbeit kann niemand erfolgreich am Markt bestehen. Doch wie steht es in schwierigen Zeiten? So manches Unternehmen fährt da seine Budgets zurück und konzentriert sich auf „wichtigere“ Dinge. Dass Demosthenes gerade in schlechten Zeiten am intensivsten mit seiner Öffentlichkeit kommuniziert und so den größten Einfluss gewonnen hat, kann ein Fingerzeig sein, die Prioritäten richtig zu setzen.

20

Emotionen – Ronald Reagan und seine größte Rolle: Warum in der Öffentlichkeit Persönlichkeit wichtiger ist als Inhalte. Wer es versteht, mit Leidenschaft Emotionen und Werte seiner Adressaten anzusprechen, kann Menschen in Bewegung bringen.

„Herr Gorbatschow, reißen Sie diese Mauer nieder!“

Ronald Reagan (1911–2004) wurde 1980 zum vierzigsten Präsidenten der Vereinigten Staaten von Amerika gewählt. Der Republikaner war in jüngeren Jahren Filmschauspieler gewesen und hatte dann von 1967–1975 das Amt des Gouverneurs von Kalifornien bekleidet. Er trat an, den Amerikanern nach der Niederlage im Vietnamkrieg und in wirtschaftlich schwierigen Zeiten zu neuem Selbstbewusstsein und wachsendem Wohlstand zu verhelfen. Wie kein Präsident zuvor nutzte er öffentliche Auftritte für seine politischen Ziele.

Anfang Juni 1987 fliegen der amerikanische Präsident Ronald Reagan und seine Frau Nancy im Anschluss an den Weltwirtschaftsgipfel in Venedig nach Berlin. Genauer gesagt: nach West-Berlin – denn obwohl der Viermächtestatus der Stadt einem amerikanischen Präsidenten jederzeit das Recht gäbe, auch den Ostteil zu besuchen, ist das politisch unvorstellbar. Auf dem Flug von Italien nach Deutschland, so wird sich Reagan später erinnern, sei ihm der Marshallplan durch den Kopf gegangen. Nach dem Zweiten Weltkrieg habe Amerika Milliarden ausgegeben, um die am Boden liegenden Volkswirtschaften Europas wieder aufbauen zu helfen, darunter die zweier ehemaliger Feinde. Und er habe sich gefragt, welches andere Land der Welt so etwas wohl getan hätte.

In Berlin besucht er am 12. Juni zunächst eine Ausstellung zur Luftbrücke während der sowjetischen Blockade des freien Zugangs nach Berlin 1948 bis 1949 und trifft drei ehemalige amerikanische Luftwaffenpiloten, die damals an der Versorgung des Westteils der Stadt beteiligt waren. Dann fährt Reagan in Richtung Brandenburger Tor, wo er direkt an der Mauer, von der die Stadt seit 1961 geteilt wird, unter freiem Himmel eine Rede

Schon als Gouverneur von Kalifornien verstand es Ronald Reagan, die Macht der Medien für seine Politik zu nutzen. Das Foto zeigt ihn bei einem Fernsehauftritt im Jahr 1978, zwei Jahre vor der Wahl zum US-Präsidenten.

halten will. Vorher steht ein Treffen mit deutschen Politikern im Reichstagsgebäude auf dem Programm. Durch ein Fenster an der Rückseite des Baus von Paul Wallot schaut Reagan über die Mauer hinweg in den Osten. Ein Protokollbeamter flüstert ihm ins Ohr, er solle aufpassen, was er sage und sich mit Kommentaren über die andere Seite zurückhalten, denn in den Gebäuden gegenüber seien so starke Richtmikrofone im Einsatz, dass man dort jedes seiner Worte verstehen könne.

Reagan tritt daraufhin an ein offenes Fenster und erklärt seinen Gastgebern mit erhobener Stimme, was er von einer Regierung hält, die ihr Volk wie Tiere in einen Käfig sperrt. Den genauen Wortlaut, wird Reagan später in seinen Erinnerungen schreiben, wisse er nicht mehr, aber es könne durchaus sein, dass er den einen oder anderen Kraftausdruck verwendet habe. Dann ist es Zeit für die offizielle Ansprache. Zu Fuß legt Reagan die wenigen Meter zum Platz des 18. März zurück, wo ein mit Fahnen geschmücktes Podium und das Rednerpult aufgebaut sind. Die Augen zehntausender Berliner und Fernsehkameras aus aller Welt sind auf den Präsidenten gerichtet, als er ans Mikrofon tritt. „Hinter mir“, beginnt Reagan seine Rede, „steht eine Mauer, die die freien Sektoren dieser Stadt umschließt, Teil eines gigantischen Systems unüberwindlicher Hindernisse, das den gesamten europäischen Kontinent teilt."

So lange das Tor hinter ihm geschlossen sei und so lange die Mauer stehe, sei nicht nur die Deutsche Frage offen, sondern die Frage der Freiheit der gesamten Menschheit. Doch er sei nicht gekommen, um zu lamentieren. Denn in Berlin begegne ihm eine Botschaft der Hoffnung, im Schatten der Mauer liege eine Botschaft des Triumphs. Reagan spannt einen Bogen von den Ruinen des Jahres 1945 über den Marschallplan und den Wiederaufbau West-Berlins zur heutigen kulturellen Lebendigkeit einer Teilstadt, deren baldigen Untergang der sowjetische Staats- und Parteichef Nikita Chruschtschow in den 1950er Jahren vorausgesagt habe. Dann zieht er einen Vergleich zur Sowjetunion und ihren Verbündeten, sieht Rückständigkeit, Armut und Unfreiheit. Reagan würdigt die Zeichen der Öffnung und des Wandels in der Sowjetunion unter Kremlchef Michail Gorbatschow, der seit zwei Jahren im Amt ist. Doch ein entscheidender Schritt hin zu Frieden und Freiheit stehe noch aus. Die Zuhörer spüren, wie Leidenschaft – Reagan selbst nennt es später Wut – in dem Redner aufsteigt, als er die abschließenden Worte spricht:

> *Herr Generalsekretär Gorbatschow, wenn Sie Frieden wollen, wenn Sie Wohlstand für die Sowjetunion und Osteuropa wollen, wenn Sie mehr Freiheit wollen, dann kommen Sie hierher an dieses Tor! Herr Gorbatschow, öffnen Sie dieses Tor! Herr Gorbatschow, reißen Sie diese Mauer nieder!*

Die Rede stößt in der westdeutschen Öffentlichkeit auf ein eher verhaltenes und deutlich geteiltes Echo. Die Fernsehanstalten berichten über die Protestkundgebungen gegen den Besuch des Präsidenten in Berlin kaum weniger ausführlich als über die Inhalte seiner Rede. Seine Worte werden allgemein nüchtern analysiert und auf ihre möglichen Wirkungen hin abgeklopft. Viele Journalisten urteilen negativ – und werden zum Teil auch nach dem Fall der Mauer bei ihrem Urteil bleiben. Nur eine „dumme Provokation", so eine Stimme, sei die Rede gewesen. Reagan habe doch genau gewusst, dass die Sicherheit der Welt von dieser Mauer abhing.

Ganz anders fällt die Reaktion in den Vereinigten Staaten aus. In seinem Heimatland ist Ronald Reagan einer der beliebtesten Präsidenten aller Zeiten, und auch handfeste Skandale, wie die „Iran-Contra-Affäre" um geheime Waffengeschäfte mit den Mullahs und die Unterstützung der Opposition in Nicaragua mit den Erlösen, haben seiner Popularität kaum etwas anhaben können. Die Fernsehbilder aus Berlin zeigen den Amerikanern ihren Präsidenten heute wieder einmal besonders eindrucksvoll. Dort, wo die Unterdrückung durch den Kommunismus ihren sichtbarsten Ausdruck gefunden hat, blickt er zurück auf Amerikas unbeugsame Unterstützung des freien Teils der ehemaligen deutschen Hauptstadt und fordert dann von Gorbatschow, über Freiheit nicht nur zu sprechen, sondern sie allen Menschen in seinem Einflussbereich endlich auch zu gewähren. Die Amerikaner vor den Bildschirmen sind stolz. Ihr Präsident führt ihnen immer wieder vor Augen, von welchen Werten ihr politisches System getragen ist und wofür sie auf der ganzen Welt einstehen. Und er tut dies nicht kühl analysierend und abwägend, sondern mit Leidenschaft und aus voller Überzeugung.

Die Nation hat ihren Stolz zurück, alle glauben wieder an die Zukunft, alles wird besser – das war in den Achtzigerjahren Reagans Botschaft an die Amerikaner.

In den Worten des Publizisten Hayes Johnson passten im Amerika der 1980er Jahre Ronald Reagan und das Fernsehen zusammen wie Stecker und Steckdose. Gemeinsam erzeugten sie einen nicht enden wollenden Strom positiver, ja begeisternder Bilder für die Wohnzimmer der Nation. Reagan regierte durch die Linsen der Kameras, indem er alle Techniken eines Fernsehstars nutzte. Bilder, Symbole und Inszenierungen waren im Weißen Haus und überall auf den Reisen des Präsidenten an der Tagesordnung. Reagans langjähriger Stabschef Donald T. Regan schrieb rückblickend, dass die Berater „jede öffentliche Handlung des Präsidenten als ein- bis zweiminütigen Spot für die Abendnachrichten im Fernsehen konzipierten" und „jeden Auftritt für den Blickwinkel von Kameras planten". Die Botschaften waren dabei über die Jahre stets ähnlich: die Nation hat ihren Stolz zurück, alle glauben wieder an die Zukunft, die schlechten Nachrichten sind nicht mehr beherrschend, alles wird besser, es gibt etwas zu feiern, es herrscht wieder Aufbruchstimmung in Amerika.

Als Ronald Reagan am 4. November 1980 zum Präsidenten gewählt wurde, hatte er langjährige politische Erfahrung als Gouverneur von Kalifornien und blickte zudem auf eine Zeit als Sportreporter und Filmschauspieler zurück. In Hollywood hatte er mehr als fünfzig Mal vor der Kamera gestanden. Eine auf möglichst großen Effekt zielende Medienstrategie wurde dann 1980 bereits Teil seines Präsidentschaftswahlkampfs – und machte hier anfangs eher aus der Not eine Tugend. Reagan, der als der „große Kommunikator" in die Geschichte eingehen sollte, war nämlich berüchtigt für rhetorische Ungeschicklichkeiten und peinliche Ausrutscher, wenn er auf irgendwelche Fragen von Journalisten spontan eine Antwort gab. Seine Medienberater sahen es als ihre Aufgabe an, „ihn vor sich selbst zu schützen", wie sich einer erinnert. Sobald es aber einen vorbereiteten Text gab und die

Inszenierung genau geplant war, lief Reagan zur Höchstform auf. Für die Rolle des Präsidenten war er die ideale Besetzung.

Der mit überwältigender Mehrheit gewählte Präsident und seine Berater waren sich bald einig, dass die Politik im Fernsehzeitalter weniger den Verstand als die Gefühle des Publikums ansprechen musste. Reagans Freiheitsliebe, sein Nationalstolz und sein grenzenloser Optimismus mussten dazu eigentlich nur noch mit den passenden Schlagworten angereichert werden – und man musste ihn immer vor einer verstärkend wirkenden Kulisse positionieren.

Reagans Ansprachen wurden stets sorgfältig vorbereitet, und sehr häufig las er sie wie ein Nachrichtensprecher beim Fernsehen von einem Teleprompter ab, wovon das Publikum nichts merkte. Um auch bei Unterredungen im kleinen Kreis rhetorisch absolut perfekt sprechen zu können, wurde Reagan von seinen Redenschreibern vor jedem Termin mit Textbausteinen auf kleinen Karteikarten versorgt. Doch alle Perfektion hat ihre Grenzen. So empfing der Präsident einmal die Chefs der „Big Three" aus Detroit – GM, Ford und Chrysler – mit Worten, die zwar geschliffen formuliert waren, jedoch zu dem Thema der anstehenden Besprechung nicht den geringsten Zusammenhang erkennen ließen. Reagan hatte den falschen Stapel Karteikarten eingesteckt.

Kaum ein früherer Präsident der USA zeigte sich auf spontane Zurufe von Journalisten so zugeknöpft und machte gleichzeitig von einer solchen Palette von Kommunikationsinstrumenten Gebrauch wie Reagan. Er etablierte Radio- und Fernsehansprachen als festes Ritual. Allein in den ersten drei Amtsjahren nahm er über 300 Videos auf, die seine Grußbotschaften zu Veranstaltungen im ganzen Land übermittelten. Pressekonferenzen, Interviews, Briefings und Hintergrundgespräche wurden ebenso gekonnt inszeniert wie die innerhalb von Reagans Strategie besonders wichtigen Fototermine. Einmal wurde eine heikle Pressekonferenz zu einem Rüstungsthema auf denselben Tag gelegt, an dem Reagan Popstar Michael Jackson – damals auf dem Höhepunkt seines Ruhms – im Weißen Haus empfing. Das Kalkül ging auf: Die Fernsehnachrichten zeigten minutenlang Bilder von Reagan und Jackson und ließen das Thema Raketen unter den Tisch fallen.

Zu einem Markenzeichen Reagans wurde es schließlich, Geschichten zu erzählen, die alle eine bestimmte Moral hatten und an die Gefühle der Zuhörer appellierten. Kritiker entdeckten dann nicht selten, dass eine Geschichte frei erfunden war. Erzählte Reagan, ein kleiner Junge habe ihm einen Brief geschrieben, so kam irgendwann heraus, dass der Inhalt des Briefes einer Pfadfinderzeitschrift aus dem Jahr 1969 entstammte. Oder es regten sich Zweifel an einem von Reagan immer wieder erzählten Dialog zweier amerikanischer Weltkriegssoldaten in einem abstürzenden Flugzeug. Wer sollte diesen eigentlich überliefert haben, wo doch alle Insassen der Maschine ums Leben kamen?

Reagan verstand es, die Amerikaner in ihren Werten zu bekräftigen: Familie, Selbstvertrauen, Arbeit, Nachbarschaft, Frieden, Freiheit.

Doch solche Zweifel blieben Randnotizen. Reagan verstand es, die Amerikaner in ihren Werten zu bekräftigen: Familie, Selbstvertrauen, Arbeit, Nachbarschaft, Frieden, Freiheit – davon handelten seine Reden. Und sie fielen auf fruchtbaren Boden; Amerika identifizierte sich mit einem Präsidenten wie lange nicht mehr. Ob es nun an seiner angebotsorientierten Wirtschaftspolitik lag oder nicht – der Aufschwung war da. Im Jahr der Rede am Brandenburger Tor sagte ein amerikanischer Manager in einem Fernsehinterview: „Diesem Land geht es besser, weil Reagan uns glauben macht, dass es dem Land besser geht.“ In Berlin wollte Ronald Reagan den Menschen den Glauben geben, dass man Mauern, die einmal errichtet wurden, auch wieder einreißen kann.

Symbole, Gesten und Bilder wirken im Medienzeitalter prägend wie nie zuvor. Wer in der Öffentlichkeit nur nüchtern analysiert und trocken referiert, mag Recht haben, wird aber unter Umständen nur wenig Resonanz finden. Wer es dagegen versteht, den Nerv des Publikums zu treffen, und dabei die ganze Überzeugungskraft seiner Persönlichkeit in die Waagschale wirft, hat die besseren Karten. Voraussetzung ist allerdings ein gemeinsames Reservoir an Werten, Überzeugungen und Tugenden zwischen dem Sender einer Botschaft und ihren Empfängern. Ist diese Basis dünn, fällt das Echo leise aus. So wie die Reaktion der Deutschen auf das leidenschaftliche Plädoyer für die Freiheit des „großen Kommunikators“.

21

Fokussierung – Hannibal und sein Krieg gegen Rom: Wer sich auf das Terrain des Konkurrenten begibt, überschätzt sich leicht und kann alles verlieren. Der Heimvorteil des etablierten Unternehmens wiegt schwer. Alle Innovationskraft und Beweglichkeit des Herausforderers mag letztlich nichts ausrichten, wenn der Platzhirsch über gewachsene Kundenbeziehungen und größere Ressourcen verfügt und mit langem Atem dagegenhält.

Roms letzter Gegner auf dem Weg zur Alleinherrschaft

Hannibal (um 247–183 v. Chr.) wurde 221 v. Chr. Oberbefehlshaber der Truppen Karthagos. Drei Jahre später begann sein Feldzug gegen Rom, der als Zweiter Punischer Krieg in die römische Geschichte einging. Hannibal überraschte die Römer, indem er mit seinem Heer von der Iberischen Halbinsel kommend die Alpen überquerte, und konnte beträchtliche militärische Erfolge verbuchen. In der verlustreichen Umfassungsschlacht bei Cannae setzte er sich gegen acht römische Legionen durch, geriet dann aber immer mehr in die Defensive, woran auch ein Marsch auf Rom („Hannibal ad portas") nichts änderte. 201 v. Chr. besiegte ihn P. Cornelius Scipio im nordafrikanischen Zama.

In den achtziger und neunziger Jahren des letzten Jahrhunderts ließ eine große deutsche Tageszeitung in ihrem freitäglichen Magazin Prominente einen Fragebogen ausfüllen, den der französische Schriftsteller Marcel Proust einst als eine Art Gesellschaftsspiel entwickelt hatte. „Welche militärischen Leistungen bewundern Sie am meisten?", lautete eine der Fragen – vor allem für Briten und Franzosen ein willkommener Anlass, als Hobbyhistoriker zu glänzen. Und ein solcher hat man in diesen Ländern selbstverständlich zu sein, wenn man zur Elite in Politik und Wirtschaft gehören möchte. Die deutschen Teilnehmer an diesem Spiel der Salons der Belle Epoque gaben dagegen mehrheitlich und wie abgesprochen die Antwort: „keine". Das wird wenige überrascht haben, ergab doch die Kombination der Begriffe „Militär", „Leistung" und „Bewunderung" ein handfestes und wahrscheinlich gleich mehrdimensionales Tabu der deutschen Nachkriegsgesellschaft.

Die wohl zweithäufigste Antwort auf die Frage nach der meistbewunderten militärischen Leistung war: Hannibals Überquerung der Alpen – mitsamt der berühmten Elefanten. Doch warum eigentlich dieses Ereignis zu Beginn des Zweiten Punischen Kriegs der Karthager gegen Rom? Vielleicht weil die Vorstellung, wie Elefanten ein Hindernis überwinden, eher an eine lustige Zirkusnummer erinnerte als an blutige Schlachten und deshalb mit der bundesrepublikanischen Befindlichkeit kompatibel war. Oder weil so etwas schon im Schulunterricht ein mächtiges Bild hervorruft, das einfach in der Erinnerung haften bleibt. Möglicherweise war Hannibals Marsch über die Alpen aber tatsächlich eine Jahrtausendleistung – militärisch und auch sonst. Wie auch immer: Von Hannibal scheinen die Deutschen bis in die Gegenwart fasziniert zu sein.

„Hannibal ad portas" statt „ante portas" – auf diesen Unterschied haben Lateinlehrer immer Wert gelegt.

Bei genauerer Betrachtung sind es eigentlich drei mit dem Namen Hannibal verknüpfte Ereignisse, die sich zu immer noch nachwirkenden Mythen verdichtet haben. Neben den Elefanten lautet das zweite Stichwort „Cannae" – jene Schlacht, in der die zahlenmäßig unterlegenen Karthager die scheinbar unbesiegbare Kampfmaschine Rom vernichtend schlugen. Das dritte Stichwort lautet schließlich „Hannibal ad portas". So mancher erinnert sich vielleicht noch an die hochgezogenen Augenbrauen und den erhobenen Zeigefinger seines Lateinlehrers, der klarstellte, es heiße korrekt „ad portas", nicht „ante portas" – dabei ist „ante", das zeitliche wie räumliche „vor", nicht einmal grammatisch falsch, sondern bloß falsch zitiert, weil bei Cicero und anderen römischen Autoren nun einmal „Hannibal ad portas" steht. Jedenfalls stand Hannibal 211 v. Chr., fünf Jahre nach dem Sieg in Cannae, vor den Toren Roms – „ad portas" – und jagte den Römern damit einen Schrecken ein, von dem sie noch nach Jahrhunderten erzählen würden.

Allgemein bekannt ist auch, dass Hannibal alle seine Erfolge letztlich wenig einbrachten, und die Römer nicht nur Weltmacht Nummer eins blieben, sondern ihr Reich in den kommenden Jahrhunderten noch gewaltig vergrößern konnten. Hannibal wurde in seine nordafrikanische Heimat zurückgedrängt und dort 201 v. Chr. von Scipio besiegt – der deshalb den Beinamen „Africanus" erhielt. Nachdem er anschließend in Karthago als Innenpolitiker für kurze Zeit Furore gemacht hatte, jagten ihn die Römer von einem mediterranen Land ins andere und trieben ihn schließlich in den Freitod. Rund vierzig Jahre später machten die abermaligen Sieger im dritten und letzten Punischen Krieg Karthago dem Erdboden gleich und löschten somit eine der ältesten Städte des Mittelmeerraums aus.

Das Bild, das sich spätere Generationen von Hannibal und den Karthagern machen konnten, ist von diesem Endsieg der Römer entscheidend geprägt, und zwar einfach deshalb, weil diese nicht nur Karthago, sondern auch die karthagischen Geschichtsbücher fast vollständig vernichteten. Fortan gab es also nur noch die Sicht der Sieger auf den ausgeschalteten Konkurrenten, der den Römern auf ihrem eigenen Territorium so nahe gekommen war. Und so konnte beispielsweise Titus Livius, der römische Geschichtsschreiber aus der Zeit des Kaisers Augustus, Hannibal mit diesen Worten charakterisieren: „Nichts galt ihm Wahrheit, nichts war ihm heilig. Gottesfurcht kannte er nicht, ein Eid war ihm bedeutungslos und er empfand keinerlei religiöse Bindung." Die Ressentiments, an die Livius hier anknüpfte, waren zu dieser Zeit schon uralt.

Die Karthager entstammten dem Kulturvolk der Phönizier. Die Hafenstadt Karthago, nahe dem modernen Tunis, war die westlichste phönizische Kolonie in strategisch perfekter, natürlich geschützter Lage. Doch schon in Homers Odyssee werden phönizische Kaufleute als Schurken bezeichnet. Zur Zeit Hannibals war die punisch-karthagische Kultur den Römern richtiggehend zuwider, und das nicht etwa, weil Karthago auf einer niedrigeren Kulturstufe gestanden hätte. Nachweislich gab es eine ebenso entwickelte bürgerliche Wohnkultur wie in Rom, man sprach die Weltsprache Griechisch wahrscheinlich sogar besser als die Römer, und die politische Verfassung der Stadt Karthago war schon von Aristoteles als vorbildlich gelobt worden. Wie alle kulturellen Vorurteile lässt sich also auch dieses kaum rational erklären.

Was aber trieb Hannibal dazu, sich auf das Terrain der Römer zu begeben, um einen siebzehn Jahre währenden Krieg zu führen, den er nach Meinung der allermeisten Historiker angesichts der gewaltigen materiellen Ressourcen Roms nur verlieren konnte? Auch wenn Aussagen hierüber sehr schwierig sind, ging es letztlich wohl um die politische Ordnung der damaligen Welt. Seit dem Untergang des Alexanderreichs und dem kontinuierlichen Aufstieg Roms lief alles auf eine Entscheidung hinaus, ob es rings um das Mittelmeer mehrere in etwa gleich starke Mittelmächte geben oder ob über kurz oder lang die ganze Welt auf einen Hegemon – nämlich Rom – ausgerichtet sein würde.

Anders als es die Römer später mit Karthago taten, wollte Hannibal Rom niemals zerstören und wusste auch nur zu gut, dass er das gar nicht konnte. Aber nachdem Karthago eine Generation vorher im Ersten Punischen Krieg Sardinien und Sizilien an die Römer verloren hatte und sich auf der Iberischen Halbinsel eine neue Machtbasis zu schaffen begann, suchte Hannibal überall im Mittelmeerraum Verbündete, die noch eine Rechnung mit Rom offen hatten oder jedenfalls die Römer nicht als künftige Alleinherrscher sehen wollten. Kein Zufall, dass sich der Nachfolger auf dem Thron Alexanders des Großen, Philipp V. von Makedonien, 215 mit Hannibal verbündete.

Wenn der Karthager überhaupt ein übergeordnetes strategisches Ziel gehabt hat – was sich nicht mehr feststellen lässt –, dann ging es ihm um die „Balance of Power". Hierzu schmiedete er ein antirömisches Bündnis unter den sich zur griechischen Kultur bekennenden Völkern, die sich der Römer erwehren sollten wie einst der Bedrohung durch die Perser. Hannibal unterschätzte allerdings ein wesentliches Erfolgsrezept der Weltmacht Rom: Die Römer verstanden es glänzend, untereinander zerstrittene Völker zum allseitigen Vorteil unter dem Dach Roms zu einen. Hannibals Versuch, diese Bindungen zu sprengen, hatte deshalb keinen durchschlagenden Erfolg. So machte ihn dieser Krieg zu einer Berühmtheit der Weltgeschichte und bedeutete gleichzeitig den Anfang vom Ende Karthagos.

Der Kriegsanlass – der „casus belli" – war vergleichsweise nichtig, was daraufhin deutet, dass beide Seiten letztlich die Auseinandersetzung suchten. Hannibal lag im Streit mit der iberischen Stadt Sagunt, die gegen Verbündete Karthagos vorgegangen war. Als die Römer sich nach einem Hilferuf der Sagutiner einmischten, eroberte Hannibal die Stadt und begann im Dezember 219 v. Chr. damit, einen Krieg gegen die Römer vorzubereiten. Da die karthagische Flotte nach dem ersten verlorenen Krieg gegen Rom dezimiert war, musste die Entscheidung in Italien fallen. Deshalb entschied Hannibal, vom heutigen Spanien aus durch das Rhonetal und über die Alpen nach Norditalien zu ziehen und dort die Römer anzugreifen.

Die Überquerung der Alpen: Ohne Zweifel war sie eine logistische Meisterleistung, wenn auch vielleicht etwas weniger spektakulär als die Legende es will. Seit Jahrhunderten gab es eine Handelsstraße vom Süden Iberiens durch Südfrankreich über die Alpen nach Oberitalien, den „Heraklesweg". Wenige Jahre zuvor, 225 und 222 v. Chr. hatten bereits zwei

Keltenheere hier die Alpen überschritten und in Kämpfe gegen die Römer eingegriffen. Hannibal schickte jetzt zunächst Gesandte zu allen Völkern und Stämmen entlang des Wegs nach Norditalien und erkaufte sich das Durchzugsrecht. Auch das Recht, zur Sicherung des Nachschubwegs über die Alpen Truppen stationieren zu dürfen, handelten die Emissäre erfolgreich aus. Schließlich wurde bei den Völkern in Alpennähe in ausreichenden Mengen warme Kleidung und gebirgstaugliche Ausrüstung eingekauft.

Die Alpenüberquerung stilisierten die Römer später zu einem fast unmöglichen Unterfangen – um vom eigenen Versagen abzulenken.

Den eigentlichen Marsch über die Alpenpässe stilisierten die römischen Geschichtsschreiber später zu einer hasardeurhaften Unternehmung, bei der die Hälfte oder sogar zwei Drittel der Soldaten Hannibals ums Leben gekommen sein sollen. Indem sie die Überschreitung der Alpen zu einem fast unmöglichen Unterfangen erklärten, lenkten die Historiker von der Tatsache ab, dass die römischen Senatoren gegen einen Angriff Hannibals von Norden her keine Vorsorge getroffen hatten. Tatsächlich erreichte Hannibals Armee, in zwei Heeresgruppen aufgeteilt, über den Col du Mont Genève beziehungsweise den Kleinen Sankt Bernhard, planmäßig und ohne nennenswerte Verluste Oberitalien. Ob dabei exakt 37 Kriegselefanten mitgeführt wurden, wie die Überlieferung wissen will, lässt sich nicht eindeutig sagen.

Cannae: Hannibal zwang die Römer zu einem Krieg in Italien statt in Nordafrika, womit diese nicht gerechnet hatten. Die Schlachten am Ticinus und der Trebia sowie am Trasimener See entschied er allesamt für sich. Doch für einen direkten Marsch auf Rom konnte er nicht genügend Verbündete finden. Deshalb zog er an der Adria entlang in den Süden Italiens, um das dortige Bündnissystem der Römer auszuhebeln. Bei Cannae kam es dann 216 v. Chr. zur großen Schlacht mit den Römern, die Hannibal mit seiner viel kleineren Armee umfassen und besiegen konnte. Das lag wohl vor allem daran, dass die römischen Senatoren ganz auf ein Massenaufgebot gesetzt hatten, das zu führen ihren Feldherrn die Erfahrung fehlte.

Nach der traditionellen Deutung verspielte Hannibal den Sieg von Cannae, weil er danach nicht gleich auf Rom marschierte. Livius legte einem karthagischen Offizier die Worte in den Mund: „Du kannst zwar siegen, Hannibal, aber den Sieg auszunutzen verstehst du nicht." Nach neueren Erkenntnissen gelang Hannibal zwar ein taktischer Sieg, jedoch unter hohen Verlusten. Da er kaum mehr offensivfähig war, suchte er verstärkt nach einer politischen Lösung des Konflikts – ohne Erfolg. Karthager und Römer verstrickten sich stattdessen in einen jahrelangen Abnutzungskrieg, der vor allem auf Kosten der Verbündeten Roms geführt wurde.

„Hannibal ad portas“: Tatsächlich marschierten Hannibals Truppen 211 v. Chr. auf Rom zu, was in der Metropole panisches Entsetzen und Ausbrüche verzweifelten Aberglaubens bis hin zu Menschenopfern zur Folge hatte. Im Anmarsch war allerdings eine geschwächte und zermürbte Armee, die Rom allenfalls belagern und kaum einnehmen konnte. Aber nicht einmal das plante Hannibal. Der Vorstoß auf Rom war ein Ablenkungsmanöver, um die römischen Truppen von der Stadt Capua wegzulocken, wo sich die Kämpfe für die Karthager äußerst negativ entwickelten. Das Scheitern der Aktion war vorprogrammiert. Die Kämpfe verlagerten sich in den folgenden Jahren immer weiter weg von Italien, zunächst auf die Iberische Halbinsel, dann in die nordafrikanische Heimat der Karthager. P. Cornelius Scipio schlug die Karthager 202 v. Chr. in der Schlacht bei Zama vernichtend und beendete damit den Zweiten Punischen Krieg. Der letzte ernstzunehmende Gegner Roms auf dem Weg zur Herrschaft über den gesamten Mittelmeerraum war ausgeschaltet.

Wer im Kampf um Kunden ein marktbeherrschendes Unternehmen auf dessen ureigenem Terrain angreift, geht ein hohes Risiko ein – und wird dies zunächst vielleicht gar nicht spüren, weil er sich anfänglicher Erfolge so gut wie sicher sein kann. Quasi-Monopolisten reagieren verstört und oft überraschend ungeschickt, wenn sie von kleineren, flexibleren und innovativeren Wettbewerbern herausgefordert werden. Doch das Blatt kann sich schnell wenden. Die Platzhirsche haben eben doch die größeren Ressourcen und den längeren Atem. So ist beispielsweise nicht zu beneiden, wer in Deutschland mit Standard-Briefsendungen Geld verdienen will – ohne eine „gelbe“ CI zu haben.“.

22

Marktführer – Napoleon und seine Kriege gegen den Rest Europas: Wer übermächtig wird, dessen Gegner bilden strategische Allianzen. Der Versuch, in einem Markt eine erdrückende Quasimonopolstellung zu erringen, erzeugt vor allem eines: Gegendruck. Die Kontrahenten verbünden sich, und Einigkeit macht stark. Auf diese Weise regulieren sich die Märkte selbst.

Freiheit, Gleichheit, Brüderlichkeit, Krieg, Vernichtung

Begünstigt durch die nach der Revolution von 1789 instabilen Machtverhältnisse in Frankreich erhob sich der aus Korsika stammende General Napoleon Bonaparte (1769–1821) im Jahr 1799 zum Konsul eines ganz auf ihn zugeschnittenen Zentralstaats und krönte sich 1804 als Napoleon I. zum Kaiser der Franzosen. Hatte sich Frankreich keine drei Jahre nach der Revolution schon im Krieg mit Österreich und Preußen befunden, so versuchte Napoleon nun nicht weniger, als ganz Europa zu unterwerfen und politisch von Frankreich abhängig zu machen. Seine Gegner leisteten mit wechselnden Koalitionen Widerstand, bis eine englisch-niederländisch-preußische Allianz Napoleon 1815 bei Waterloo endgültig besiegte.

In der Verbannung auf der britischen Insel St. Helena, wo er seine letzten sechs Lebensjahre verbringen musste, strickte Napoleon, der einstige Kaiser der Franzosen, an seiner eigenen Legende. Sein einziges Ziel sei stets gewesen, den Völkern Europas die Freiheit zu bringen, doch seine Feinde hätten ihn daran gehindert. Es sei die weltgeschichtliche Mission Frankreichs, die Idee von Freiheit, Gleichheit und Brüderlichkeit überall dorthin zu tragen, wo Unterdrückung durch die ewig gestrigen Fürstenhäuser Europas herrsche. Tatsächlich fand der Mann, der in Frankreich mit dem Segen des Papstes das erbliche Kaisertum eingeführt und seine halbe Familie zu Monarchen von Vasallenstaaten gemacht hatte, zu dieser Zeit immer noch glühende Bewunderer, nicht nur in Frankreich. Es war vielleicht tatsächlich die Sehnsucht nach Freiheit der Völker Europas, die seiner Macht zunächst Auftrieb gab und sie später, je mehr

Europäer ihre Freiheit an Frankreich abtreten sollten, wieder in sich zusammenfallen ließ. Getragen von solcher Leidenschaft kam der Krieg in den letzten Winkel des Kontinents, und Napoleon als sein Apokalyptischer Reiter ritt vorneweg.

Anfang 1792 hatten die Franzosen ihren König zwar noch nicht geköpft, doch Polizeistaat und Militärdiktatur, die Frankreich das Freiheitsstreben seiner Bürger einbringen sollten, kündigten sich durch zunehmend radikale Beschlüsse der Nationalversammlung bereits an. Die Agitation für die Errichtung einer Republik nahm zu, ja im letzten Sommer war es bereits zur gewaltsamen Konfrontation zwischen Nationalgarde und Republikanern, dem „Blutbad auf dem Marsfeld“ gekommen. Die Großmächte Österreich und Preußen waren hierüber ebenso beunruhigt wie über die Abschaffung der Privilegien des französischen Adels, die Auswirkungen auf die deutschen Reichsstände im Elsass hatte. Außerdem empörten sie Frankreichs Vorwürfe, die gegenrevolutionären Tätigkeiten emigrierter französischer Adeliger zu unterstützen. Sie schlossen deshalb ein Verteidigungsbündnis, woraufhin Frankreichs König Ludwig XVI., gedrängt von der einflussreichen politischen Partei der Girondisten, Österreich am 20. April 1792 den Krieg erklärte. Preußen und Sardinien standen Österreich sofort bei.

Der Einmarsch fremder, vor allem preußischer Truppen in Frankreich befeuerte das gallische Nationalgefühl. In diesen Tagen wurde die „Marseillaise“ komponiert, später Frankreichs Nationalhymne. Allgemein zeichnete sich Zustimmung zu dem Gedanken ab, dass der Krieg das probate Mittel zur Ausbreitung revolutionärer Ideen sei. Die daraus erwachsende Begeisterung in Verbindung mit einer hoch effektiven militärischen Führung sollte Frankreich in den kommenden Jahren eine Schlagkraft verleihen, die nur mit den vereinten Kräften der übrigen Europäer zurückzudrängen war.

Nach der Kanonade von Valmy am 20. September 1792 musste Preußen den Rückzug antreten, während es Frankreich gelang, die Österreichischen Niederlande – das heutige Belgien – zu besetzen, wo die Bevölkerung die revolutionären Ideen begeistert aufnahm. Nachdem es Savoyen und Nizza annektiert und die Pfalz erobert hatte, erklärte Frankreich Großbritannien, Spanien und den nördlichen Niederlanden den Krieg. General Napoleon Bonaparte schlug die Briten in Toulon, die Österreicher in Italien. Frankreich hatte als erstes Land die Allgemeine Wehrpflicht eingeführt und so in kurzer Zeit eine zahlenmäßig überlegene Armee geschaffen. Der hoch intelligente, in seinen Methoden äußerst brutale Napoleon wurde bald von seinen Truppen als militärisches Genie vergöttert. Seine moderne Taktik bedeutete den Einsatz von Massenheeren, die überraschende Truppenkonzentration an entscheidenden Stellen und den systematischen Einsatz von Artillerie.

Im Jahr 1795 schlossen Österreich und Preußen Friedensverträge mit Frankreich, nach denen Preußen unter anderem seine linksrheinischen Gebiete verlor. Nur die Briten weigerten sich aufzugeben. Ihre Skepsis war begründet, denn 1798 erwachte Frankreichs Expansionsdrang erneut. Als Frankreich weite Teile Italiens und die Schweiz unter seine Kontrolle brachte und Napoleon zu einer waghalsigen militärischen Expedition nach Ägypten aufbrach, bildete sich eine neue Koalition aus Großbritannien, Österreich, Russland, der Türkei, Portugal und Neapel. Nachdem Russland im Oktober 1899 wieder ausgeschieden und der aus Ägypten zurückgehrte Napoleon Konsul, also französischer Staatschef, geworden war, scheiterte auch diese Allianz an der Schlagkraft Frankreichs. Mit dem Frieden von Lunéville wurden die unterlegenen Österreicher ganz aus Italien verdrängt, während das linke Rheinufer nun vollends Teil der der jungen Französischen Republik wurde. Mit den übrigen Mächten, einschließlich der Briten, wurden ebenfalls Friedensverträge geschlossen, die aber nur von kurzer Haltbarkeit waren.

Denn mit den Briten fand Napoleon 1803 seinen neuen Hauptgegner. Längst hatte er die Vision, nicht nur ganz Europa zu beherrschen, sondern Frankreich auch zur mächtigsten Kolonialmacht der Welt zu machen – und da war das Empire der Briten der größte Konkurrent. Nachdem die Briten sich geweigert hatten, Malta aufzugeben und Frankreich in das Kurfürstentum Hannover einmarschiert war, das der englische König in Personalunion regierte, kam es zum Krieg. Doch unter Admiral Lord Nelson konnte Großbritannien in der Seeschlacht bei Trafalgar am 21. Oktober 1805 die Flotten der Franzosen und Spanier vernichten, sich für die kommenden Jahrzehnte die Seeherrschaft sichern und sein Empire auf Kosten Frankreichs und der geschwächten Niederlande ausbauen.

In Europa formierte sich nun ein neues Bündnis gegen Napoleon aus Großbritannien, Russland, Österreich und Schweden, während Preußen neutral blieb. Napoleon wiederum machte Bayern, Baden und Württemberg zu seinen Verbündeten – und war wieder erfolgreich. Bei Austerlitz siegte er über Österreich und Russland. Frankreich brach dann einen Vertrag, der Preußen Hannover zugesichert hatte, und bot an, das Land an

England zurückzugeben. Nach weiteren Verwicklungen stellte Preußen Frankreich ein Ultimatum und forderte es auf, Süddeutschland zu räumen. Napoleon rückte stattdessen nach Thüringen vor und besiegte Preußen am 14. Oktober 1806 bei Jena und Auerstedt.

Die „Kontinentalsperre" verbot den Handel mit Großbritannien, traf den Kontinent auf die Dauer jedoch ebenso sehr wie die Briten.

Im von Frankreich besetzten Berlin ersann Napoleon eine weitere taktische Neuerung: die wirtschaftliche Kriegführung. Um Großbritannien in die Knie zu zwingen, verfügte er Maßnahmen, welche die britischen Inseln völlig vom Festland abschneiden sollten. Diese so genannte Kontinentalsperre verbot den Handel mit Großbritannien und mit britischen Waren, was den Kontinent auf die Dauer jedoch ebenso sehr traf wie die Briten. Überall in Europa stiegen die Lebenshaltungskosten, und die industrielle Entwicklung stockte. Großbritannien gelang es mit der Zeit, sich in Südamerika neue Absatzmärkte zu schaffen.

Auf dem Kontinent hielt der Machtkampf unterdessen an. Preußens König Friedrich Wilhelm III. war nach Königsberg geflohen und wollte den Krieg gegen Frankreich mit russischer Hilfe fortsetzen. Die Schlacht bei Preußisch Eylau endete jedoch unentschieden, und nachdem Russland bei Friedland eine schwere Niederlage erlitten hatte, war Zar Alexander I. trotz eines Schutz- und Trutzbündnisses mit Preußen bereit zur Verständigung mit Frankreich. Im Frieden von Tilsit trat Russland am 9. Juli 1807 der Kontinentalsperre bei und konnte sich mit Frankreichs Hilfe Finnland einverleiben.

Dänemark dagegen verbündete sich im Oktober 1807 mit Frankreich, nachdem Großbritannien Kopenhagen beschossen und die dänische Flotte in seinen Besitz gebracht hatte. London wollte nämlich mit allen Mitteln verhindern, dass ein der Kontinentalsperre beigetretenes Dänemark die Zufahrt zur Ostsee abriegeln würde. Portugal wiederum wurde von Frankreich besetzt, weil es der Kontinentalsperre nicht freiwillig beitrat, sondern sich England gegenüber verpflichtet fühlte. Um das benachbarte Spanien brach dagegen ein jahrelanger Kampf aus. Napoleon hatte Karl IV. zum Thronverzicht gezwungen und seinen Bruder Joseph Bonaparte zum König von Spanien gemacht. Bald kam es in Spanien zum Volksaufstand, der ab 1808 von den Briten unter Arthur Wellesley, dem späteren Herzog von Wellington, unterstützt wurde. Doch erst am 21. Juni 1813 siegte Wellingtons Armee bei Vitoria gegen die Franzosen und vertrieb König Joseph aus dem Land.

Ermutigt durch den Aufstand in Spanien und aufgewühlt durch eine Erhebung in Tirol unter Andreas Hofer versuchte Österreich 1809 erneut, die Franzosen zurückzudrängen. Nachdem die Österreicher Napoleons Verbündeten Bayern zunächst besiegen konnten, wurden sie von französischen Truppen wieder zurückgedrängt und mussten sich auf einen Waffenstillstand einlassen. Vergeblich hatte man in Wien gehofft, mit dieser Initiative eine Kettenreaktion auslösen und die übrigen deutschen Länder ebenfalls zum Kampf gegen Napoleon ermutigen zu können. Nach dieser erneuten Niederlage Österreichs war Napoleon nun auf dem Höhepunkt seiner Macht. Großbritannien war die einzige bedeutende europäische Kraft, die ihm trotz des Handelsembargos noch Paroli bieten konnte.

Die „Grande Armee", das größte Heer aller Zeiten, war auf die defensive Strategie Russlands nicht gefasst und scheiterte.

Napoleon machte nun nicht zuletzt Russland dafür verantwortlich, dass die Kontinentalsperre England immer noch nicht in die Knie zwingen konnte, hatte sich der Zar dem Boykott doch nur halbherzig angeschlossen. Am 26. Juni 1812 überschritt Napoleon ohne Kriegserklärung mit einer multinationalen Armee aus über 450.000 Soldaten die Memel in Richtung Moskau. Mit dabei waren auch Hilfstruppen aus den von Frankreich besiegten Ländern Preußen und Österreich, unter den Generälen Graf Yorck von Wartenburg und Fürst zu Schwarzenberg. Die „Grande Armee", das größte Heer aller Zeiten, war jedoch auf die defensive Strategie Russlands nicht gefasst. Statt die Entscheidung zu suchen, zogen sich die Russen immer mehr in die Weite des Landes zurück, ohne Lebensmittel oder Ausrüstung zu hinterlassen, die Napoleons Armee hätten in die Hände fallen können. Die Große Armee konnte zwar am 14. September 1812 Moskau besetzen, war aber ausgehungert und erschöpft, so dass der partisanenähnliche Widerstand der Russen sie bald zermürbte. Als Alexander I. Friedensverhandlungen ablehnte und Moskau überall brannte, gab Napoleon auf und trat den Rückzug an. Der Wintereinbruch und die Rückzugsgefechte mit den Russen rieben die Armee dann auf. Nur 30.000 Soldaten erreichten die Grenze zu Preußen in geordneter Formation.

Graf Yorck von Wartenburg erkannte das Momentum der Niederlage Napoleons richtig, schloss am 30. Dezember 1812 eigenmächtig mit Russland ein Abkommen, die Konvention von Tauroggen, und gab damit das Startsignal zu den so genannten Befreiungskriegen gegen die Herrschaft Napoleons. Ende Februar 1813 wertete Preußens König Friedrich Wilhelm III. auf die Initiative des Freiherrn vom Stein das Abkommen mit Russland zu einem Verteidigungsbündnis auf, stiftete im März einen Tapferkeitsorden, das Eiserne Kreuz, und rief das Volk Preußens und

Deutschlands zum Widerstand auf. Tatsächlich wurde der Patriotismus der Deutschen geweckt. Der Dichter Ernst Moritz Arndt wetterte gegen die französische Besatzung des Rheinlands mit den Worten, der Rhein sei Deutschlands Strom, nicht Deutschlands Grenze. Freikorps bildeten sich – zum Beispiel das Lützowsche mit den Farben Schwarz, Rot, Gold – und begannen, französische Soldaten zu attackieren. Napoleon gelang es unterdessen, noch einmal ein großes Herr von 230.000 Mann aufzustellen, während Preußen und Russland zusammen nur über 124.000 Soldaten verfügten.

Preußen siegte dennoch bei Möckern, und Generalfeldmarschall Blücher konnte Sachsen besetzen. Dann brachte Napoleon Preußen bei Großgörschen, wo General Scharnhorst tödlich verwundet wurde, und Bautzen schwere Niederlagen bei. Das Blatt begann sich erst zu wenden, als Österreich am 11. August 1813 der Koalition beitrat. Die Koalitionsarmeen unter dem Oberbefehl von Fürst Schwarzenberg und seinem Generalstabschef Graf von Radetzky vereinbarten die wesentlich von dem preußischen General Gneisenau entwickelte Strategie, dass die jeweils von Napoleon selbst angegriffene Armee sich defensiv verhalten, der Rest die anderen französischen Truppen massiv angehen sollte. Entsprechend siegte Bülow bei Großbeeren und Blücher an der Katzbach, während Schwarzenberg von Napoleon bei Dresden geschlagen wurde. Nach dem Elbübergang Blüchers bei Wartenberg gelang es den Verbündeten aber, Napoleon zu umzingeln und am 19. Oktober 1813 in der so genannten Völkerschlacht bei Leipzig vernichtend zu schlagen.

Damit brach die französische Herrschaft in Deutschland zusammen, der von Napoleon geschaffene Rheinbund löste sich auf, während der Kaiser der Franzosen mit dem Rest seiner Armee über den Rhein entkam. Daraufhin überschritt die Koalition selbst den Rhein, vertrieb die französischen Soldaten aus den deutschen Gebieten und verfolgte Napoleon in sein eigenes Land. Nach Siegen der Preußen und Österreicher bei La Rothière und Arcissur-Aube kapitulierte Paris am 30. März 1814, während Wellington von Spanien aus nach Bordeaux vorrückte. Napoleon dankte ab und wurde auf die Insel Elba verbannt, die zum Kaiserreich erklärt wurde, damit er seine Krone behalten konnte.

Wer standhaft genug war, dieses Kapitel durch ein wahres Knäuel von Scharmützeln, Schlachten, Koalitionen, Siegen und Niederlagen bis zu dieser Stelle zu lesen, der wird sich womöglich fragen, ob dieser von Napoleon angestoßene Kriegstaumel nicht der eigentliche Erste Weltkrieg war, dem hundert Jahre später noch der Zweite und der Dritte folgen sollten – aber noch war es ja gar nicht zu Ende.

Jetzt hätte Europa sich eigentlich beruhigen können, doch Napoleon sollte noch einmal ein geradezu gespenstisches Comeback feiern. Am 1. März 1815 landete er überraschend bei Cannes. Die Truppen, die ihn verhaften sollten, liefen sofort zu ihm über, wie sich überhaupt ganz Frankreich noch einmal für seinen Kaiser begeisterte. Im Spätsommer saß Napoleon nicht nur wieder in Paris auf dem Thron, sondern hatte auch eine weitere große Armee zusammen, mit der er entschlossen nach Norden marschierte, um den Kampf um die Vorherrschaft in ganz Europa von neuem aufzunehmen. Eine Koalition aus britischen, niederländischen, westdeutschen und preußischen Truppen stellte sich ihm entgegen. Nachdem Napoleon Blücher bei Ligny besiegt hatte, schlug ihn Wellington bei Waterloo in einer der blutigsten Schlachten aller Zeiten mit letzter Kraft, nachdem die Preußen im entscheidenden Moment noch zu Hilfe kommen konnten. Napoleon ergab sich den Briten und wurde nach St. Helena verbannt, wo er Feder und Papier ergriff und begann, seine eigene Legende zu bilden.

Die positiven Effekte des Wettbewerbs zwischen mehreren Marktteilnehmern sind immer dann bedroht, wenn der faire Wettbewerb ausgehebelt wird. Eine mögliche Gefahr besteht darin, dass sich einer der Wettbewerber mit aggressiven Methoden der Verdrängung und Vernichtung eine Monopolstellung verschaffen will und keine Ruhe gibt, bis alle Konkurrenten ausgeschaltet sind. Der Markt reagiert hier aber meistens klug: mit strategischen Allianzen, die das Gleichgewicht des Wettbewerbs wieder herstellen.

23

Kompromisse – Albertus Magnus und die schwierigen Verhandlungen in der freien Reichsstadt Köln: Begabte Schlichter können Wunder wirken. Besser allemal als die Brechstange: Wenn es bei einem Interessengegensatz im Geschäftsleben zwischen den Parteien nicht mehr vorwärts und nicht mehr rückwärts geht – dann geht es womöglich seitwärts weiter, mithilfe eines neutralen Schlichters.

Ein Stabilitätspakt für den Kölner Pfennig

Köln war im dreizehnten Jahrhundert die größte und wohlhabendste deutsche Stadt, stand in der Jahrhundertmitte jedoch politisch vor einer Zerreißprobe. Der seit langem schwelende Streit zwischen Fürstbischof und Bürgertum drohte zu eskalieren, als der Bischof die Stabilität der Währung gefährdete. Dem Theologieprofessor Albert von Lauingen (um 1200-1280), von späteren Generationen Albertus Magnus genannt, gelang es, in der schwierigen Situation einen Kompromiss zu vermitteln.

Im Jahr 1248 legte Erzbischof Konrad von Hochstaden den Grundstein für den Kölner Dom, die größte und vollkommenste gotische Kathedrale Europas, und sicherte sich damit einen Eintrag ins Geschichtsbuch. Das passte zu dem Kirchenfürsten und bedingungslosen Machtpolitiker, der auch weltlicher Herr über die künftige Domstadt, das Rheinland und Teile Westfalens war. Gleich nach seinem Amtsantritt hatte er dem Deutschen Kaiser Friedrich II. die Treue aufgekündigt, zwischendurch Gegenkönige aufgestellt und zuletzt den mit seiner Unterstützung an die Macht gekommenen Wilhelm von Holland politisch vollkommen von sich abhängig gemacht. Das alles konnte der mächtigste deutsche Fürst sich leisten, weil er die Rückendeckung von Papst Innozenz IV. – „der Unschuldige" – hatte. Im Dezember 1250 starb dann Kaiser Friedrich ganz unerwartet. Damit war der Papst seinen mächtigen Widersacher los, konnte seine Macht unbegrenzt entfalten und war auf die Schützenhilfe aus Köln nicht mehr angewiesen. Prompt ließ der Bischof von Rom den Rheinländer fallen und legte ihm als Dank für die jahrelange Treue noch eine hohe Steuer auf, die komplett nach Rom abzuführen war. Woher Konrad das Geld nehmen sollte, war ausschließlich sein Problem.

Derart in der finanziellen Bredouille fiel Konrad nun nichts Besseres ein als ein ziemlich billiger fiskalischer Trick: Als Inhaber des Münzrechts in Köln ließ er Anfang 1252 die umlaufenden Silberpfennige komplett einziehen und durch an Gewicht und Feingehalt wesentlich geringerwertige ersetzen. Der so erzielte Zentralbankgewinn reichte fürs Erste, um die fälligen Überweisungen in Richtung Rom zu tätigen. Nun hätte Konrad eigentlich wissen können, dass ein Bischof sich eine solche Aktion vielleicht in Würzburg oder Regensburg noch erlauben konnte, aber keinesfalls in Köln.

Die Rheinländer waren dermaßen erfolgreich, dass der Kölner Pfennig die Leitwährung in ganz West- und Nordeuropa geworden war.

Schon im Jahr 1073 hatten die Kölner gegen ihren damaligen Erzbischof Anno die Waffen erhoben – wohlgemerkt gegen dessen politischen Alleinherrschaftsanspruch, nicht gegen seine Stellung als Leiter der örtlichen Kirche – und waren kläglich gescheitert. Köln war dann über die Jahrzehnte zur größten Metropole und reichsten Handelsstadt Deutschlands aufgestiegen – und das nicht wegen der Großtaten seiner Bischöfe, sondern aufgrund der Leistung eines ehrgeizigen, selbstbewussten Bürgertums, das ausgezeichnete Beziehungen zu allen großen Handelszentren Europas pflegte. Ein Kölner Kaufmann wusste, wer er war und worauf er stolz sein konnte. Die Rheinländer waren dermaßen erfolgreich, dass der Kölner Pfennig die Leitwährung in ganz West- und Nordeuropa geworden war.

Und dann ging der Erzbischof hin und machte den Pfennig um seines kurzfristigen Vorteils Willen zur Weichwährung – als ob eine Stadt mit einer manipulierbaren Währung ihre Vormachtstellung im internationalen Handel hätte halten können. Jetzt reichte es dem Bürgertum. Wie damals, 1073, erklärten die Patrizier ihrem Bischof die Fehde, was Waffengewalt bedeutete. Das Großbürgertum mobilisierte Söldner und machte sich bereit zum Gefecht.

Zunächst griff Konrad daraufhin, von Deutz am anderen Rheinufer aus, die Schiffe der Kaufleute mit Wurfmaschinen an – und richtete damit kaum etwas aus. Jetzt war die Frage: Eskalation oder Umkehr in letzter Minute? Es würde in jedem Fall nicht einfach werden, den Streit beizulegen. Für Konrad, den mächtigsten Reichsfürsten, ging es darum, sein Gesicht zu wahren. Er konnte eine einmal getroffene Maßnahme nicht ohne weiteres zurücknehmen. Außerdem brauchte er das Geld wirklich dringend – wer an den Papst nicht zahlte, dessen Zeit war bald abgelau-

Köln profitierte im Mittelalter von der Lage am Rhein, denn seetüchtige Schiffe kamen wegen ihres Tiefgangs nicht weiter rheinaufwärts. Hier mussten die Waren auf kleinere Boote umgeladen werden, was Gelegenheit zu intensivem Handel bot.

fen, das konnte sich jeder ausrechnen. Für die Bürger wiederum ging es um den wirtschaftlichen Erfolg, die Früchte ihrer Arbeit und darum, dass endlich einmal anerkannt wurde, wer Köln eigentlich groß gemacht hatte und wem der ganze Wohlstand zu verdanken war. Es konnte ja auf die Dauer nicht sein, dass die einen das Geld ranschafften und der andere das Sagen hatte.

In diesem fast ausweglosen Konflikt fand sich ein Schlichter, der von beiden Seiten respektiert wurde. Er war Geistlicher, aber er unterstand nicht dem Bischof. Er lebte gern unter den Bürgern der Stadt, aber er betrieb keine Geschäfte und hatte keine wirtschaftlichen Interessen. Und er kannte die „Politik" des Aristoteles, die Staatslehre des Augustinus wie überhaupt alle damals bekannten politischen und juristischen Theorien. Die Rede ist von Albert von Lauingen, dem damaligen Leiter des Generalstudiums des Dominikanerordens. Er war 1248 als Professor aus Paris an den Rhein gekommen, um hier Deutschlands einzige bedeutende Hochschule aufzubauen. Man nannte ihn „Doctor universalis" und wollte damit ausdrücken, dass er über das ganze Wissen der damaligen Zeit verfügte. Nur Alberts Prestige erklärt, warum sich erstmals ein deutscher Fürst bequemte, sich einem Schiedsverfahren zu unterwerfen und sich damit gleichrangig mit seinen Bürgern beurteilen zu lassen.

Albert war in Paris nach nicht einmal fünf Jahren am Pult der gefeiertste Professor gewesen. Aber er hatte als Persönlichkeit mehr zu bieten als eine glänzende Karriere. Er war ein Querdenker und Individualist, jemand, der auf der Suche nach der Wahrheit nicht einfach den Autoritäten glauben, sondern selbst alles durchdenken wollte, was sich an Argumenten auftreiben ließ. Der junge Mann aus gutem süddeutschem Hause war 1223 in Padua dem Orden der Dominikaner beigetreten, den es zu diesem Zeitpunkt gerade einmal fünf Jahre gab. Die so genannten Bettelorden – vor allem Dominikaner und Franziskaner – kann man sich als so etwas wie neue soziale Bewegungen der damaligen Zeit vorstellen. Sie sprachen vor allem die Jugend an, die auf der Suche nach neuen Lebensformen war und sich ein offeneres geistiges Klima wünschte.

Zunächst einmal war es absolut nichts Ungewöhnliches für junge Männer und Frauen, einem Orden beizutreten und in gleichgeschlechtlichen Gemeinschaften zu leben. Die Familien hatten viele Kinder, aber bei weitem nicht alle diese Kinder konnten es sich finanziell leisten, eine Familie und einen Hausstand zu gründen. Ohnehin galt die Familie im Mittelalter längst nicht als jenes Ideal christlichen Zusammenlebens, zu dem sie insbesondere nach Luthers Reformation wurde. Wer als Priester, Einsiedler, Ordensbruder oder Mitglied der Beginen – einer Art mittelalterlicher Frauenbewegung – sein Leben dem Gebet und dem Dienst an der größeren Gemeinschaft widmete, genoss ebenso viel, wenn nicht mehr Ansehen als ein Familienoberhaupt.

Doch galten die jahrhundertealten Orden – vor allem die Benediktiner – mit ihren mächtigen Klöstern und riesigen Ländereien im 13. Jahrhundert längst als materialistisch, geistig-moralisch verkommen und weltfremd. Die Jugend schuf sich deshalb die Alternative, die sie brauchte: Die Bettelorden wollten alles besser machen. Sie wollten keine Reichtümer anhäufen, dafür aber mitten in die Städte gehen und sich dort den gesellschaftlichen Problemen stellen. Sie wollten Wissenschaft betreiben, aber das Wissen auch an das einfache Volk weitergeben. Der Orden, dem Albert beigetreten war, hieß denn auch offiziell Predigerorden. Hier Mitglied zu sein, war damals ein Wagnis – denn der Papst erkannte die Bettelorden zwar an, sie bekamen aber auch immer wieder Ärger mit etablierteren gesellschaftlichen Gruppen, vor allem in den Universitätsstädten.

Als Albert 1248 nach Köln kam, entschied er sich bewusst für das Leben in der Großstadt. Die Studenten, die aus ganz Europa zu ihm kamen, waren Jugendliche, die sich als Dominikaner von einem modernen Lebensstil angezogen fühlten. Albert und seine Schüler wollten – keine Frage – ihr Leben in einer engen Beziehung mit Gott leben. Und sie glaubten als Wissenschaftler auch daran, mit großer Anstrengung zu letzten Wahrheiten vordringen zu können, die in der christlichen Offenbarung grundgelegt waren. Aber als Städter in einer Zeit des Aufbruchs und der wirtschaftlichen Dynamik sahen sie auch, wie sehr sie von Interessengegensätzen und konträren Positionen umgeben waren. Albert betonte stets, dass jede These grundsätzlich diskussionswürdig sei – keine Selbstverständlichkeit im christlichen Mittelalter. In seiner Schrift „Über die Einheit des Verstandes" bemerkte er einleitend, er wolle sein „Problem erörtern, ohne dabei zunächst in Betracht zu ziehen, was die christliche Religion dazu vorschreibt." Dann führte er dreißig Argumente für die eine und sechsunddreißig Argumente für die andere Sicht an. Argumente, wie er sie auch täglich mit seinen Studenten diskutierte.

„Ich will das Problem erörtern, ohne dabei zunächst in Betracht zu ziehen, was die christliche Religion dazu vorschreibt."

In Alberts Denken nahm der Begriff der Kommunikation – lateinisch: communicatio – als Grundlage für Handel, Handwerk und gemeinsames politisches Handeln einen zentralen Platz ein. Kommunikation macht für ihn das Wesen der Stadt aus, sie dient dem „guten Leben", das dann erreicht wird, wenn alle zusammenwirken, sich einbringen, austauschen und unterstützen. Viele Kleriker mieden damals die Städte, weil ihnen städtische Lebenswelten fremd waren und ihnen die dort herrschende Offenheit und Dynamik bedrohlich vorkamen. Albert dagegen sah die Stadt geradezu als den idealen Ort, an dem Menschen ihre Potenziale zur Vollendung bringen könnten. Diesen Gedanken hatte er Aristoteles und dessen Auseinandersetzung mit den antiken Stadtstaaten entnommen. Aristoteles sah menschliches Leben wesentlich als Bewegung und Entwicklung – Eigenschaften, mit denen man ebenso gut charakterisieren könnte, was gesellschaftlich Moderne ausmacht.

Indem Albert Aristoteles zu Ende dachte, fand er problemlos eine eigene, philosophische Haltung zu dem Machtkampf in seiner Stadt. Menschen, hatte er in einer seiner Werke geschrieben, seien von Natur aus gleich, und keiner dürfe sich über den anderen erheben. Das gelte jedoch nur hinsichtlich der „Substanz des Humanen". In Bezug auf Handlungen und Handlungsbefugnisse könne und müsse es Ungleichheit und Unterordnung geben. Der Maßstab war für ihn das Gedeihen der Stadt als Möglichkeitsraum für menschliche Entfaltung – das Recht zu herrschen hat, wer das Gemeinwohl fördert. Denn, fügte Albert hinzu: „Die Freiheit ist das Ziel der Herrschaft."

Das also waren die Prägungen und Überzeugungen des Mannes, der sich daran machte, den Kölner Streit zu schlichten. Nach drei Tagen waren beide Konfliktparteien bereit, sich dem von Albert getroffenen Schiedsspruch zu unterwerfen. Danach wurde zunächst klargestellt, dass es nur zwei mögliche Gründe für eine Münzveränderung gab, nämlich die Wahl eines neuen Bischofs und die Rückkehr des Amtsinhabers von einer Romreise mit dem Kaiser. Beides waren Anlässe, die ungeheuere Summen Geldes verschlangen, deshalb war es Gewohnheitsrecht, dass der Erzbischof sich dafür durch eine Währungsreform Geld beschaffen durfte. Was die neu eingeführten Pfennige anging, so sollten sie noch ein zweites Mal ausgetauscht werden, und zwar durch besonders fälschungssichere Münzen, allerdings zu dem niedrigeren Silbergehalt. Die Fälschungssicherheit war das Argument, mit dem man das Vertrauen in die Leitwährung Nordeuropas sichern konnte. Der Kompromiss sah also vor, dass der Erzbischof für den Augenblick seinen Willen erhielt – wenn auch mit einem neuen, im Sinn der Bürgerinteressen formulierten Argument –, die Bürger jedoch in der Sache voll und ganz Recht bekamen. Im letzten Teil des Schiedsspruchs verpflichteten sich beide Seiten für die Zukunft zu einer einvernehmlichen Kooperation.

Alberts Urteilsspruch ging als der „Kleine Schied“ in die Annalen der Stadt Köln ein. Immer wieder wurde Albert in der Folgezeit als Vermittler benötigt. Sein „Großer Schied“ von 1258 geriet zu einem komplexen Dokument, das sich mit grundsätzlichen Fragen der städtischen Verfassung beschäftigte und seiner Zeit weit voraus war. Acht Jahre nach Alberts Tod, im Jahr 1288, war die Zeit der Kompromisse dann vorbei. In der Schlacht bei Worringen besiegten die Kölner ihren Erzbischof, jagten ihn aus der Stadt und gaben sich nun eine vollends demokratische Verfassung. Die Bischöfe ihrerseits machten Bonn zu ihrem provisorischen Regierungssitz, in der Hoffnung, eines Tages in ihre Hauptstadt Köln zurückkehren zu können.

> Was macht einen geeigneten Schlichter aus? Zunächst einmal hohes Fachwissen in Bezug auf den zu entscheidenden Gegenstand. Eine breite Allgemeinbildung sollte ebenso wenig fehlen wie gute Menschenkenntnis. Ein Schlichter genießt die Achtung beider Konfliktparteien. Er hat keinerlei persönliches Interesse an einem bestimmten Ausgang des Streits. Der Schlichter kennt die Mentalitäten beider Seiten, darf mit seinem Herzen ruhig zu einer mehr tendieren als der anderen, ist aber keinem Lager ganz eindeutig zuzuordnen. Erfolgreiche Schlichter halten zunächst einmal sämtliche Argumente aller Seiten für diskussionswürdig. Wenn ein Schlichter dann noch einen Schuss Idealismus mitbringt, eine Vorstellung vom Ganzen, die Überzeugung vom Sinn des Kompromisses, stehen die Zeichen gut.

24

Persönliche Ebene – Konrad Adenauer, Charles de Gaulle und der Elysée-Vertrag: Privates Kennenlernen kann vieles ändern – nur nicht die Interessengegensätze. Sympathie unter Verhandlungsgegnern macht vieles einfacher, ersetzt aber niemals Argumente, Positionen und Verhandlungsgeschick.

Ein folgenreicher Ausflug nach Lothringen

Im Januar 1963 wurde in Paris der Vertrag über die deutsch-französische Zusammenarbeit unterzeichnet. Das als Elysée-Vertrag bekannt gewordene Dokument sah regelmäßige Treffen und Beratungen zwischen den Regierungen beider Länder vor. Die Unterzeichnenden, Bundeskanzler Konrad Adenauer (1876–1967) und Staatspräsident Charles de Gaulle (1890–1970), waren sich 1958 zum ersten Mal begegnet und hatten spontan Sympathie füreinander entwickelt.

Am 14. Januar 1963 verblüfft Frankreichs Staatspräsident Charles de Gaulle die Europäer mit einem kategorischen „Non". Die laufenden Beitrittsverhandlungen seien sofort zu stoppen und „auf unbestimmte Zeit" zu vertagen. Der Beitrittskandidat sei von seinen „Sitten und Gebräuchen" her dem Rest Europas einfach zu fremd, um Mitglied der europäischen Gemeinschaft zu sein. Eines fernen Tages vielleicht einmal, wenn sich das Land grundlegend gewandelt habe, aber sicher nicht in naher Zukunft. Nein, Großbritannien passe einfach nicht nach Europa und gehöre deshalb auch nicht zu Europa. Frankreich legt hiermit sein Veto ein, und damit hat sich die Sache erledigt.

Die Regierungen Italiens, Belgiens, der Niederlande und Luxemburgs, jener Staaten also, die gemeinsam mit Deutschland und Frankreich die Europäische Wirtschaftgemeinschaft – kurz: EWG – bilden, protestieren sofort entschieden gegen den Alleingang Frankreichs. Denn das Beitrittsgesuch des britischen Premierministers Harold Macmillan vom Juli 1961 ist allgemein mit großer Freude und Zustimmung aufgenommen worden. Auch sind in den Beitrittsverhandlungen keine größeren Hürden aufgetaucht. Und nun plötzlich dieses brüske Nein aus Paris, ohne Absprache mit den Partnern.

Auch in Bonn drängt das Kabinett Bundeskanzler Konrad Adenauer zum Protest. Außenminister Gerhard Schröder hat sich noch im Herbst in einer Grundsatzrede sehr positiv über den bevorstehenden Beitritt der Briten zur EWG geäußert. Doch Adenauer winkt ab. Er sei da ganz der Meinung de Gaulles und gedenke ihn zu unterstützen. Die Briten würden die politische Einigung Europas jetzt ohnehin nur aufhalten – ein für die meisten Kabinettskollegen wenig stichhaltiges Argument. Hat nicht gerade de Gaulle jüngst erklärt, dass er eine politische Einigung Europas im Sinn gemeinsamer Institutionen nicht wolle, und für sein Gegenprogramm das Schlagwort „Europa der Vaterländer" geprägt? Plant Frankreich nicht längst, mit seiner Atomstreitmacht aus dem Verbund der NATO auszuscheren? Ist Paris nicht ein entschiedener Gegner der Führungsrolle der USA in der NATO und liegt nicht das Nein zu einem EWG-Beitritt der Briten im Grunde daran, dass Frankreich auf dem angestrebten Weg zur alleinigen Führungsmacht Europas keine Konkurrenz dulden will?

Nun dürfen Bonner Kabinettsmitglieder sicherlich einen eigenen Standpunkt haben, etwa ein Wirtschaftsminister und Vizekanzler Ludwig Erhard die USA nach wie vor für Deutschlands wichtigsten Partner halten, doch in Adenauers „Kanzlerdemokratie" zählt allein das Wort des Regierungschefs. Und der ist jetzt ganz auf das Land eingeschworen, mit dem er nächste Woche feierlich einen großen Vertrag unterzeichnen will. Im Pariser Elysée-Palast soll eine deutsch-französische Achse geschmiedet, sollen die jahrhundertelangen „Erbfeinde" für alle Zukunft zu Freunden werden. Was gut für Frankreich ist, wird von nun an auch gut für Deutschland sein. Ist es nicht ein solcher Geist, der Freundschaft ausmacht?

Dabei hat der „Alte" aus Rhöndorf seinen französischen Amtskollegen bei dessen Regierungsantritt 1958 noch äußerst skeptisch beäugt, ja de Gaulle ist ihm geradezu unheimlich gewesen. Einen „Überheblichkeitskomplex" hat er ihm zudem bescheinigt. Woher nun Adenauers vollständiger Sinneswandel? fragen sich manche in seinem Umfeld. Wie ist aus extremem Misstrauen gegenüber dem Franzosen fast schon blindes Vertrauen geworden? Der Schlüssel dazu liegt möglicherweise in einem kleinen Ort in Lothringen namens Colombey-les-deux-Eglises.

Er wolle „keine Pilgerfahrt nach Paris" machen, erklärt Adenauer dem amerikanischen Botschafter David Bruce, als Charles de Gaulle 1958 zum zweiten Mal nach dem Ende des Zweiten Weltkriegs französischer Staatschef wird. Erstens sei dem Protokoll gemäß sein Staatsbesuch in Frankreich vor zwei Jahren noch zu erwidern. Zweitens vertrete de Gaulle eine „Siegernation". Adenauer weiß zwar, wie de Gaulle, der sich während des Kriegs im Exil zum französischen Souverän erklärt hat, von Amerikanern und Briten gedemütigt und Frankreich erst nachträglich und mit einiger Verspätung zur Sieger- und Großmacht erklärt worden ist. Aber er braucht einfach ein paar Argumente um dem General erst einmal aus dem Weg gehen zu können.

Niemals vor und niemals nach dem Besuch Konrad Adenauers hat Charles de Gaulle ausländische Gäste auf seinem privaten Landsitz empfangen.

Da kommt Charles de Gaulle dem Deutschen einen Riesenschritt entgegen. Er lädt ihn auf seinen privaten Landsitz in Colombey-les-deux-Eglises ein. Niemals zuvor hat de Gaulle ausländische Politiker bei sich zu Hause empfangen. (Und er wird es auch danach nicht wieder tun.) Der Kanzler soll sogar im Haus seines Gastgebers übernachten dürfen. So viel ihm zugedachter Ehre kann der Deutsche nicht mehr widerstehen. Man einigt sich schließlich darauf, dass er am Sonntag, den 14. September die Rückreise von seinem Urlaubsort am Comer See in Baden-Baden unterbricht und sich mit dem Auto nach Colombey fahren lässt. Adenauer rechnet damit, dass eine Verständigung mit dem Franzosen außerordentlich schwierig werden wird.

Charles de Gaulle geht Adenauer bei dessen Ankunft im Park seines Landhauses entgegen und begrüßt ihn auf Deutsch. Die Herzlichkeit des für seinen Stolz und sein formvollendetes Auftreten bekannten Franzosen wirkt auf den Rheinländer sofort entwaffnend. Als nächstes schickt de Gaulle die Begleiter beider Seiten – insgesamt nur fünf Männer aus den Außenministerien – in die nächste Stadt, nach Chaumont. Sie sollen dort einen netten Nachmittag verbringen und erst zum Abendessen wiederkommen. Dann begleitet de Gaulle den deutschen Gast in seine großzügige Bibliothek, über die Adenauer, Besitzer eines Einfamilienhauses am Fuß des Drachenfelses, geradezu ins Schwärmen gerät. Abgesehen von einem französischen Dolmetscher verbringen die beiden Männer nun die nächsten Stunden allein miteinander. Ohne Tagesordnung, nur „von Mensch zu Mensch", wie de Gaulle formuliert, wollen sie sich aussprechen.

Es sind zwei Staatsmänner mit grundverschiedenen Prägungen, die sich hier gegenübersitzen. Doch in beider Biografien gibt es eine Konstante: das komplexe Verhältnis zum Land des jeweils anderen, bestimmt von Annäherung und Erwartung wie Enttäuschung und Demütigung. Charles de Gaulles Leben ist, wie das nicht weniger seiner Generation auf beiden Seiten des Rheins, durch und durch das eines Militärs. Er nahm am

Ersten Weltkrieg teil und war anschließend Berater des polnischen Militärs im Kampf gegen die Rote Armee der Sowjetunion. In den 1920er Jahren lehrte er Militärgeschichte in Saint-Cyr, verfasste mehrere kriegstheoretische Bücher und wurde 1925 Mitglied des obersten Kriegsrates seines Landes. Im Zweiten Weltkrieg kommandierte er als Brigadegeneral eine Panzerdivision. Nach der deutschen Besetzung Frankreichs wurde er Chef der von London aus operierenden französischen Widerstandsorganisationen, 1945 dann Staatspräsident. Nach seinem vorübergehenden Rückzug bekleidet er dieses Amt jetzt zum zweiten Mal. Die Franzosen, die ihn als ihren größten lebenden Helden verehren, haben eigens für ihn ein Präsidialsystem geschaffen und ihn als „Führer der Nation" mit umfassenden Vollmachten ausgestattet.

Ihm gegenüber Konrad Adenauer, zeitlebens Zivilist, rheinisch-katholisch, Preußen und sein Militär zutiefst verabscheuend, gleichwohl Bismarck nicht unähnlich in der Lust an raffiniertem Machtspiel und undurchsichtiger Gleichgewichtspolitik, von den Nationalsozialisten verfolgt und aller Ämter enthoben, durchaus pragmatisch und flexibel in seinen Ansichten. Adenauer war 1917 bis 1933 Oberbürgermeister von Köln, wurde 1945 von den Briten wieder in sein Amt eingesetzt, jedoch nach wenigen Monaten entlassen. Er war Mitbegründer der CDU und wurde 1949 zum ersten Bundeskanzler der Bundesrepublik Deutschland gewählt.

Adenauer startete 1945 eine geheime Initiative, mit französischer Hilfe einen „Rheinstaat" zu gründen – deshalb feuerten die Briten den Kölner OB.

Adenauer spielte – meist ohne politisches Mandat hierzu – immer wieder Szenarien durch, wie der westliche Teil Deutschlands einen eigenständigen Weg gehen könnte, losgelöst von dem Adenauer emotional fremden Süden und dem ihm mehr als suspekten protestantischen Nordosten. Anfang der 1920er Jahre brachte der Kölner zum ersten Mal den Gedanken einer selbstständigen „Friedensrepublik" Rheinland ins Spiel und suchte dafür Unterstützer in Frankreich, dessen Sicherheitsinteressen ein solcher Pufferstaat entgegen gekommen wäre. 1945 machte er dann einen ernsthafteren Versuch, mit französischer Hilfe einen Rheinstaat aus Rheinland, Ruhrgebiet, Siegerland und Teilen Westfalens zu schaffen, der mit Frankreich eine Wirtschaftsunion bilden sollte.

Und wie stellte er sich den Rest Deutschlands vor? „Aus den Teilen, die bei Schaffung eines Rheinstaates übrigbleiben, dürften wohl zwei Staaten zu bilden sein. Diese dann bestehenden drei Staaten könnten dann ein loses, dem Commonwealth entsprechendes völkerrechtliches Gebilde werden", schrieb Adenauer 1945 in einem Brief. Aus dem Rheinstaat wurde bekanntlich nichts. Frankreich war zu schwach, die USA entwickelten bessere Pläne für Deutschland und außerdem lag das Rheinland nicht in der französischen, sondern der britischen Besatzungszone. Die Briten bekamen Wind von der Geheimdiplomatie des Kölner Oberbürgermeisters und feuerten ihn. Schließlich versuchte Adenauer, als westdeutscher Bundeskanzler einen Ausgleich mit Frankreich in der Saarlandfrage zu schaffen. Er wollte das Saarland „europäisieren“ – aber 67,7 % der Saarländer votierten 1955 gegen Adenauers „Saarstatut“ und damit für die Zugehörigkeit zur Bundesrepublik Deutschland.

Doch als Charles de Gaulle und Konrad Adenauer in Colombey zusammensitzen, sind es die vier Jahre Naziterror im von der Wehrmacht besetzten Frankreich, die alles, was sich davor und danach zwischen den beiden Ländern ereignet hat, überschatten. Der eine, der selbst nie Opfer war, will seine Landsleute nie wieder als Opfer sehen. Und der andere, der selbst nie Täter war, will seine Landsleute nie wieder als Täter sehen.

Da plötzlich entsteht eine persönliche Beziehung zwischen den beiden Staatsmännern. Das beginnt schon damit, dass sie es schaffen, sich fast ausschließlich ohne Dolmetscher zu verständigen, obwohl jeder die Sprache des anderen nur bruchstückhaft beherrscht. Sie entdecken bald ihre Gemeinsamkeiten. Beide sind überzeugte, aufrechte Demokraten – doch ihr Regierungsstil ist autoritär. Beide geben nicht viel auf das Parlament. Beide sind katholisch, bilden sich aber gern ihre eigene Meinung in Distanz zur Kirche. Jeder hat schnell großen Respekt vor der Persönlichkeit des anderen – und zeigt sich doch auch nahbar. Unter dem Eindruck dieser unverhofften menschlichen Nähe entsteht schnell eine große politische Agenda. Von Aussöhnung zwischen den beiden Völkern ist die Rede. Die Lage in Europa habe sich grundlegend gewandelt, meint der Franzose, und scheut sich nicht, den ehemaligen Feind Deutschland als den „wünschenswerten Partner“ Frankreichs zu bezeichnen.

Nach dem Treffen fährt Adenauer geradezu euphorisch nach Bonn. An den Interessengegensätzen und unterschiedlichen politischen Vorstellungen Deutschlands und Frankreichs hat sich indessen nichts geändert: Deutschland ist für ein Europa mit starken gemeinsamen Institutionen, Frankreich für starke Nationalstaaten. Bonn will Deutschlands Gleichberechtigung in Europa, Paris die Vorherrschaft Frankreichs und den Erhalt der Kontrollrechte der Alliierten über Deutschland. Deutschland will eine starke NATO, Frankreich aus dem Bündnis austreten und die amerikanische Schirmherrschaft über Westeuropa zurückdrängen. Die Deutschen wollen über den Einsatz von Atomwaffen gemeinsam mit den Bündnispartnern entscheiden, die Franzosen ihre Sprengköpfe der Kontrolle von USA und NATO entziehen. Die Deutschen wollen ein europäisches Europa, die Franzosen ein französisches.

Am 22. Januar 1963 – die Briten haben gerade den Stuhl vor die Tür gestellt bekommen – dann der große Augenblick: In Paris unterzeichnen Charles de Gaulle und Konrad Adenauer den deutsch-französischen Freundschaftsvertrag. Viel mehr als gute Absichten enthält er nicht – der damals führende französische Politikwissenschaftler, Maurice Duverger, kommentierte, der Inhalt des Vertrages gehe gegen null. Im Grunde vereinbart man nur, sich regelmäßig zu treffen und auszutauschen, was auch so längst geschieht. Aber die Symbolik zählt. Sie erfährt ihre Überhöhung in dem anschließenden katholischen Hochamt in der Kathedrale von Reims, an dem Adenauer und de Gaulle gemeinsam teilnehmen.

Hans-Peter Schwarz, vielleicht der beste Adenauer-Kenner hierzulande, schrieb im Jahr 2004: „Nicht selten pflegen ältere Herrschaften ihren letzten Willen ja erst kurz vor dem Ableben zu formulieren, und damals war Adenauer in der Tat sehr stark auf das Frankreich de Gaulles fixiert. Sein letzter Wille war wirklich der französisch-deutsche Zweibund, um den sich ‚Kerneuropa', wie man das heute nennt, irgendwie gruppieren sollte. Ob derartige letzte Willen immer bei sehr klarem Bewusstsein niedergelegt werden, sei offengelassen. Die zunehmend vorbehaltlose Hinwendung des alten Herrn zu Frankreich ist jedenfalls eine Tatsache."

Immer, wenn es um wichtige Geschäfte geht, ist die persönliche Begegnung unverzichtbar. Im Gespräch werden aus Möglichkeiten gemeinsame Absichten. Privates Kennenlernen kann noch wesentlich mehr bewirken und auch verwickelte Knoten durchschlagen. Allerdings ist hier Vorsicht geboten. Wenn menschliche Nähe entsteht, so ändert das an der Interessenlage nichts. Sich ohne Sinn und Verstand auf die Seite desjenigen zu schlagen, der einem persönlich am sympathischsten ist, und dessen Position kritiklos zu übernehmen, gehört zu den schwerwiegenden Managementfehlern.

25

Haltung – Abraham Lincoln und der Amerikanische Bürgerkrieg: Optimismus in tiefen Krisen. In schwierigen Situationen lassen Öffentlichkeit und Umfeld Verantwortungsträger vorzugsweise allein. Aber wer weiß, warum er kämpft, der kann auch alleine kämpfen.

„Die anderen die Freiheit verweigern, verdienen sie selbst nicht"

Im Jahr 1861 brach in den USA ein vierjähriger Bürgerkrieg aus, nachdem die Südstaaten aus dem Staatsverband ausgetreten waren. Der Anlass des Bruchs war die Sklavenhaltung auf den Plantagen des Südens, die von der Bevölkerung im Norden nicht mehr toleriert wurde. Dem noch von allen Amerikanern gewählten Präsidenten Abraham Lincoln (1809–1865) gelang es mit großem persönlichen Einsatz, die Einheit des Landes wiederherzustellen.

Als der amerikanische Präsident Abraham Lincoln am 19. November 1863 in dem kleinen Ort Gettysburg in Pennsylvania aus dem Zug steigt, der ihn aus Washington hierher gebracht hat, ist die Stimmung der versammelten Menschenmenge so düster und schwer wie der Novemberhimmel. An einem heißen Julitag desselben Jahres fand hier die bislang blutigste Schlacht eines Bürgerkriegs statt, der die modernste Demokratie der Welt seit drei Jahren immer mehr zersetzt. Noch nie hatte der amerikanische Kontinent ein solches Gemetzel erlebt. Auf dem riesigen Schlachtfeld lagen noch nach Tagen tausende Tote. Und jetzt, Monate später, geht der Krieg auf anderen, gar nicht weit entfernten Feldern immer noch weiter.

Nachdem die einheimische Bevölkerung zunächst provisorische Holzkreuze aufgestellt hatte, waren die Forderungen nach einem Soldatenfriedhof, einem würdigen Ort des Gedenkens, immer lauter geworden. Heute soll der Präsident diesen Friedhof seiner Bestimmung übergeben. Als Redner war Lincoln zunächst überhaupt nicht vorgesehen. Dem an Körpergröße alle überragenden Präsidenten aus dem ländlichen Illinois trauen viele Landsleute nicht allzu viel zu, schon gar nicht, bei einem so ernsten und feierlichen Anlass die richtigen Worte zu finden. Edward Everett, der als einer der besten Oratoren des Landes gilt, wird der Hauptredner sein. Lincoln wurde in letzter Minute doch noch gebeten, den Ort am Schluss „mit ein paar angemessenen Bemerkungen formell seiner Bestimmung zu übergeben."

Abraham Lincoln ist wie immer schwarz gekleidet und trägt seinen charakteristischen hohen Zylinderhut, als er die Rednertribüne betritt. Für seine „paar angemessenen Bemerkungen" hat er insgesamt sechs Entwürfe gemacht; die zwei oder drei mit Tinte beschriebenen Bögen Briefpapier des Weißen Hauses, die er bei sich trägt, sind die letzte Fassung, nunmehr ohne Korrekturen. Edward Everett hat gerade fast zwei Stunden lang geredet, danach wurde ein Kirchenlied gesunden und nun also noch der kurze Auftritt des Präsidenten. Auf die Zuhörer wirkt er nervös und unruhig. Anders als auf späteren Gemälden zu sehen, die ihn in überlegener staatsmännischer Pose zeigen, soll er sein Manuskript fest mit beiden Händen umklammert haben.

„Es liegt an uns, dass die Herrschaft des Volkes durch das Volk und für das Volk nicht aus der Welt verschwinden wird."

„Vor siebenundachtzig Jahren", hebt Lincoln an und erinnert damit an die amerikanische Unabhängigkeitserklärung, „haben unsere Väter diesem Kontinent eine neue Nation beschert, die im Geist der Freiheit erdacht wurde und sich der Einsicht verpflichtete, dass alle Menschen mit gleichen Rechten ausgestattet sind. Jetzt führen wir einen großen Bürgerkrieg, der erweisen wird, ob diese oder irgendeine ähnliche Nation lange Zeit überdauern kann." Und nachdem er die Tapferkeit der Toten der Schlacht gewürdigt hat, fügt der Präsident hinzu: „Es liegt an uns, uns von hier aus selber der großen Aufgabe zu weihen, die noch vor uns liegt: dass diese Toten unsere Leidenschaft beflügeln, uns noch inniger der Sache zu widmen, der sie hier mit äußerster Hingabe dienten, dass wir hier hoch und heilig beteuern, dass diese Männer nicht umsonst gestorben sein sollen, dass diese Nation, mit Gott, die Wiedergeburt der Freiheit erleben wird und dass die Herrschaft des Volkes durch das Volk und für das Volk nicht aus der Welt verschwinden wird."

Der Präsident hat weniger als drei Minuten geredet. Die Zuhörer sind enttäuscht. Lincoln sagt später: „Die Rede fiel auf das Publikum wie ein nasses Handtuch. Ich hätte sie sorgfältiger vorbereiten müssen." Auf der Zugfahrt zurück nach Washington legt sich Lincoln ein solches nasses Handtuch auf die Stirn; er fühlt sich elend. Am nächsten Tag schreibt eine Zeitung: „Wir drucken hier die dummen Bemerkungen des Präsidenten, hoffen aber für das Wohl der Nation, dass der Schleier des Vergessens sich bald auf sie legt und keiner sie noch einmal wiederholt oder an sie denkt." Lincolns Ansprache von Gettysburg, eine der berühmtesten Reden der Weltgeschichte, Worte, die jedes amerikanische Schulkind auswendig kennt – ein totaler Fehlschlag.

Abraham Lincoln machte trotzdem weiter. Er ließ sich von seiner Vision, von seinem Optimismus nicht abbringen, auch diesmal nicht, als er wieder einmal als Witzfigur dastand, als der „Tall Sucker", die tolpatschige Bohnenstange aus Illinois. Was hatte sich der gewandte Anwalt, das politische Naturtalent, nicht alles von seiner Präsidentschaft erwartet: auf die Abschaffung der Sklaverei wollte er hinarbeiten, die Einheit der Union wahren, mit seiner friedliebenden Art die Gegensätze überwinden, die Nation versöhnen, dafür sorgen, dass sie sich wieder auf ihre demokratischen Werte besinnt. Und nun war er schon seit Jahren das, was er am wenigsten sein wollte und konnte, wohl auch nicht für möglich gehalten hätte jemals sein zu müssen – ein Kriegspräsident, dessen Land immer mehr im Chaos von Blut und Zerstörung versank, er selbst mittendrin, seines Lebens keine Minute mehr froh, geschwächt, krank, dem Wahnsinn nahe und doch nicht bereit, die Hoffnung aufzugeben.

Die Erschütterung der noch jungen Nation hatte ihre Schatten lange vorausgeworfen. Schon das Jahrzehnt zwischen 1850 und 1860 war eines der Krise, in dem die Zeichen immer mehr auf Bürgerkrieg standen. In den industrialisierten Bundesstaaten des Nordens formierte sich massiver Widerstand gegen die Sklavenhalter des Südens; Bücher wie „Onkel Toms Hütte" von Harriet Beecher Stowe wurden Bestseller und führten dem Publikum das Schicksal der entrechteten Schwarzen eindringlich vor Augen.

In dem von Baumwollanbau auf großen Plantagen geprägten Süden hingegen erklärte man die Sklaverei zu einem Bestandteil der regionalen Kultur, deren Abschaffung man sich vom Norden unter keinen Umständen würde diktieren lassen. Viele Südstaatler glaubten bald an eine Verschwörung des Nordens, bei der es gar nicht um die Schwarzen gehe, sondern darum, den Süden wirtschaftlich in die Knie zu zwingen. Politisch strittig war nun vor allem, ob die Sklaverei in den im Westen neu hinzukommenden Bundesstaaten erlaubt sein sollte oder nicht. Kompromisse wie die „Kansas-Nebraska-Akte", welche die Entscheidung der jeweiligen Bevölkerung überlassen wollte, stellten beide Seiten nicht lange zufrieden.

Die Republikanische Partei wurde 1854 nach dem Zerfall der alten „Whigs" gegründet und machte die Abschaffung der Sklaverei zum Programm.

Auch das Parteiensystem änderte sich. Nach dem Zerfall der alten „Whigs" entstand im Norden die neue Partei der Republikaner und machte die Abschaffung der Sklaverei zu einer ihrer politischen Hauptforderungen, während ihr politischer Gegner, die Demokraten, von Vertretern des Südens und Befürwortern der Sklavenhaltung beherrscht war. 1860 wurde Abraham Lincoln, ein erklärter Gegner der Sklaverei, Präsidentschaftskandidat der Republikaner, was der Süden als Provokation empfand.

Mit einem Bibelzitat – Matthäusevangelium, Kapitel 12, Vers 25 – hatte Lincoln die USA zur Einheit gemahnt: „Jedes Reich, das mit sich uneins ist, wird zerstört, und jede Stadt und jedes Haus, die mit sich uneins sind, haben keinen Bestand." Im einen Teil des Landes Freiheit, im anderen Unterdrückung, das konnte es für ihn nicht geben. Entweder – oder. „Die anderen die Freiheit verweigern, verdienen sie selbst nicht", rief Lincoln in Richtung Süden. Als er die Präsidentschaftswahl gewonnen hatte, dauerte es nicht mehr lange, bis die Südstaaten nacheinander aus der Union austraten. Im Februar 1861 gründeten sie die „Konföderierten Staaten von Amerika" und ernannten Jefferson Davis zu ihrem Präsidenten. Gegen die allseitige Erwartung eines nur kurzen Scharmützels wurde nach dem Angriff der Südstaaten auf Fort Sumter im Hafen von Charleston ein Krieg entfesselt, dem bis zum mit letzter Kraft errungenen Sieg des Nordens 258.000 Mann auf der Seite der Konföderierten und 360.000 Mann auf der Seite der Union zum Opfer fielen.

Während der vier Jahre des Krieges durchlitt Lincoln persönliche Krisen, an denen ein schwächerer Charakter wohl zerbrochen wäre. Er versuchte, sich davon in der Öffentlichkeit möglichst wenig anmerken zu lassen. In deren Augen war er ohnehin der unbeliebteste Präsident aller Zeiten; auf seinem Schreibtisch stapelten sich die Schmähbriefe, in denen „goddamned black Nigger" noch zu den höflicheren Anreden zählte. Oft stand er allein an einem Fenster des Weißen Hauses und wusste nicht mehr, was er gegen diesen „unerhörten Aufstand" des Südens noch unternehmen sollte.

„Deprimiert, aber ganz und gar nicht ohne Hoffnung", was die Zukunft Amerikas und seine persönliche Zukunft angehe, sei er, vertraute Lincoln einem Freund an. Doch der Krieg setzte ihm seelisch zu, einem Mann, der ohnehin nicht ohne Schwermut war und als Jugendlicher düstere Gedichte über den Tod geschrieben hatte. Und überall hieß es, Lincoln tauge nicht zum Präsidenten, sei zu unerfahren, zu ungeschickt, einfach zu dumm und dämlich, die Einheit der Nation wiederherzustellen. In seiner Regierung sah sich Außenminister William Henry Seward als der eigentliche Kabinettschef – der alte Hase der Washingtoner Politik hatte sich diese Rolle von Lincoln sogar ausdrücklich zusichern lassen.

Der Krieg nahm Lincoln völlig in Anspruch, für seine Familie blieb kaum Zeit, Erholungspausen beschränkten sich auf die dienstlichen Kutschfahrten. Um die Gesetzgebung kümmerte er sich nur insofern, als er jedes Gesetz unterschreiben musste. Dafür eilte er in jeder freien Minute ins Telegrafenamt im Kriegsministerium, um nach den neuesten Nachrichten zu fragen. Er brachte sogar Akten mit ins Telegrafenamt und bearbeitete sie an einem kleinen Schreibtisch in der Ecke.

Lincoln mochte politisch wenig erfahren und von Depressionen geplagt gewesen sein – er sah trotzdem als einziger die weltgeschichtliche Bedeutung des Bürgerkrieges. Darum ging es in seinen leidenschaftlichen Reden, das war sein Thema in Gettysburg und das gab ihm die Kraft, trotz allem durchzuhalten, bis zum bitter – auch mit dem Tod des eigenen Sohnes – erkauften Sieg. Im amerikanischen Bürgerkrieg stand die Demokratie auf dem Spiel. Könnte sie sich behaupten, dann würde ihr die Zukunft gehören. Würde sie unterliegen, dann könnten alle Despoten, Kaiser, Könige und Generäle der übrigen Welt – und ihnen unterstand die übrige Welt – zu ihrem Volk sagen: Seht her, wie sie in Chaos, Gewalt und Zerstörung endet, die Herrschaft des Volkes; deshalb seid froh, dass es uns gibt und wir euch sagen, was für euch gut ist und was ihr dürft und was verboten ist.

In diesem Krieg gehe es darum, sagte Lincoln am 4. Juli 1861 vor dem Kongress, ob ein System der Selbstregierung des Volkes sich auch selbst erhalten könne. Sollte das System der Sklavenhalter triumphieren, dann würde die Demokratie bald vom Erdboden verschwinden. Um das zu verhindern, müsse man Gewalt mit Gewalt begegnen. Man müsse der Welt demonstrieren, dass „diejenigen, die faire Wahlen abhalten können, auch in der Lage sind, einen Aufstand zu ersticken." Es gehe um nicht weniger, als eine Staatsform zu erhalten, die angetreten sei, „die Lebensbedingungen der Menschen zu verbessern, die menschengemachten Lasten von ihren Schultern zu nehmen, allen einen gleich guten Start zu ermöglichen und im Leben eine faire Chance zu geben." Für diese Ideale ließ Lincoln die Armee, deren Oberkommandierender er war, bis zur Erschöpfung kämpfen.

Als der Krieg endlich vorbei war und ein jetzt doch noch dankbares Volk Lincoln für eine zweite Amtszeit gewählt hatte, als er endlich der Präsident des Friedens und der Versöhnung hätte sein können, der er von Anfang an sein wollte, holte die Gewalt ihn ein letztes Mal ein. Am 14. April 1865 wurde Abraham Lincoln während eines Theaterbesuchs von einem Attentäter erschossen.

In schweren Krisen hängt viel von der Standhaftigkeit der Verantwortlichen ab. Wer jetzt nicht weiß, warum er tut, was er tut, wer kein Ziel vor Augen hat, für das es sich zu kämpfen lohnt, droht zu scheitern. Beifall ist in der Not nicht mehr zu erwarten; die Öffentlichkeit entzieht schnell ihre Sympathien, wenn es ernst wird. Verantwortung zu tragen und ihr gerecht zu werden, kann einen entbehrungsreichen Weg bedeuten. Doch wer seine Ideale kennt, wer eine Haltung hat, wird wissen, weshalb er ihn geht.

26

Mut – Willy Brandt und der Kniefall in Warschau: In festgefahrenen Konflikten muss man Zeichen setzen. Das geht nur, wenn man die Routine verlässt. Als Chef muss man Verantwortung für das ganze Unternehmen übernehmen – nicht nur für die eigenen Taten und Unterlassungen

„Was weißt du?“ – Der Kniefall in Warschau

Anfang Dezember 1970 besuchte Bundeskanzler Willy Brandt (1913–1992) die polnische Hauptstadt Warschau, um einen Vertrag zu unterzeichnen, in dem Deutschland die nach dem Zweiten Weltkrieg verschobene polnische Westgrenze – vorbehaltlich eines Friedensvertrags – anerkannte. Bei einer Kranzniederlegung am Mahnmal für den Aufstand im Warschauer Ghetto 1943 fiel er plötzlich auf die Knie.

Nur einmal ist bisher einem deutschen Bundeskanzler eine Oper gewidmet worden. „Kniefall in Warschau“ von Gerhard Rosenfeld wurde am 22. November 1997 in Dortmund unter der Regie von John Dew uraufgeführt. In der Eröffnungsszene stürzt Willy Brandt in einem hohen, düsteren Raum. In einer Ecke, zunächst bewegungslos und von Brandt unbemerkt, eine weitere Figur, „der Fremde“. Er singt:

Der in die Knie sank
auf regennassem Stein,
am Abgrund der Geschichte …
Im Auge der Welt

Und Willy Brandt antwortet:

Ich?
Auf die Knie,
ja, ich erinnere,
sie schmerzen.
Was weißt du?

Das Warschauer Ghetto wurde auf Anordnung des deutschen Besatzungskommandanten des Distrikts Warschau, Dr. Ludwig Fischer , am 2. Oktober 1940 errichtet. Die jüdische Bevölkerung des gesamten Ballungsraums wurde gezwungen, in diesen von Soldaten hermetisch abgeriegelten Stadtteil der polnischen Hauptstadt umzuziehen. Nach kurzer Zeit lebten etwa eine halbe Million Menschen im Ghetto auf engstem Raum, ohne ausreichende Lebensmittellieferungen, sanitäre Einrichtungen und medizinische Versorgung.

In den ersten zweieinhalb Jahren des Ghettos starben mehr als 100.000 Menschen, zumeist Ältere und Kinder, an Kälte, Hunger und Krankheiten. Auf den Straßen waren die Bewohner täglich gewalttätigen Übergriffen uniformierter Deutscher ausgesetzt. So entrissen zum Beispiel SS-Männer Säuglinge ihren Müttern und quälten sie vor deren Augen. Im Sommer 1942 deportierten die Deutschen etwa 320.000 Menschen in das Vernichtungslager Treblinka. Die Juden wurden mit Peitschen in Viehwaggons getrieben, bis diese so überfüllt waren, dass sich darin niemand mehr setzten konnte. Dann begann die lange Fahrt. In dem Dokumentarfilm „Shoa“ von Claude Lanzmann berichtet ein ukrainischer Lokomotivführer, der Deportationszüge gefahren hat, wie er und seine Kollegen die unaufhörlichen Hilfeschreie der Menschen in den Viehwaggons nur im ständigen Alkoholrausch ertragen konnten. Die meisten schrieen nach Wasser. Bei der Ankunft in Treblinka waren sehr viele Menschen in den Zügen schon verdurstet oder an Erschöpfung gestorben. Die Leichen konnten nicht zu Boden fallen, sondern blieben bis zur Öffnung der Waggons an die Lebenden gelehnt. Wer lebend ankam, wurde kurze Zeit später in den Gaskammern ermordet.

Im Frühjahr 1943 beschlossen die deutschen Besatzer unter der Leitung von SS- und Polizeiführer Jürgen Stroop, das Ghetto aufzulösen und die verbliebenen rund 70.000 Juden zu „liquidieren“. SS- und Wehrmachtseinheiten, unterstützt durch lettische, litauische und ukrainische Hilfskräfte, wollten sämtliche Wohnhäuser stürmen und anschließend sprengen oder niederbrennen. Das stieß auf den Widerstand im Untergrund entstandener jüdischer Kampforganisationen, die sich schon im Januar erstmals bewaffnet gegen einen Abtransport gewehrt hatten. Marek Edelmann, der zweite Anführer des Aufstandes, der als einer von wenigen das Ghetto überlebte, sagte nach dem Ende des Kriegs: „Es ging darum, sich nicht abschlachten zu lassen, wenn die Reihe an uns kam. Es ging nur darum, die Art des Sterbens zu wählen.“

Die Aufständischen hatten ein unterirdisches System von Bunkern und Gängen geschaffen, das ihnen einen taktischen Vorteil verschaffte, aber sie waren sehr schlecht bewaffnet. Es kam zu einem 27-tägigen Häuserkampf, den SS und Wehrmacht für sich entschieden, als sie alle Häuser systematisch in Brand steckten. Am neunzehnten Tag entdeckte die SS den Kommandobunker der Aufständischen und leitete Giftgas ein. Einigen Aufständischen gelang die Flucht aus dem Bunker, die meisten davon ertranken jedoch anschließend in den Abwasserkanälen. Die übrigen erschossen sich im Bunker, allesamt 17- bis 22-jährige Jungen und Mädchen, darunter Mordechaj Anielewicz, der junge Kommandant des Aufstands, und seine Freundin Mira.

Nach ihrem Sieg über die Aufständischen machten SS und Wehrmacht noch 56.000 Gefangene. 7000 davon wurden auf der Stelle erschossen. Die anderen wurden in Vernichtungs- und Zwangsarbeiterlager deportiert, wo bis auf wenige Ausnahmen alle starben. Am 16. Mai 1943 verfasste der SS-Brigadeführer und Generalmajor der Polizei Jürgen Stroop einen detaillierten und sorgsam strukturierten Abschlussbericht, für den er als Überschrift wählte: „Es gibt keinen jüdischen Wohnbezirk in Warschau mehr." In dem Bericht bezeichnete er die von ihm angeordnete Sprengung der großen Synagoge an der Tlomackiestraße, die eigentlich außerhalb des Ghettos lag, als „schönen Schlussakkord" einer deutschen „Großaktion."

Im Hintergrund der Opernbühne erscheint das Denkmal für die Opfer des Warschauer Ghettoaufstands. Es ist umringt von Journalisten und polnischen Soldaten. Ein Rabbiner und ein Chor singen leise das Kaddisch, das jüdische Totengebet, in aramäischer Sprache. Willy Brandt nähert sich dem Denkmal. Zwei Soldaten legen einen Kranz nieder, Brandt richtet die Schleifen. Er tritt einige Schritte zurück und faltet die Hände. Nach einer langen Pause, in der absolute Stille herrscht, sinkt er ungestützt auf die Knie. Eine Stimme singt aus dem Hintergrund:

Und dann kniet er,
der das nicht nötig hat
und kniet für alle
die es nötig haben
aber nicht knien.

Nach einer halben Minute erhebt sich Willy Brandt wieder. Auf der Bühne wird es dunkel.

„Am Abgrund der deutschen Geschichte und unter der Last der Millionen Ermordeten tat ich, was Menschen tun, wenn die Sprache versagt."

„Immer wieder bin ich gefragt worden", schrieb Willy Brandt Ende der 1980er Jahre in seinen Lebenserinnerungen, „was es mit dieser Geste auf sich gehabt habe. Ob sie etwa geplant gewesen sei? Nein, das war sie nicht. Meine engen Mitarbeiter waren nicht weniger überrascht als jene Reporter und Fotografen, die neben mir standen, und als jene, die der Szene fern geblieben waren, weil sie Neues nicht erwarteten. Ich hatte nichts geplant, aber Schloss Wilanow, wo ich untergebracht war, in dem Gefühl verlassen, die Besonderheit des Gedenkens am Ghetto-Monument zum Ausdruck bringen zu müssen. Am Abgrund der deutschen Geschichte und unter der Last der Millionen Ermordeten tat ich, was Menschen tun, wenn die Sprache versagt."

Der Sozialdemokrat Willy Brandt verließ Deutschland 1933 und entging so der politischen Verfolgung durch die Nationalsozialisten. Von Norwegen und später, als deutsche Truppen auch dieses Land besetzten, von Schweden aus arbeitete er als Journalist daran, das Dritte Reich publizistisch zu bekämpfen. Den Satz, der Eingang in die Oper von Gerhard Rosenfeld fand, schrieb der Journalist Herrmann Schreiber kurz nach dem Kniefall in Warschau im Nachrichtenmagazin „Der Spiegel". Willy Brandt, der es nicht nötig hatte, kniete für alle, die es nötig hatten, aber nicht knieten. „Einer musste es ja machen", erklärte Brandt anschließend seiner Frau Rut.

Der damalige Bundespräsident Johannes Rau sagte in einer Rede anlässlich des zehnten Todestages von Willy Brandt am 8. Oktober 2002: „Willy Brandts Kniefall in Warschau: Das war ein Bild, das mehr sagte als alle Worte, aber es war kein Ersatz für fehlende Worte. Der Kniefall von Warschau, in diesem Bild, das wir nie vergessen werden, leuchtet das ganze Drama des alten Kontinents auf – seine Tragik und sein neuer Aufbruch. Der Emigrant, der die Diktatur des Dritten Reiches aus dem Ausland bekämpft hat, der sich die Fragen gefallen lassen musste: Wo waren Sie denn? Was haben Sie denn gemacht?, der steht ein für die Schuld, die jene auf sich geladen haben, die er bekämpft hat – Schuld an Juden, an Polen, Schuld an so vielen. Willy Brandt hat keinen Moment lang Zweifel daran aufkommen lassen, dass er – jenseits aller persönlichen Verantwortung – zur ganzen Geschichte des Landes stand, dem er diente und das nun einmal das seine war. Oder besser: wieder geworden war."

Dreißig Jahre zuvor, im Jahr des Kniefalls in Warschau, waren Willy Brandt, seine Politik und auch seine Gesten höchst umstritten. Er hatte einen neuen Kurs gegenüber den Staaten des Warschauer Pakts begonnen, der bald mit dem Schlagwort Ostpolitik belegt wurde. Unter den politischen Schritten, die 1970 der Entspannung des Verhältnisses zwischen der Bundesrepublik Deutschland und seinen östlichen Nachbarn dienen sollten, war der deutsch-sowjetische Vertrag vom 12. August der folgenreichste. Die Zusammenkünfte zwischen Brandt und DDR-Ministerpräsident Willy Stoph in Erfurt und Kassel führten zu den heftigsten Protesten in Westdeutschland. Und Brandts Besuch in Polen zur Unterzeichnung des Warschauer Vertrages war der symbolträchtigste und für Brandt selbst schwierigste Schritt.

Keinem anderen Land hatten die Deutschen während des Zweiten Weltkrieges so viel Leiden und Tod gebracht wie Polen. Nirgendwo waren die Wunden so tief. Auf heutigem polnischem Gebiet befanden sich die meisten Vernichtungslager. Nach dem Ghettoaufstand schlugen deutsche Soldaten in Warschau von August bis Oktober 1944 auch die Erhebung der polnischen Untergrundmiliz Armia Krajowa nieder. Als Rache für diesen Aufstand befahl Adolf Hitler, der seinen Krieg längst verloren hatte, die vollständige Zerstörung Warschaus. 166.000 Polen starben dabei, darunter 150.000 Zivilisten.

Eine Umfrage ermittelte, dass 41 Prozent der Deutschen die Geste Brandts für angemessen hielten; 48 Prozent fanden sie dagegen „übertrieben".

Am 7. Dezember 1970, dem ersten Tag des Besuchsprogramms, legte Willy Brandt erst einen Kranz am Mahnmal des unbekannten Soldaten nieder, dann fuhr er zum Denkmal für den Ghettoaufstand. Sein Kniefall befremdete viele Polen. Adam Daniel Rotfeld, Überlebender des Lagers Auschwitz, im Januar 2005 zum polnischen Außenminister ernannt, erinnert sich in einem Interview: „Ich habe das auch als sehr ernste Sache empfunden. Die polnische Propaganda spielte die Bedeutung der Geste allerdings herunter. Und in der Bevölkerung wurde sie auch nicht recht verstanden. Brandt hat sich schließlich vor dem Denkmal für den jüdischen Ghetto-Aufstand verneigt und nicht vor dem Denkmal des Warschauer Aufstandes von 1944. Die Polen sind da sehr sensibel." Auch in Deutschland war das Echo gespalten. Eine Umfrage des Instituts für Demoskopie in Allensbach ermittelte, dass 41 Prozent der Deutschen die Geste Brandts für angemessen hielten. 48 Prozent fanden sie dagegen „übertrieben". Unter den Ablehnenden war vor allem die Generation der Kriegsteilnehmer stark vertreten.

Am Schluss der Oper sind wieder nur Willy Brandt und der „Fremde“ auf der Bühne. Der Fremde singt:

Zerfurchte Stirn
strenge Augen
ein Politiker,
nur ein Spiel.

Brandt blickt den Fremden an. Der Fremde reicht ihm eine Willy-Brandt-Maske. Bevor er sich die Maske aufsetzt, spricht Brandt:

Morgen –
leisere Wörter
es endet nie
Willy Brandt –
kniet immer noch.

Wenn Konflikte festgefahren sind, Misstrauen regiert, Schuld oder Schuldzuweisungen die Kommunikation belasten, muss einer den Mut haben, den ersten Schritt zu tun und der anderen Seite eine Brücke zu bauen. Wenn ihm die richtigen Worte fehlen oder es keine richtigen Worte gibt, kann er mit einer Geste viel bewirken. Gleichwohl muss, wer spontan, authentisch und emotional ein Zeichen setzt, mit dem Risiko leben, missverstanden und angefeindet zu werden. Wer sich seiner Sache sicher ist, nimmt das in Kauf.

27

Konfliktmanagement – Karl II. von England und das Ende der Cromwell-Diktatur: Wie man Gegner wieder zusammenführt. Nämlich ganz einfach, indem man wieder zusammenwachsen lässt, was ursprünglich zusammengehörte. Die Selbstheilungskräfte werden dabei durch zu viele Eingriffe von oben nur gestört.

Der Diktator ist tot, es lebe der König!

Im Gegensatz zu anderen europäischen Nationen hat sich England seit dem Mittelalter durch kontinuierliche Reformen, ohne radikale Brüche, zu einer freiheitlichen Demokratie entwickelt. Nur ein Jahrzehnt der englischen Geschichte war von Bürgerkrieg und Chaos geprägt: die Diktatur des Puritaners Oliver Cromwell (1599–1658), der im Jahr 1649 König Karl I. hinrichten ließ und eine Republik schuf. Nach Cromwells Tod konnte Karl II. (1630–1685) unter dem Jubel der Bevölkerung die Monarchie wieder herstellen. Dem Lebemann Karl – Gegentyp des protestantischen Fanatikers Cromwell – gelang es, das Land zu stabilisieren.

Anfang September 1658 machte ein Brief seinen Weg über den Ärmelkanal. Hätten die englischen Behörden ihn im Hafen von Dover abgefangen, dann wären die Geheimdienste wohl in höchste Alarmbereitschaft versetzt worden. Der Brief war größtenteils verschlüsselt, nicht signiert und trug als Adressangabe lediglich „An Mr. Tompson". Sein Bestimmungsort war Hochstrade, eine Kleinstadt in den Spanischen Niederlanden, dem heutigen Belgien. Sein Empfänger war Sir Edward Hyde, ein übergewichtiger, leicht cholerischer Mann mittleren Alters, der das Amt des Lordkanzlers von England bekleidete. Tatsächlich hatte Hyde jedoch England seit mehr als zwölf Jahren nicht mehr gesehen. Seine Hauptaufgabe bestand darin, für Karl II., den ungekrönten jungen König im niederländischen Exil, Informationen zu sammeln und ihn politisch zu beraten. Dieser Brief enthielt die vielleicht wichtigste Nachricht, die Hyde jemals empfing: Oliver Cromwell, der puritanische Diktator Englands und Erzfeind des Königs, war tot.

Fast genau sieben Jahre zuvor hatte Cromwells stehendes Heer, seine „New Model Army", das letzte Aufgebot des Königs bei Worcester besiegt und den Monarchen aus dem Land vertrieben. Dieser lebte seitdem in eher bescheidenen Verhältnissen, angewiesen auf Almosen der ihn politisch unterstützenden europäischen Fürsten, und hoffte täglich auf eine politische Wende in seinem Heimatland, die ihm die Rückkehr auf den Thron ermöglichen würde. Doch noch herrschte in England mehr oder weniger eine Militärdiktatur.

Ihr Ursprung lag im Aufbegehren der Puritaner, jenes Zweigs der Protestanten, die eine Bischofsverfassung ablehnen, gegen die anglikanische Staatskirche. Der puritanische Parlamentsabgeordnete Oliver Cromwell hatte 1642 Truppen aufgestellt und England in einen religiös motivierten Bürgerkrieg gestürzt, aus dem seine Soldaten als Sieger hervorgegangen waren. Die öffentliche Hinrichtung Karls I. im Jahr 1649 hatte England schockiert und den Puritanern viele Sympathien entzogen, doch die Königstreuen waren gegen Cromwells perfekt organisierte und mit religiösem Eifer aufgeladenen Truppen nicht angekommen. Cromwell hatte sich an die Umgestaltung des öffentlichen Lebens im puritanischen Geist gemacht und überall seine Leute in einflussreiche Ämter gebracht. Außenpolitisch konnte er die Niederlande und Spanien in Seekriegen bezwingen und damit die Weichen für ein englisches Weltreich stellen. Seine Vision, die gesamte protestantische Staatenwelt in einem vernichtenden Kampf gegen Spanien anzuführen war jedoch deshalb unrealistisch gewesen, weil die Fürsten des Nordens nicht im Traum daran dachten, sich mit einem Fanatiker und Königsmörder zu verbünden. Und jetzt war er tot.

Anderthalb Jahre musste Karl II. noch im Exil ausharren, denn Oliver Cromwell hatte seinen Sohn Richard zum Nachfolger als „Lord Protector" Englands bestimmt, und die Machtübergabe klappte zunächst auch ganz reibungslos. Im Jahr 1660 aber wurde Richard Cromwell vom Parlament zum Rücktritt aufgefordert und fügte sich diesem Drängen ohne Widerstand. Erklärbar ist dies damit, dass aus der Revolution der protestantischen Fundamentalisten längst die Luft heraus war. Die allmächtige Armee war beim Volk ebenso unbeliebt wie die religiösen Reformen zur staatlich verordneten moralischen Besserung, zumal die Bekämpfung der Armut durchaus nicht Teil der Reformagenda war. Die Führer der Republik und religiösen Eiferer wiederum waren untereinander längst heillos zerstritten, und nur Oliver Cromwell als charismatischer Führer hatte alles noch einigermaßen zusammenhalten können. Nach seinem Tod zerfiel der Machtapparat dann zusehends.

Karl II. konnte also 1660 nach England zurückkehren und die parlamentarische Monarchie wiederherstellen. Seine Ankunft in London wurde mit der größten Party der englischen Geschichte gefeiert. In der Hauptstadt dauerten die Festlichkeiten drei volle Tage und Nächte, in anderen Städten noch länger. Wein sprudelte aus den öffentlichen Brunnen, die Menschen tanzten auf den Straßen und lagen sich in den Armen – oder mehr als das. Denn mit der Rückkehr des Königs verband sich nicht nur die Hoffnung auf mehr politische Freiheit und niedrigere Steuern, als sie Cromwell für seinen gigantischen Militärapparat erhoben hatte, sondern auch darauf, dass nach dem Ende der Puritanerdiktatur die sinnlichen Freuden des irdischen Lebens wieder mehr genossen werden durften.

Die Rückkehr Karls II. wurde mit der größten Party der englischen Geschichte gefeiert – in London dauerten die Festlichkeiten drei volle Tage und Nächte.

In diesem Punkt würde Karl seine Untertanen am wenigsten enttäuschen. Denn der extravertierte 28-Jährige hatte zwar jahrelang auf seinen legitimen Thron verzichten müssen, dieser Freiheit von politischer Verantwortung im belgischen Exil aber durchaus auch angenehme Seiten abgewinnen können. Er hatte sich daran gewöhnt, dass die Frauen einen echten König mit dermaßen viel Freizeit überaus attraktiv fanden und konnte bis dato gewiss sein, dass England keinen Schaden nehmen würde, wenn er bis nachmittags im Bett blieb. Die Aussicht, nun in London dem Hof einer veritablen europäischen Großmacht vorzustehen, sah er deshalb nicht zuletzt unter dem Aspekt vielfach gesteigerter Möglichkeiten sich – vorzugsweise mit dem zarten Geschlecht – zu vergnügen.

Viel schwieriger vorherzusehen war, was Karl unternehmen würde, um in dem von einer auf halbem Weg steckengebliebenen Revolution halb umgekrempelten Land stabile politische Verhältnisse zu schaffen. Wenn er das alte Parlament wieder einsetzte, wären die Puritaner darin nach wie vor stark vertreten. Auch in der Provinz würden die von Cromwell ernannten Amtsträger bestimmt nicht ohne Widerstand ihre Sessel räumen, während auf der anderen Seite die Rachegelüste der Königstreuen nicht zu unterschätzen waren. Sofort kam es denn auch zu Prozessen gegen die Königsmörder von 1649, deren Köpfe bald rollten. Karl beendete diese Racheprozesse und Hinrichtungen jedoch schneller, als es seinen Anhängern lieb war.

Ohne Erfolg blieb Karls Versuch, die Puritaner in der Anglikanischen Kirche zu halten – zu groß waren die theologischen Differenzen zwischen der Staatskirche und den Sektierern, die nur die einzelnen Gemeinden und die Bibel, wo sie Gottes Willen für alle Lebenslagen abschließend vorzufinden glaubten, als Autorität anerkannten. Wie so manche in der königlichen Familie der Stuarts sympathisierte Karl ohnehin mit dem katholischen Glauben, sah die innerprotestantischen Streitigkeiten also einigermaßen leidenschaftslos. Politisch konnte das die ganze Sache natürlich noch um einiges komplizierter machen, besonders, wenn Karl in religiösen Dingen öffentlich Farbe bekannt hätte, was er klugerweise nicht tat. Verhindern konnte er so oder so nicht, dass die Anglikaner im Jahr 1662 mit dem so genannten St. Bartholomew's Day Oath die Puritaner endgültig aus ihrer Kirche ausschlossen. Dieses Ereignis blieb jedoch die einzige gesellschaftliche Spaltung während der Regentschaft Karls.

Karl II. besetzte den „Privy Council" mit 16 bewährten Königstreuen, vier ehemaligen Anhängern Cromwells und acht Männern der Mitte.

Bei der Regierungsbildung setzte Karl bewusst auf eine Mischung, die alte Feinde einband und eine neue Einheit der Nation symbolisierte. Seinen Geheimen Staatsrat, den „Privy Council", besetzte er mit 16 bewährten Königstreuen, vier ehemaligen Anhängern Cromwells und acht Männern der Mitte, die keinem Lager eindeutig zuzuordnen gewesen waren. Ähnlich verfuhr er bei den Ministern und den übrigen hohen Staatsämtern und versuchte, bei der Besetzung der Posten das Ansehen der jeweiligen Persönlichkeiten in der Öffentlichkeit ebenso zu berücksichtigen wie deren in früheren Regierungen erbrachte Leistungen. Sir Edward Hyde, der spätere Earl of Clarendon, wurde Karls Erster Minister und engster politischer Berater. Auf das Wort seines Königs konnte sich dieser wohl nicht immer verlassen, vielleicht weil Karl schon aus Prinzip niemanden glauben lassen wollte, der Monarch sei ganz auf seiner Seite.

Bei Armee und Marine, die ja Cromwells wesentliche Machtinstrumente gewesen waren, schien der personelle Neuanfang noch heikler als anderswo. Karl und seine Regierung entschieden, die Kommandeure zur Hälfte durch Royalisten zu ersetzen, auf den übrigen Posten jedoch ehemalige Ergebene Cromwells zu belassen. Bei den obersten Richtern, die erst im fortgeschrittenen Alter auf ihre Posten kamen, konnten sogar nur zwei greise, überlebende Royalisten aus der Zeit Karls I. wieder in ihr Amt eingesetzt werden, während die übrigen zwölf wohl oder übel auf ihren Sesseln bleiben mussten.

Dafür konnten an den Universitäten Oxford und Cambridge die von Cromwell abgesetzten Kanzler wieder in ihr Amt eingesetzt werden. Grundsätzlich mit Vorsicht behandelte man Anklagen gegen ehemalige Beamte der Diktatur. In jedem Fall musste akribisch ermittelt werden, um zu verhindern, dass irgendjemand bloß das Opfer von Intrigen wurde. Viele zunächst gefangen genommene Staatsdiener wurden später wieder

Karl II. gründete das Royal Hospital 1681 für Kriegsveteranen. Die goldene Statue im Skulpturengarten zeigt ihn als modernen Kaiser Augustus, der England Frieden bringt und die Künste florieren lässt. Die zeitgenössischen Dichter nannten sich entsprechend „Augustans".

freigelassen und erhielten zum Teil ihre Ämter zurück. Hinzu kam, dass man politische Reformen der Ära Cromwell, die sich offenbar bewährt hatten, nicht einfach deshalb rückgängig machte, weil sie der falsche Mann eingeführt hatte. So blieb es beispielsweise beim Mitbestimmungsrecht der Kaufleute in Fragen der Wirtschaftspolitik.

Noch weniger als in London änderte sich zunächst in der Provinz. Die Milizen der Grafschaften blieben grundsätzlich ihren gegenwärtigen Befehlshabern unterstellt, unabhängig von deren Vergangenheit. Auch der Landadel übernahm wieder seine traditionelle Rolle in der Verwaltung, ohne dass jemand fragte, auf wessen Seite der eine oder andere in den letzten zwölf Jahren gestanden hatte. Familien, die unter Cromwell in ihrer Region zu Einfluss gekommen waren, konnten ihre Position halten. Wo allerdings ein Landadelsgeschlecht ausstarb, durften nur verlässlich Königstreue in die frei gewordene Position aufrücken. Insgesamt gab es auf dem Land nur wenige Eingriffe. Am meisten änderte sich für jene königstreuen Soldaten, die durch den Bürgerkrieg zu Krüppeln geworden waren. Sie erhielten jetzt großzügige Pensionen, was ihre bisherige Armut beseitigte.

Bei diesen behutsamen, nicht wirklich konterrevolutionären oder reaktionären Maßnahmen nimmt es nicht wunder, dass die Anhänger des Königs schon nach einem Monat zu murren begannen und ihm Undankbarkeit vorwarfen. „Der König beschenkt nur seine ehemaligen Feinde", hieß es. „Die Rebellen behalten ihre Spolien", meinten andere, oder, noch bitterer: „Die Bettler im Land sind die alten Freunde des Königs". Karl focht das alles nicht an, unterstützte er doch in Wirklichkeit seine ehemaligen Helfer großzügig. Er sah bloß nicht ein, alle ihre Wünsche zu erfüllen, geschweige denn, ihren Rachedurst zu stillen. Einer der Männer, die dem König Undankbarkeit vorwarfen, war Samuel Morland, ein ehemaliger Agent. Der König hatte ihm eine gute Pension gewährt, ihn aber „nur" in den Ritterstand erhoben statt ihm, wie erhofft, auch noch den Hosenbandorden zu verleihen.

Über die Jahre beruhigten sich die Gemüter. Die alten Anhänger Cromwells gingen in den Ruhestand, besannen sich eines Besseren oder beschränkten ihren Fanatismus auf die Religion, woran sie niemand hinderte. Die Royalisten dagegen waren im Regierungsapparat schnell wieder in der Mehrheit, zumal sie auch bevorzugt in den Adelsstand erhoben wurden. Revolutionäre Unruhen, Bürgerkriege oder gar Umsturzversuche sollte das Land in seiner Geschichte nun nicht mehr erleben. Vielleicht war es ja Englands Glück, dass sich Karl II. mehr für Sex interessierte als für Politik oder gar für Ideologien. So war sein Regierungsstil davon geprägt, nicht mehr als nötig einzugreifen und – anders als Cromwell – sein Volk nicht moralischer machen zu wollen, als er selbst es war. Lieber setzte er auf die Selbstheilungskräfte der Gesellschaft und darauf, dass die Engländer von der Diktatur eines Ideologen ein für allemal genug hatten.

Hat sich ein Team oder eine Organisation in zwei Lager gespalten und dreht sich dann der Wind, der eine Seite bisher begünstigt hat, ist Fingerspitzengefühl gefragt. Wer die Revanchegelüste der bisher Unterlegenen bedient, riskiert einen Konflikt, der sich immer mehr aufschaukelt. Wer dagegen nur an entscheidenden Stellen behutsam Ungleichgewichte korrigiert und den Rest sich einfach einpendeln lässt, hat gute Chancen, dass die Wogen sich auf Dauer glätten und alle wieder an einem Strang ziehen.

28

Allianzen – Die Jakobiner und die französische Nationalversammlung: Einigkeit macht stark. Aber die Einigkeit des einen Teils des Unternehmens gegen den anderen – sei es nun Management gegen Belegschaft oder sei es Produktion gegen Marketing oder Filiale Süd gegen Filiale Nord – führt zu Opfern, Kraftverlust und tiefen Wunden, jedenfalls nicht zu irgendeinem Ziel.

Die „Gesellschaft der Freunde der Freiheit und Gleichheit"

Mit der Französischen Revolution wurde in der Zeit zwischen 1789 und 1799 das auf Königtum, Klerus und Adel gestützte Herrschaftssystem der Franzosen gewaltsam beseitigt und durch wechselnde alternative Modelle ersetzt, bis sich schließlich Napoleon Bonaparte die Alleinherrschaft sichern konnte. Der Übergang von der konstitutionellen Monarchie zur Republik und die Radikalisierung der revolutionären Ziele und Methoden sind eng mit dem Klub der Jakobiner und seinem zuletzt führenden Kopf Maximilien de Robespierre (1758–1794) verknüpft.

Die Stimmung in Frankreich war schlecht, als König Ludwig XVI. für den 5. Mai 1789 erstmals seit 1614 wieder die Generalstände einberief. Im späten Mittelalter war diese Versammlung der Standesvertreter des Königreichs regelmäßig zusammengekommen, vor allem, um die vom König verhängten Steuern formal zu bewilligen und über Beschwerden des Volkes zu verhandeln, die dem König vorgelegt werden sollten. In den Generalständen waren aus den eigenen Reihen gewählte Vertreter der drei Stände Frankreichs versammelt. Diese Stände waren Klerus und Adel – deren Vertreter alle anderen überstimmen konnten – und der so genannte Dritte Stand, der Rest des Volkes. Das Volk hatte diesmal gute Gründe für Beschwerden, denn der König weigerte sich seit langem, sein Regierungssystem moderner und effizienter zu machen und hatte im Jahr zuvor den Staatsbankrott erklären müssen. Während der Wahlen kursierten Pamphlete, so genannte Beschwerdehefte, und machten Stimmung.

Die Vertreter des Dritten Standes der Generalstände waren fast ausschließlich Befürworter einschneidender Reformen und scharten sich schnell um den wortgewaltigsten Redner in ihren Reihen, den Grafen von Mirabeau. Dieser Graf war ja nun eigentlich ein Angehöriger des Zweiten Standes, doch als der Adel das Enfant terrible unter den gepuderten Perücken in den Reihen seiner Vertreter nicht haben wollte, ließ sich Mirabeau kurzerhand vom Dritten Stand wählen. Mirabeau hatte eine bewegte Jugend hinter sich, die ihm in Folge einer verwickelten Liebesaffäre mit einer schönen Marquise unter anderem ein Todesurteil einbrachte. Nach drei Jahren Gefängnis war er aber begnadigt worden, ging dann nach London und Berlin, lernte Englands Demokratie lieben und Preußens Monarchie hassen und wurde schließlich in Paris ein wegen seiner rhetorischen Schärfe und seiner Enthüllungen gefürchteter Journalist. Überhaupt ist auffällig, wie sehr in den Jahren der Französischen Revolution Publizisten, Journalisten und Intellektuelle das Geschehen prägten und mit einer schließlich immer radikaleren Polemik die Massen mobilisierten.

Mirabeau schaffte es mit seinen flammenden Reden, dass sich der Dritte Stand am 17. Juni 1789 zur eigentlichen Vertretung des französischen Volkes – einer Nationalversammlung – erklärte. Kurz darauf kam es zum so genannten Ballhausschwur, bei dem sich die Nationalversammlung das Ziel setzte, Frankreich eine neue Verfassung zu geben. Der König gab schließlich seinen Segen dazu und forderte auch Klerus und Adel auf, sich an der verfassunggebenden Versammlung zu beteiligen, denn das Volk auf der Straße scharrte schon mit den Füßen und ihm fiel auch nichts wirklich Besseres mehr ein.

Motier de La Fayette stellte eine vom Bürgertum finanzierte Nationalgarde in den Farben Blau, Weiß, Rot auf und erfand so die französische Trikolore.

Als der König sich nun aber Sorgen um die Sicherheitslage machte und vorsichtshalber Truppen in Paris zusammenzog, fühlte das Volk sich provoziert und erstürmte am 14. Juli die Bastille. In diesem Staatsgefängnis wurden Missliebige auf Befehl des Königs und meist ohne Gerichtsverfahren eingesperrt, weshalb das mittelalterliche Schloss zum Symbol der Willkürherrschaft geworden war. Jetzt nahm das Bürgertum Verwaltung und Polizei selbst in die Hand. Motier de La Fayette, der Namensgeber des beliebten Kaufhauses, stellte eine vom Bürgertum finanzierte Nationalgarde in den Farben Blau, Weiß, Rot auf und erfand so ganz nebenbei die französische Trikolore.

La Fayette und viele andere traten in der folgenden Zeit für Reformen ein, ohne die Monarchie infrage zu stellen. Auf der Straße dagegen wuchsen der Hass auf den König und der Wunsch nach einer Republik. Nach dem „Blutbad auf dem Marsfeld“ am 17. Juli 1791, bei dem die Nationalgarde eine antimonarchische Versammlung auflöste, sank die Popularität La Fayettes, während sich gleichzeitig die Politik in „Rechte“ und „Linke“ – nach der Sitzordnung in der Nationalversammlung – spaltete.

Als am 10. August 1792 die revolutionäre Pariser „Kommune“ die Tuilerien stürmte und den König vom Thron fegte, hatte sich das Blatt endgültig zugunsten der Linken gewendet. Die Republik wurde ausgerufen, in den „Septembermorden“ wurden rund 1.100 politische Gegner umgebracht, was den Linken in der Nationalversammlung die Mehrheit einbrachte, und ein neuer Kalender trat in Kraft. Die Franzosen lebten nun nicht mehr im Jahr 1792 nach Christi Geburt, sondern im Jahr Eins der Republik, das gleich auch mit neuen Namen für die Monate aufwarten konnte. Überhaupt war die Abschaffung des Christentums sofort beschlossene Sache, auch Religionsfreiheit war nicht vorgesehen, stattdessen trugen Atheisten in feierlichen Prozessionen Statuen der „Göttin der Vernunft“ durch die Straßen. Die Radikalisierung gipfelte in der Terrorherrschaft – „La Terreur“ – der Jakobiner und ihres „Wohlfahrtsausschusses“ in den Jahren 1793-94. Dabei hatte dieser politische Klub zu Anfang überhaupt keine klare politische Agenda gehabt. Aber als seine Mitglieder die politischen Möglichkeiten entdeckten, die sich boten, wenn man sich absprach und einig wurde, bevor Entscheidungen fielen, wuchs langsam der Wunsch nach immer mehr Macht.

Seit König Philipp II. im Jahr 1218 dem neu gegründeten Bettelorden der Dominikaner, der offiziell „Predigerorden“ hieß, in Paris das Kloster zum heiligen Jakob geschenkt hatte, nannten die Franzosen diese Brüder Jakobiner. In der Bibliothek dieses Klosters in der Rue Saint-Honoré traf sich seit Oktober 1789 ein Klub, der ursprünglich aus bretonischen Abgesandten der Generalstände und späteren verfassunggebenden Versammlung bestand. Was erst nur ein privater Klub der Bretonen war, sollte bald politische Bedeutung bekommen. Die Mitglieder der offiziell „Gesellschaft der Freunde der Verfassung“ genannten Vereinigung wurden nach ihrem Treffpunkt schließlich – ebenso wie die Bettelmönche, doch dank angenehmer Vermögensverhältnisse und säkularer Gesinnung kaum mit diesen zu verwechseln – als Jakobiner bekannt.

Zum wesentlichen Zweck der Treffen des Jakobinerklubs wurde schnell die Praxis, sich hier bereits vor den Sitzungen der Nationalversammlung auf die einzuschlagende politische Marschroute zu verständigen und diese dann im Plenum durchzusetzen. Diese Methode war in der englischen Demokratie bereits gang und gäbe und ist ja bis heute fester Bestandteil der parlamentarischen Kultur. Diese Einigkeit, die immer schon bestand, als andere noch diskutierten, trug wesentlich dazu bei, dass die Abgeordneten des Dritten Standes sich politisch durchsetzen konnten.

Die Jakobiner, die einen ziemlich hohen Mitgliedsbeitrag erhoben, was eine bürgerliche Zusammensetzung garantierte, konzentrierten sich zunächst darauf, die gesetzlichen Bestimmungen für eine neue Verfassung zu entwickeln. Ihr Wortführer Mirabeau war für eine fundamental neue Ordnung, die den Privilegien des Adels zu Leibe rücken, aber auch radikale Agitatoren in die Schranken weisen sollte. Erst Mirabeaus plötzlicher Tod im Frühjahr 1791 ließ die Gemäßigten immer mehr verstummen.

Schnell bildeten die Jakobiner Tochtergesellschaften in ganz Frankreich, wobei es in manchen Städten – wie etwa Bordeaux oder Marseille – mehrere Bewerber gab, aber jeweils nur ein Klub legitimiert werden sollte. Ein so genannter Korrespondenzausschuss wachte über die Beziehungen zwischen der Muttergesellschaft und den Töchtern. So wurden – absichtlich oder nicht – die Grundlagen für eine spätere landesweite politische Kontrolle gelegt. Ende 1790 gab es bereits 150 Tochtergesellschaften, die aus Paris regelmäßig per Kurierdienst die Mitgliederzeitschrift „Journal der Freunde der Verfassung“ geliefert bekamen.

Die Jakobiner bestanden zum Schluss mehrheitlich aus Journalisten, die als Abgeordnete der Nationalversammlung die äußersten linken Plätze einnahmen.

Im Juli 1791 wollte der König aus Frankreich fliehen, da ihm das politische Klima in Paris zu heikel geworden war. Der Fluchtversuch, der buchstäblich seinen Hals gerettet hätte, scheiterte, woraufhin die Frage nach Monarchie oder Republik als Staatsform den Jakobinerklub spaltete. Ein gemäßigterer Teil der Jakobiner zog in ein benachbartes Kloster um, wo die königstreuen „Feuillants“ tagten, und nannte sich nun „Gesellschaft der Freunde der Verfassung mit Sitz bei den Feuillants“. Die eigentlichen Jakobiner bestanden deshalb jetzt in ihrer Mehrzahl aus Journalisten und Pamphletisten, die als Abgeordnete der Nationalversammlung die äußersten linken Plätze einnahmen. Mit großer publizistischer Aktivität gelang es ihnen, dass ungefähr 500 von 600 Provinzklubs sich der neuen, republikanischen Linie anschlossen.

Bei den Wahlen zur Nationalversammlung im September 1991 waren die Jakobiner jedoch nur mäßig erfolgreich, in Paris wurden sie sogar vernichtend geschlagen. Den etwa 150 zu den Jakobinern zu zählenden Deputierten standen 300 königstreue Feuillants gegenüber. Der einstige Diskussionsklub war mit diesem Ergebnis derart unzufrieden, dass er sich nun die Eroberung der Macht zum ausdrücklichen politischen Ziel erklärte und sich mehr und mehr als Apparat im Dienst einer zweiten Revolution begriff. Die Sitzungen der immer noch vornehmlich bürgerlichen Mitglieder fanden fortan öffentlich statt, was die Stimmung durch Zwischenrufe und improvisierte Reden Radikaler von den Tribünen regelmäßig aufheizte.

Die erste große öffentliche Debatte galt dem Krieg. Sie führte zu dem Ergebnis, dass die Linke den Krieg als probates Mittel zur Ausbreitung revolutionären Gedankenguts begrüßte. So wurde denn der König am 20. April 1792 zur Kriegserklärung an Österreich gedrängt, das sich für alle Fälle bereits mit Preußen verbündet hatte. Die nach außen angewendete Gewalt wirkte aber auch nach innen als Katalysator für die weitere revolutionäre Entwicklung. Der Sturz der Monarchie im August 1792 wurde wesentlich vom neuen Wortführer der Jakobiner, dem eloquenten Anwalt und Publizisten Maximilien de Robespierre, betrieben und brachte den Klub nun an die Schalthebel der politischen Macht.

Robespierre, der die Jakobiner nun immer mehr dominierte, machte aus der politischen Vereinigung eine Art Miliz, die sich ihrem Führer bedingungslos unterstellte, um somit dem „Gedanken der Revolution" zu dienen. Der offizielle Name der Jakobiner wurde in „Gesellschaft der Freunde der Freiheit und Gleichheit" verändert. In kurzer Zeit wurde ein Netz von mehreren Tausend Provinzgesellschaften aufgebaut, denen insgesamt bis zu 200.000 Bewaffnete unterstanden. Frankreich hatte keinen König und keine Verfassung mehr – das Vakuum füllten die Jakobiner.

Nachdem sich Robespierre zunächst in „reinigenden Abstimmungen" seiner Gegner und Konkurrenten in den eigenen Reihen entledigt hatte, begann am 6. April 1793 mit der Gründung des Wohlfahrtsausschusses die Schreckensherrschaft der Jakobiner in ganz Frankreich. Auf ihrem Höhepunkt, während der letzten neunundvierzig Tage bis zum 28. Juli 1794, wurden allein in Paris 1.346 Todesurteile mit der Guillotine vollstreckt. Dann verloren die Jakobiner die Nerven. Sie brachten Robespierre selber zum Schafott und lösten sich auf. Damit war der Weg frei für den nächsten Diktator: Napoleon.

> Einigkeit macht stark, zu viel Einigkeit macht radikal, ein Maximum an Einigkeit macht fanatisch und unberechenbar – diese Lehre könnte man aus organisationspsychologischer Sicht aus dem Verlauf der Französischen Revolution ziehen. In jedem Team gibt es archetypische Rollen, die von den einzelnen Mitgliedern besetzt werden. Handlungsfähig wird das Team im dynamischen Zusammenspiel der unterschiedlichen Rollen, Perspektiven und Positionen. Das Ergebnis ist eine tragfähige Einigkeit, die sich mit der Fähigkeit zur Selbstkritik paart und bei der niemand sich blind einer Idee oder einer Person unterordnet.

29

Personalentscheidungen – Reichskanzler Leo von Caprivi und die schwierige Nachfolge Bismarcks: Wenn brillante Manager keine Chance haben. Es ist unerheblich wie begabt ein Manager ist, wenn er zur falschen Zeit am falschen Ort eingesetzt wird. Der Job und seine Besetzung müssen zusammenpassen.

„Es ist mein Schicksal, immer im Schatten großer Männer zu stehen"

Leo Graf von Caprivi (1831–1899) wurde 1890 Nachfolger Otto von Bismarcks als deutscher Reichskanzler. Der als bescheiden und integer geltende ehemalige General wollte zwar ausdrücklich keine revolutionären Neuerungen, aber doch eine pragmatischere und liberalere Politik machen als sein Vorgänger. Sein Erfolg war begrenzt. Nach nur zwei Jahren musste er aufgeben; die Ära Caprivi blieb eine Episode.

Eine der wohl berühmtesten Karikaturen des neunzehnten Jahrhunderts zeigt den deutschen Reichskanzler Otto von Bismarck eine Treppe an einem Schiff hinuntersteigen. Unten im Wasser wartet ein kleines Ruderboot auf ihn. Er absolviert den Gang mit versteinerter Miene, sein Tritt wirkt wenig fest, mit einer Hand hält er sich am Treppengeländer fest, mit der anderen stützt er sich an der Schiffswand ab. Oben von der Reling schaut ihm ein jugendlicher Kaiser Wilhelm II. zu, der in Operettenuniform ein wenig wie ein Kanarienvogel auf seiner Stange aussieht. „Der Lotse geht von Bord" heißt der Titel und Sir John Tenniel der Zeichner dieser feinsinnig-ironischen und damit sehr englischen Sicht des Endes einer Ära deutscher Politik. Die Karikatur wurde erstmals im Wochenmagazin „Punch" vom 29. März 1890 abgedruckt. Ganz und gar nicht berühmt, ja heute weitgehend vergessen, ist Bismarcks Nachfolger Leo Graf von Caprivi. Dabei trat er doch an, in der deutschen Politik einen „Neuen Kurs" einzuleiten. Offensichtlich hatte er damit nicht allzu viel Erfolg.

Fast 20 Jahre lang war Bismarck Reichskanzler gewesen, nachdem er davor schon zehn Jahre auf dem Sessel des preußischen Ministerpräsidenten verbracht hatte. Während all dieser Jahre hatte ihn der preußische König und spätere deutsche Kaiser nie am Regieren gehindert. Der alte Wilhelm, der „mit dem Bart", wie der Volksmund später sagen würde, war einfach immer klug genug gewesen, seine eigenen Möglichkeiten nicht zu überschätzen und das größere politische Talent nach dessen Ermessen walten zu lassen.

Doch nun wehte ein ganz anderer Wind. Der Enkel des rauschebärtigen Kaisers, der im „Dreikaiserjahr" 1888, nach einem kurzen Gastspiel seines todkranken Vaters Friedrich, den Thron bestiegen hatte, tönte frei von Bescheidenheit – und offenbar ohne genauere Kenntnis der Reichsverfassung –, von nun an werde Deutschland unter dem „persönlichen Regiment" des Kaisers stehen. Und mit dem jungen, hitzigen, aus Minderwertigkeitsgefühlen zu peinlicher Grandezza neigenden Monarchen eine Dauerfehde um die Richtlinienkompetenz in der Politik zu beginnen, wollte Bismarck sich auf seine alten Tage nicht mehr antun. Er schlug Wilhelm noch den als gewissenhaft, integer und fleißig geltenden Caprivi als Nachfolger vor und ging von Bord.

So wurde der ehemalige Heeresgeneral und Abteilungsleiter im Kriegsministerium Leo von Caprivi, 1831 in Charlottenburg geboren, zum Reichskanzler ernannt und übernahm damit den wichtigsten Posten, den das noch junge Reich zu vergeben hatte. Mag sein, dass er sich geehrt fühlte. In jedem Fall besaß er Pflichtgefühl. Aber ob er wusste, worauf er sich einließ? War ihm klar, welche widerstreitenden Kräfte das mit Bismarcks „Blut und Eisen" geeinte Deutschland auf die Zerreißprobe stellen würden und wie wenig politische Institutionen und soziale Wirklichkeit zueinander passten? Und wussten umgekehrt die eigentlich Mächtigen im Lande, die ihre Positionen nicht durch Ernennung, sondern durch Erbfolge innehatten, was sie von einem Reichskanzler erwarteten? Sollte er regieren oder den Frühstücksdirektor spielen?

Das „System Bismarck" war so sehr auf seinen Schöpfer abgestimmt, dass es ohne ihn nicht überlebensfähig war

Was Leo von Caprivi 1890 vorfand, war das „System Bismarck" – und dieses war so sehr auf seinen Schöpfer abgestimmt, dass es ohne ihn nicht überlebensfähig war. Allerdings hatte es sich auch mit ihm längst überlebt, was nur kaum einer bemerkt hatte. Der Landadelige Otto von Bismarck kannte für die Herausforderungen des späten neunzehnten Jahrhunderts, eine Zeit des immer schnelleren technischen, wirtschaftlichen, sozialen und kulturellen Wandels, nur Rezepte aus dem achtzehnten Jahrhundert. Absprachen zwischen den Fürsten, Geheimbündnisse, Rückversicherungsverträge, die „Balance of Power" – das war seine Welt. Das Neue dagegen war zwar zu manifest, um ignoriert zu werden, doch es blieb politisch folgenlos. Die Möglichkeiten der Industriegesellschaft, durch erworbenes Eigentum Macht zu erlangen, ebenso wie die Forderungen der neuen städtischen Arbeiterklasse, an dieser Macht beteiligt zu werden.

Sogar die Verfassung des Reichs hatte Bismarck ganz nach seinen Vorstellungen entwerfen und dem ihm eigenen politischen Stil anpassen können. Das Volk schickte zwar seine Abgeordneten in das Parlament, den Reichstag – gerade errichtete der Architekt Paul Wallot „Dem deutschen Volke", das hier vertreten sein sollte, einen monumentalen Prachtbau mitten in Berlin –, doch die politische Machtzentrale war nicht hier, sondern im Gebäude des Bundesrats. In der Länderkammer tagten die Vertreter der deutschen Königreiche und Fürstentümer in geheimen Sitzungen. Und alle hörten auf Preußen, den Mächtigsten im Bunde, einen Staat, der sich schon allein durch sein nach drei „Klassen" organisiertes Wahlrecht davor geschützt hatte, dass andere als die Aristokraten und der Monarch größeren Einfluss gewinnen konnten. Ein „persönliches Regiment" des Kaisers erlaubte das zwar noch lange nicht, aber de facto verfügten Wilhelm und seine adelige Entourage über die größten Machtmittel im Land.

Der Reichskanzler war nun einerseits allen gegenüber verantwortlich: dem Reichstag, deren Parteien sich darauf beschränken mussten, Zugeständnisse zu erringen und so immer offener Klientelpolitik betrieben, der allmächtigen Ländervertretung und schließlich dem Kaiser. Andererseits konnte sich der Kanzler auf niemanden wirklich stützen und musste immer sehen, wo er die Hebel fand, um seine Politik durchzusetzen. Bismarck war lange Jahre das politische Genie, der einzigartige Virtuose der Macht gewesen, der nach dem Prinzip „teile und herrsche" nicht nur trotz, sondern vielleicht auch wegen dieses unlogischen Systems bestens hatte regieren können. Doch was sollte sein Nachfolger damit anfangen? Würde er überhaupt regieren können, wo keine verlässlichen politischen Prozesse etabliert waren und dazu noch ein geltungssüchtiger Jungmonarch am liebsten den Sonnenkönig gab?

Immerhin verkündeten Kaiser und Kanzler zunächst einvernehmlich eine politische Reformagenda, eben jenen Neuen Kurs. Den Kern bildete eine andere Wirtschafts- und Sozialpolitik. Seinem Temperament und seiner christlichen Überzeugung entsprechend wollte Caprivi einerseits eine Politik machen, die soziale, regionale und konfessionelle Gegensätze versöhnen sollte. Er gewann schnell die Unterstützung der katholischen Zentrumspartei und hoffte, auch die Sozialdemokraten in Staat und Gesellschaft einbinden zu können – eine Illusion, denn Kaiserreich und sozialistische Utopie waren schlicht unvereinbar. Andererseits versuchte er, wirtschaftliche Dynamik zu begünstigen, um durch Wirtschaftswachstum und breiter verteilten Wohlstand auch die „soziale Frage" zu entschärfen. „Wir müssen exportieren", sagte Caprivi am 10. Dezember 1891 im Reichstag, „entweder wir exportieren Waren oder wir exportieren Menschen. Mit dieser steigenden Bevölkerung ohne eine gleichmäßig zunehmende Industrie sind wir nicht in der Lage weiterzuleben."

Der Kanzler wusste, dass er Regierungschef eines zutiefst protektionistischen Landes war. Und er wusste auch, wer die größten Nutznießer dieses Protektionismus waren: die adeligen Großgrundbesitzer, die Stützen des autoritären Kaiserreichs. Caprivi sah klar, dass die Zukunft Deutschlands nicht in der Landwirtschaft liegen konnte, und wollte bei der weiteren Industrialisierung Deutschlands nicht weiter die Interessen der Landjunker als Bremse akzeptieren. Also machte er sich daran, für Deutschland neue Märkte zu erschließen, indem er mutig Freiräume schuf und Handelsschranken abbaute. Er schloss Handelsabkommen mit fast allen europäischen Staaten, die der deutschen Industrie durch mehr Exporte eine konstante Produktion und den Arbeitern ihre Arbeitsplätze sichern sollten. Die Abstimmung über diese Verträge im Reichstag war die erste überhaupt, bei der die Sozialdemokraten für eine Vorlage der Regierung stimmten.

Deutschland senkte seine Einfuhrzölle für Vieh, Holz, Weizen und Roggen und verabschiedete sich damit zumindest teilweise von der bisherigen Schutzzollpolitik. Nutznießer war nicht zuletzt die breite Arbeiterschaft, führte dies doch zu fallenden Brotpreisen und damit einer Verbesserung des Lebensstandards in den überfüllten Mietskasernen der Industriestädte. Erbitterter Widerstand der Agrarlobby war jedoch die absehbare Folge, vor allem, als der Kanzler sein liberales Handelssystem auch auf Agrarländer wie Rumänien und Russland ausdehnte und damit die bisherigen Profiteuere des Protektionismus weiter unter Druck setzte.

In der Innenpolitik bemühte sich Caprivi um einen neuen Konsens. Die Bismarckschen „Sozialistengesetze", die zu einer scharfen ideologischen Konfrontation geführt hatten, sollten abgeschafft werden. Eine Steuerreform führte bei der Einkommenssteuer die heute noch übliche Progression ein. So genannte Gewerbegerichte für Streitfragen in Arbeitsangelegenheiten wurden eingerichtet, in denen dem beamteten Vorsitzenden jeweils ein Beisitzer aus den Reihen der Industriellen und der Arbeitervertreter zugeordnet wurde. Die Erbschaftssteuer und die Gewerbesteuer wurden neu geordnet, wobei die Gemeinden einen größeren Anteil aus dem Steuersäckel erhielten, um mehr Handlungsmöglichkeiten zu haben, Probleme auf lokaler Ebene zu lösen.

Da es keine starken Institutionen gab, welche die Macht eines Einzelnen hätten stützen können, half Vernunft nicht viel weiter.

Alles schön und gut. Doch Caprivis Politik war zwar vernünftig, aber es war keine Machtpolitik, wie man sie von Bismarck gewohnt war. Und da es keine starken Institutionen gab, welche die Macht eines Einzelnen hätten stützen können, half die Vernunft nicht viel weiter. Denn natürlich dachten die Sozialdemokraten nicht im Traum daran, die Sozialpolitik der Regierung mit Ergebenheit gegenüber Kaiser und Reich zu quittieren und ihre Fundamentalopposition aufzugeben. Und selbstverständlich hatte Kaiser Wilhelm die Sache mit dem persönlichen Regiment vollkommen ernst gemeint. Als er sah, dass es anscheinend nichts brachte, den Sozialdemokraten entgegenzukommen, war er persönlich gekränkt und forderte einen sofortigen Kurswechsel. Den Sozialdemokaten müsse einmal gezeigt werden, wo der Hammer hängt, fand er. Wilhelm forderte ein neues Gesetz – kein „Sozialistengesetz“, nein, ein Gesetz „gegen den Umsturz“! Denn was sonst braute sich da im Reichstag zusammen? Strafgesetzbuch und Pressegesetz sollten radikal verschärft werden.

Reichskanzler Caprivi verstand die Welt nicht mehr. Warum derart die Pferde scheu machen? Man hatte doch eine vernünftige Sachpolitik gemacht. Es gab wirtschaftlichen Aufschwung, und die Lage vieler Menschen besserte sich. Caprivi machte einen letzten Versuch, auf das geordnete Verfahren zu pochen – in einem System, wo nichts so wenig zählte wie das Verfahren. Gegenüber dem Kaiser argumentierte Caprivi, die Vereinsgesetze fielen in die Zuständigkeit der Länder. Deshalb weigere er sich, das Gesetz in den Reichstag einzubringen. Damit war seine Entlassung so gut wie besiegelt. Und so ging denn im Oktober 1894 schon wieder ein Kanzler von Bord, ein Mann, der zumindest ein wenig anders und vielleicht ein ganzes Stück besser hatte regieren wollen, als es die Deutschen bisher gewohnt waren. Seine Demission trug er mit Fassung. Es sei sein Schicksal, immer im Schatten großer Männer zu stehen, sagte er einmal. Der amerikanische Historiker J. Alden Nichols kommt zu einem anderen, zynischeren Schluss. Caprivi war, schreibt er, „zu ehrlich und zu vernünftig, um ein guter Politiker zu sein.“

Personalangelegenheiten sind heikel – denn es gibt nie den besten Mann oder die beste Frau schlechthin, sondern immer nur Personen, die mit einem bestimmten Job zurechtkommen oder eben nicht. Dummerweise lässt sich das im Voraus fast nie erkennen, weder für denjenigen, der den Job zu vergeben hat noch für den Kandidaten. Im Extremfall kann ein Manager mit einer absolut integeren Persönlichkeit, hervorragendem Fachwissen, klugen Konzepten und besten Absichten schon nach kurzer Zeit scheitern. Weil das System, in dem er agieren soll, zu fehlerbehaftet oder erstarrt ist. Weil die wirklichen Machtstrukturen ganz anders aussehen als die formalen Abläufe. Oder weil eine Organisation einfach noch nicht reif ist, anders und besser geführt zu werden.

30

Coaching – Seneca und die Zügelung Neros: Der wohltuende Einfluss eines weisen Beraters auf Zeit. Von Beratung und Coaching kann auf Dauer nur profitieren, wer sich durch den Berater bilden, also verändern lässt und seine eigenen Führungsqualitäten verbreitert.

Macht und Ohnmacht des Beraters am Hof der Intrigen

Lucius Annaeus Seneca (um 0–65) wurde aus der Verbannung nach Rom zurückgeholt, um einen jungen Mann zum Nachfolgekandidaten des Kaisers Claudius auszubilden: Nero. Nach dem Thronwechsel konnte er als dessen engster Berater eine maßvolle Linie durchsetzen – bis das Intrigenspiel am Hof nicht mehr zu steuern war und Nero außer Kontrolle geriet.

Ein Zwerg wird nicht größer, auch wenn er sich auf einen Berg stellt", lautet ein berühmt gewordener Ausspruch Senecas. Und wie so mancher seiner Aphorismen lässt er sich auch auf das Schicksal des Autors selbst beziehen. Seneca, einer der gebildetsten und scharfsinnigsten Denker seiner Zeit, zudem eine so integere Persönlichkeit, dass die frühe christliche Kirche ihn immer wieder für sich zu vereinnahmen suchte, musste mit Nero einen Jüngling von eher zwergenhaftem menschlichen Format ausbilden und später beraten. Seine Versuche, diesen geistigen Zwerg positiv zu beeinflussen, spielten sich freilich auf dem Gipfel der Macht eines Weltreiches ab. Den römischen Kaiserhof sollte man sich, um noch ein wenig im Bild zu bleiben, in dieser Zeit nicht als sanften Hügel vorstellen, sondern als bizarres Felsmassiv in schwindelerregender Höhe, auf dessen schmalen Graten die Akteure jederzeit bereit waren, andere in die todbringende Tiefe zu stürzen.

Seneca hatte seinen ersten Absturz aus dieser Höhe schon mit Anfang 40 erlebt und war damals von Kaiser Claudius gerade noch einmal gerettet worden. Als Opfer einer intriganten Verleumdung, nach der er ein sexuelles Verhältnis mit einer Nichte des Kaisers gehabt haben sollte, war der Schriftsteller, vermögende Geschäftsmann und Darling der Aristokratie vom Senat zum Tod verurteilt worden. Trotz der Begnadigung durch den

Kaiser fiel der Aufprall hart aus: Seneca sollte den Rest seines Lebens in der Verbannung auf Korsika verbringen. Tatsächlich lebte er dann acht Jahre auf der kargen, von einem tölpelhaften Menschenschlag bevölkerten Insel, die den an geistige Anregung und großstädtisches Publikum gewöhnten Intellektuellen fast in den Wahnsinn trieb. Und dann war er plötzlich doch wieder in Rom.

Für Senecas Rückkehr hatte Agrippina gesorgt. Nach dem Tod von Messalina, der ersten Frau des Kaisers, hatte sie aus Machtgier ihren Onkel Claudius geheiratet, wofür unter einigem Murren des Senats eigens die Gesetze geändert worden waren. Obwohl nun Claudius, für viele Römer längst eine Witzfigur, Agrippina ebenso hörig war wie schon Messalina, sah sich die Gattin des Kaisers noch lange nicht am Ziel ihrer Ambitionen. Nach ihrem Plan sollte Nero, ihr Sohn aus erster Ehe, möglichst bald auf den Thron folgen, obwohl Claudius mit Britannicus schon einen leiblichen Nachkommen hatte. Nero glaubte Agrippina, wohl auch wegen seines zarten Alters, noch besser steuern zu können als ihren Ehemann. Äußerlich betrachtet ging ihr Plan später auch auf: Britannicus zog bei der Thronfolge den Kürzeren, nachdem Agrippina ihren Mann durch einen Giftmord beseitigt hatte. Damit der verzogene Halbwaise Nero aber einigermaßen die Rolle eines Kaisers ausfüllen konnte, brauchte er einen Erzieher und Ratgeber an seiner Seite, der ihn auf das Amt vorbereitete. Zu eben diesem Zweck holte Agrippina Seneca von Korsika zurück, wusste sie doch, dass er eine ausgezeichnete Bildung besaß und zudem mit den Gepflogenheiten der besten Kreise – oder was sich dafür hielt – vertraut war.

Am liebsten hätte sich Seneca der Philosophie und der Schriftstellerei gewidmet, in „äußerer und innerer Ruhe, ohne Reichtum und Ruhm, Ämter und Macht."

Seneca kehrte nun gewiss mit gemischten Gefühlen nach Rom zurück. Einerseits war er glücklich, sein trostloses Exil, wo er es kaum noch länger ausgehalten hätte, endlich verlassen zu dürfen. Andererseits war es keine besonders angenehme Perspektive für einen Mann mit einem aufrechten Charakter, ausgerechnet einer Agrippina Dankbarkeit zu schulden. Und er hätte sich das Leben nach seiner Rückkehr sicher auch anders vorstellen können, als in dem schillernden Milieu des Kaiserhofes Verantwortung zu tragen, wo es unter der Ägide erst von Messalina und jetzt von Agrippina kaum noch um Politik, sondern fast nur noch um persönliche Eitelkeiten ging. Am liebsten hätte sich Seneca der Philosophie und der Schriftstellerei gewidmet, in „äußerer und innerer Ruhe", wie er in diesen Tagen schrieb, „ohne Reichtum und Ruhm, Ämter und Macht". Die ersten Begegnungen mit dem jungen Nero und seiner zu allem entschlossenen Mutter ließen ihn aber wahrscheinlich ahnen, dass der Hof wieder einmal sein Schicksal war und es seine Aufgabe werden sollte, dort das Schlimmste zu verhindern.

Seneca machte sich überaus gewissenhaft an die Erziehung und Ausbildung seines Schützlings Nero. Im Mittelpunkt standen zunächst die so genannten „Artes liberales", die Künste des freien Mannes, ein Kanon der sich entwickelnden abendländischen Bildungsordnung, der sich in der Spätzeit der griechischen Kulturentwicklung herausgebildet hatte. Darin enthalten waren drei sprachliche Fächer – Grammatik, Dialektik und Rhetorik – sowie vier mathematisch-exakte Disziplinen – Arithmetik, Geometrie, Astronomie und, aus heutiger Sicht vielleicht in dieser Aufzählung überraschend, Musik. Seneca besaß wohl annähernd das gesamte Wissen seiner Zeit auf diesen Gebieten, und dennoch waren die „Artes" für ihn kaum mehr als langweilige Schulweisheit, denn seine Leidenschaft galt der Philosophie. Insbesondere die Ethik, die Lehre von der richtigen Lebenshaltung, versuchte er in seinen Schriften und im persönlichen Austausch mit Jüngeren immer wieder auszuloten. Zudem beschäftigten ihn immer wieder die letzten Dinge. In seiner Schrift „Von der Kürze des Lebens" empfiehlt er dem jungen Adressaten, einem gewissen Paulinius, sich nicht nur in den alltäglichen Geschäften aufzureiben, sondern sich auch jene Fragen zu stellen, auf die es eigentlich ankomme: Was es mit Gott auf sich habe, was der menschlichen Seele bevorstehe, wenn sie sich vom Leib trenne, woher die Schwerkraft komme und was die Gestirne in ihren Bahnen lenke.

Nero interessierte das alles nun herzlich wenig. Zeit seines Lebens konnte er mit Philosophie ebenso wenig anfangen wie mit den Naturwissenschaften. Vielmehr liebte er Malerei, Bildhauerei und Dichtung, begann früh, eigene Liedtexte zu dichten und träumte von öffentlichen Auftritten im Theater, das ihn ebenso faszinierte wie das Wagenrennen. Zwar war die Rolle des Sängers für einen Kaiser eigentlich indiskutabel, doch sollte Nero gegen Ende seines kurzen Lebens tatsächlich noch Wege finden, die Römer mit seinen Liedern zu unterhalten. Zunächst einmal wurde ihm bewusst, dass er seine gesellschaftliche Stellung auch prächtig dazu nutzen konnte, das Leben in allen seinen Facetten so richtig auszukosten. Und Seneca meinte, sein Schüler werde schon irgendwann zur Vernunft kommen und billigte erst einige wenige, dann immer mehr seiner Vergnügungen.

Als Agrippina dann schließlich ihrem Sohn den Weg auf den Thron freigemordet hatte, dachte Nero mehr daran, wie er dem Leben noch ein paar angenehme Seiten mehr abgewinnen könnte, als dass er die Absicht gehabt hätte, Politik zu gestalten. Agrippina war das nur recht, denn sie wollte ja insgeheim jene kaiserliche Macht für sich, die sie als Frau offiziell nicht haben durfte. Aber Seneca und Sextus Africanus Burrus, der Befehlshaber der kaiserlichen Garde, erkannten die drohende Führungsschwäche und boten sich Nero als Regierungsberater an. Dieser ging auf das Angebot nur allzu gern ein, eröffnete es ihm doch die Aussicht auf möglichst viel Freizeit. Dabei verstand Nero unter Freizeitgestaltung, nachts durch die Kneipen und Bordelle zu ziehen, dort regelmäßig Streit anzufangen und sich zu prügeln – und jeden, der sich gegen die kaiserlichen Hiebe wehren wollte, mit dem Tod zu bestrafen.

Wenn der spätere Kaiser Trajan dennoch sagen konnte, die ersten fünf Jahre der Regierung Neros, also die Zeit zwischen 54 und 59, sei „die beste Zeit der gesamten römischen Monarchie" gewesen, dann lag dies daran, dass Nero in allem seinen Beratern folgte, ja sogar fast ausschließlich das öffentlich redete, was Seneca ihm aufgeschrieben hatte. Auf diese Weise blieb die politische Linie immer vernünftig; in Teilen war sie sogar reformerisch. Nero verzichtete auf die sich bisher häufenden Anklagen wegen Majestätsbeleidigung, respektierte die Mitregentschaft des Senats, wertete das höhere Beamtentum auf und konsolidierte die angespannte Lage in Armenien.

„Milde ist deshalb die vornehmste Tugend des Herrschers, weil derjenige, der uneingeschränkte Macht hat, sich selbst mäßigen muss."

Man könnte meinen, Seneca habe es genossen, der eigentlich mächtigste Mann im Römischen Reich zu sein. Doch Seneca war nicht Agrippina. Immer noch hoffte er, der mittlerweile zwanzigjährige Kaiser würde doch noch die für einen Staatsmann unabdingbaren Tugenden entwickeln, um auch allein vernünftig regieren zu können. In dieser Erwartung verfasste Seneca die Schrift „Für Kaiser Nero: Über die Milde", eine Staatsphilosophie, die er ganz auf die Bedürfnisse des jungen Kaisers zuschnitt. Seneca ging hier der Frage nach, wie die Menschen, als „Gemeinschaftswesen zur Förderung des Gemeinwohls bestimmt", dem Ziel einer möglichst vollkommenen Regierung näher kommen können. Dabei kommt er zu dem Schluss, dass von der inneren Haltung des Politikers mehr abhängt als von allem anderen. Und Milde sei deshalb die vornehmste Tugend des Herrschers, weil derjenige, der uneingeschränkte Macht habe, sich selbst mäßigen müsse. So ist denn Milde auch kein Ersatz für Gerechtigkeit, sondern eine notwendige Ergänzung – nichts anderes letztlich als die wohlwollende Prüfung jedes Einzelfalls.

Die Reaktion Neros auf die Schrift ist nicht überliefert. Seneca spekulierte als Autor allerdings auch immer auf Wirkung in der breiten Öffentlichkeit, selbst wenn seine Schriften einen konkreten Adressaten hatten. Bis in Einzelheiten bekannt ist aber, wie das eigenartige Machtgefüge zwischen Agrippina, Seneca und Nero schließlich zusammenbrach und allen dreien Nacheinander den Tod brachte. Agrippina setzte Nero immer mehr unter Druck, ihr doch noch die erhoffte Machtposition einzuräumen, bis dieser seine Mutter ermorden ließ. Bald darauf fiel Seneca in Ungnade. Er wurde von Nero beschuldigt, Teilnehmer an einer Verschwörung zu sein, und zur Selbsttötung gezwungen. Nero schließlich trieb Ausschweifung, lächerliches Auftreten und willkürliche Gewalttätigkeit so sehr auf die Spitze, dass der Senat ihn schließlich entmachtete und zum Staatsfeind erklärte. Der Verhaftung entzog sich der Dreißigjährige durch den eigenen Dolch.

Sind Führer immer nur so gut wie ihre Berater? Das Verhältnis zwischen Seneca und Nero bedeutet den Extremfall einer starren Rollenverteilung zwischen Denkendem und Handelndem und zeigt Möglichkeiten und Grenzen der Beratungssituation gleichermaßen. So kann auch die schlechteste Führungskraft mit Hilfe exzellenter Berater eine Zeit lang Herausragendes leisten. Aber eben nicht auf Dauer. Beratung und erst recht Coaching setzten letztlich doch voraus, dass ihr Empfänger sich das ihm dargebotene Wissen zu Eigen macht und eine entsprechende innere Haltung einnimmt.

31

Außensicht – Theodora und die Rettung von Byzanz: Offenheit gegenüber externem Rat hilft gegen Betriebsblindheit. Manchmal können Berater den entscheidenden Anstoß für weit reichende Veränderungen im Unternehmen geben – vielleicht gerade auch deshalb, weil sie nicht in vorderster Linie in der Verantwortung stehen.

Was tun, wenn es brennt? Nicht weglaufen, sondern löschen

Theodora (um 500–548), die Ehefrau des byzantinischen Kaisers Justinian I., ist eine der legendenumwobensten Frauengestalten der Weltgeschichte. Aus kleinen Verhältnissen stammend, hatte sie vor ihrer Hochzeit Erfolge als Schauspielerin gefeiert. Im kaiserlichen Palast von Konstantinopel, der Machtzentrale eines Weltreichs, konnte sie dann mit ihrer Intelligenz und Willenskraft großen politischen Einfluss ausüben. Während des Nikaaufstands rettete sie ihrem Mann sogar den Thron.

Am Sonntag, den 18. Januar 532, in den späten Nachmittagsstunden, ist Kaiser Justinian in seinem Palast in Konstantinopel mit den Spitzen des Byzantinischen Reiches, seinen Senatoren und Generälen, zu einer Krisensitzung zusammengekommen. Für den Kaiser geht es um alles oder nichts, und es sieht nicht gut aus. Die Hauptstadt brennt. Der Mob hat ein öffentliches Gebäude nach dem anderen erobert und zerstört. Das Militär kämpft zwar an der Seite der Regierung, doch die für das Schlachtfeld gedrillten Soldaten haben im Straßenkampf gegen die Aufständischen kaum eine Chance. Seit fünf Tagen herrscht nun schon Chaos, und mittlerweile ist sogar ein Gegenkaiser ausgerufen worden.

Justinian ist ganz offenbar mit den Nerven am Ende. Einige Senatoren hat er einfach nach Hause geschickt, warum, versteht von den übrigen niemand. Im Hafen sind Schiffe bereit gemacht worden für seine Flucht. Die Stimmung im Saal ist gedrückt. Soll das nun wirklich das Ende sein oder gibt es doch noch einen Ausweg? Flucht oder Kampf lautet die Alternative. Die Diskussion darüber verläuft schleppend und wird von vielen Pausen unterbrochen, bis schließlich längere Zeit niemand mehr etwas sagt.

Da erhebt sich Theodora von ihrem Platz an der Seite ihres Mannes Justinian und zieht damit sofort die Blicke aller Anwesenden auf sich. Es scheint, als ob sie, die einzige Frau unter den Versammelten, das Wort ergreifen will.

Theodora, die Frau aus einfachsten Verhältnissen, Tochter eines Tierwärters im Hippodrom, der Arena für die Massen von Konstantinopel, war für große Auftritte gut gerüstet. Ihre Karriere hatte sie als Schauspielerin begonnen und war mit ihrer Schönheit, Intelligenz und Fähigkeit zu faszinieren zu einer Berühmtheit geworden, die in den Straßen der Stadt am Bosporus von jedermann erkannt wurde. Allerdings war ihr Ruhm von solcher Art, dass respektable Bürger einen weiten Bogen um sie machten, um nicht mit ihr gesehen zu werden. Denn Schauspielerinnen hatten damals nicht nur auf der Bühne ihre Rolle zu spielen, sondern auch und gerade abseits davon dem männlichen Begehren zur Verfügung zu stehen. Zudem würde man das, was damals unter Schauspiel verstanden wurde, heutzutage wohl mit dem Warnhinweis versehen, die Aufführung sei für Zuschauer unter 18 Jahren nicht geeignet.

Ein altrömisches Gesetz verbot Würdenträgern, „Frauen in dienenden Funktionen, Töchter von Gastwirten, Schauspielerinnen oder Kurtisanen“ zu heiraten.

Der Aufstieg der Theodora bis in den Thronsaal des kaiserlichen Palastes führte nun aber keineswegs durch die Betten, sondern setzte im Gegenteil erst einmal eine berufliche Neuorientierung voraus. Mit 20 wurde Theodora von ihrem reichen Liebhaber Hekobolos, der Statthalter einer unbedeutenden nordafrikanischen Provinz war, vor die Tür gesetzt und tingelte daraufhin durch den Orient. In Alexandria, der Stadt der Gelehrten, schloss sie sich dann einer christlichen Sekte an und zog einen Schlussstrich unter ihr bisheriges Leben. Nach einer Weile konnte sie in ihre Heimat Konstantinopel zurückkehren und lebte dort vom Wolle spinnen. Bald hätte niemand mehr von ihr gesprochen, wenn sich nicht der Thronfolger Justinian in sie verliebt hätte. Bevor er sie zu seiner Frau machen konnte, musste Justinians Onkel, Kaiser Justin, jedoch noch schnell ein altes römisches Gesetz ändern, das es höheren Würdenträgern verbot „Frauen in dienenden Funktionen, Töchter von Gastwirten, Schauspielerinnen oder Kurtisanen“ zu heiraten. Das neue Gesetz – gewissermaßen eine Lex Theodora – erlaubte nun Schauspielerinnen, jeden Mann zu heiraten, sofern sie ihren Beruf nicht mehr ausübten und sich moralisch gebessert hatten.

Als Ehefrau Justinians, der bald Kaiser Justinian I. sein sollte, erhielt Theodora nie ein Amt, war aber eine so enge Beraterin des Monarchen, dass sie mehr oder weniger mitregierte. Justinian hatte in Theodora seine kongeniale Ergänzung gefunden, die nun durch ihr stets korrektes Auftreten auch allgemeine Anerkennung fand. Nach der Kaiserkrönung 527 nahm sie die Ehrung des Volkes im Hippodrom entgegen, in jener Arena also, wo sie einst einem anrüchigen Beruf nachgegangen war. Dass sie einmal in der Kaiserloge sitzen würde, hätte sie sich damals wohl nicht träumen lassen. Genauso wenig, wie sie jetzt ahnen konnte, dass die hier zu Wagenrennen, Tierkämpfen und erotischen Darbietungen versammelten Massen fünf Jahre später versuchen würden, ihren Mann vom Thron zu stürzen und sie beide aus der Stadt zu verjagen. Allerdings war das Kaiserpaar an der Eskalation der Gewalt auch nicht gerade unschuldig. Was war geschehen?

Zunächst einmal gehörte Gewalt auf den Straßen Konstantinopels zum Alltag, denn es gab keine Polizei im modernen Sinn, welche die öffentliche Ordnung ständig hätte garantieren können. Das wichtigste Ventil für die Wutausbrüche und die politische Unzufriedenheit des Volkes war das Hippodrom. Hier gab es zwei dominierende Gruppierungen, die „Blauen" und die „Grünen", deren Hauptaufgabe es war, die Wagenrennen zu organisieren, die sich aber längst auch zu politischen Volksparteien entwickelt hatten und regelmäßig die Forderungen der Massen in Richtung Kaiserloge zu verstehen gaben. Justinian und insbesondere Theodora bevorzugten die Blauen, die als gemäßigt galten, und zeigten dies immer wieder einmal offen.

Im Januar 532 heizt der Mord an einem Grünen die Stimmung auf. Es ist der sechsundzwanzigste in Folge, und die Grünen beschuldigen Justinian, der Auftraggeber zu sein. Die Blauen dagegen nehmen den Kaiser – wie so oft – in Schutz. Dessen Herold gießt noch mehr Öl ins Feuer und bezichtigt nun seinerseits die Grünen der Gotteslästerung, da sie es wagen, derartige Vorwürfe gegen den Kaiser zu erheben. Es kommt zu einem ersten Handgemenge.

Am Dienstag, den 13. Januar, schwappt die Gewalt in die Straßen der Stadt. Der Kaiser lässt den Offizier Calopodius mit seinen Soldaten die Ordnung so gut es geht wiederherstellen. Aber die alte Voreingenommenheit des Kaisers für die Blauen rächt sich nun. Die Grünen werfen den Truppen einseitige Härte gegen ihre Partei vor und verlangen von Justinian dafür eine Entschuldigung. Als diese ausbleibt, wird im Hippodrom erneut randaliert. Stadtpräfekt Eudaemon lässt einige Rädelsführer

– Blaue wie Grüne – verhaften und verurteilt sieben davon zum Tod durch den Strang. Das Urteil wird sofort vollstreckt – aber der Galgen bricht, und so überleben zwei der Verurteilten, ein Blauer und ein Grüner. Geistliche schaffen sie in die nahe Kirche St. Laurentius, wo sie Kirchenasyl erhalten.

Nun haben Blaue und Grüne ein gemeinsames Anliegen. Mit einer Stimme bitten sie den Kaiser um Gnade für die beiden Überlebenden der Hinrichtung, doch dieser bleibt hart. Bis zum 22. von 24 täglichen Wagenrennen wiederholen die Zirkusparteien ihre Gnadenappelle – ohne Erfolg. Dann skandieren sie: „Lang leben die gnadenreichen Blauen und Grünen!“ Das ist die offene Revolte. Sie haben sich gegen den Kaiser verbündet und fordern seinen Platz.

Während Justinian sich mit seinen Senatoren und Höflingen im Palast verschanzt, zieht der Mob zum Praetorium, das Amtssitz des Stadtpräfekten und Gefängnis in einem ist, und verlangt zu erfahren, wie es um die noch lebenden Todeskandidaten steht. Der Präfekt gibt sich zugeknöpft, woraufhin die Menge das Gefängnis stürmt und vorsorglich sämtliche Gefangenen befreit. Kurze Zeit später stehen außer dem Praetorium noch weitere öffentliche Gebäude und die größte Kirche der Stadt – der Vorgängerbau der Hagia Sophia – in Flammen.

So geht es die nächsten Tage weiter. Die Holzsitze im Hippodrom werden verbrannt, die benachbarten Bäder des Zeuxippos zerstört, ja der Mob setzt sogar Krankenhäuser in Brand und sieht zu, wie die Kranken in ihren Betten sterben. Zum Einlenken ist es für den Kaiser längst zu spät und zum Durchgreifen vielleicht auch. Justinian erfüllt eine Forderung der Menge und tauscht hohe Beamte aus – doch es nützt nichts. Herbeigerufene Truppen aus Thrakien treffen ein – und können nichts ausrichten. Am Sonntagmorgen betritt Justinian mit der Bibel in der Hand die Kaiserloge im Hippodrom, bereut öffentlich seine Sünden und bietet allen Aufständischen eine Amnestie an, sobald wieder Ruhe eingekehrt sei. Vereinzelt hört man Applaus, aber Buhrufe und wüstes Schimpfen überwiegen und lassen den Kaiser schnellstens in seinen Palast zurückkehren, wo er im Kreis seiner Senatoren matt und resigniert auf seinem Thron sitzt.

Und jetzt blicken alle Versammelten gespannt auf Theodora, die Beraterin des Kaisers. Mag ihr Einfluss hinter den Kulissen auch groß sein, wird in dieser Runde von ihr doch eher Schweigen erwartet. Jetzt aber, wo es ums Ganze geht, hält sie eine leidenschaftliche Rede:

„Jedermann, der geboren ist, das Tageslicht zu sehen, muss sterben. Aber dass jemand, der Kaiser gewesen ist, als Flüchtling leben soll, ist mir unerträglich."

„Ob eine Frau Männern ein Vorbild an Mut sein soll oder nicht, steht jetzt nicht zur Debatte. Im Augenblick höchster Gefahr muss jeder tun, was er kann. Ich glaube dass eine Flucht, selbst wenn sie uns in Sicherheit bringt, nicht in unserem Interesse sein kann. Jedermann, der geboren ist, das Tageslicht zu sehen, muss sterben. Aber dass jemand, der Kaiser gewesen ist, als Flüchtling leben soll, ist mir unerträglich. Möge ich niemals ohne das Purpur sein, das ich trage, oder den Tag erleben, an dem Männer mich nicht mehr Hoheit nennen. Wenn ihr Sicherheit wollt, mein Herr, ist das leicht zu bewerkstelligen. Wir sind reich, und dort ist das Meer, und da drüben sind unsere Schiffe. Aber bedenkt, ob ihr nicht in dem Augenblick, wo ihr in Sicherheit seid, diese Sicherheit lieber gegen den Tod eintauschen würdet. Ich jedenfalls halte es mit dem alten Spruch, dass Purpur ein edles Totenhemd abgibt."

Nachdem Theodora ihren Platz wieder eingenommen hatte, herrschte erst einmal Schweigen. Wer wollte noch von Flucht sprechen, wenn eine Frau mutiges Handeln forderte. Schließlich ergriffen die beiden Generäle Belisarius und Mundus das Wort und machten Vorschläge für eine Taktik, mit deren Hilfe der Aufstand mit Gewalt niedergeschlagen werden könnte. Der Kaiser ließ den beiden schließlich freie Hand, und diese fackelten nicht lange. Belisarius zog seine Elitetruppe aus kriegserprobten Veteranen zusammen, während Mundus noch ein ganz besonderes Einsatzkommando in der Hinterhand hatte: seinen Söldnertrupp aus Germanen. Diese galten als Kampfmaschinen und würden bereit sein, innerhalb von Stunden Tausende Angehörige eines fremden Volkes ohne Hemmungen oder Mitgefühl abzuschlachten. Mit ihren Truppen zogen die Generäle zum Hippodrom, ließen zunächst sämtliche Ausgänge abriegeln und die Soldaten dann im Inneren ihr blutiges Handwerk ausüben. Am Ende des Tages war jene Revolte vorüber, die als Nikaaufstand in die Geschichte eingehen sollte. Und im Hippodrom von Konstantinopel lagen rund 35.000 Tote.

Justinian blieb also Kaiser, und damit war der soziale Aufstieg Theodoras auf Dauer gesichert. Vor allem als Schöpfer der großen Sammlung des Römischen Rechts, des Corpus Iuris Civilis, sollte der Kaiser noch von sich reden machen, deshalb kennt heute jeder Jurist seinen Namen. Mit dem Neubau der Hagia Sophia setzte er sich und Theodora ein weiteres

Denkmal. „Salomon, ich habe dich übertroffen", sagte er in Anspielung auf den Erbauer des Jerusalemer Tempels bei der Weihe der größten Kirche der damaligen Zeit im Jahr 537.

> Berater halten sich lange zurück, hören zu und analysieren die Lage. Ihre distanzierte Sicht verschafft ihnen Überblick und lässt sie im entscheidenden Moment zu manchmal radikalen Lösungen kommen, die sie typischerweise wortreich zu präsentieren verstehen. Doch da letztlich nicht sie, sondern andere die Verantwortung tragen, neigen manche Berater auch schon einmal zur Skrupellosigkeit. Heute hinterlassen sie allerdings keine Toten mehr, sondern allenfalls „gestrichene" Stellen.

32

Einfluss – Raissa Gorbatschowa und der Wandel in Russland: Coaches und Berater können allein durch Charisma wirken. Wenn vorbildliche Persönlichkeiten eine Beraterstellung innehaben, rufen sie mitunter in ihren Schützlingen das Beste hervor – sofern zwischen beiden Vertrauen herrscht.

„Die russische Seele braucht Freiheit“

Raissa Gorbatschowa (1932–1999) war promovierte Gesellschaftswissenschaftlerin und Dozentin an zwei sowjetischen Hochschulen. Als ihr Ehemann Michail Gorbatschow 1985 Staats- und Parteichef der UdSSR geworden war, gab sie ihre Lehrtätigkeit auf und wurde offizielle Beraterin des Staatsoberhaupts. Ab 1986 bekleidete sie zudem das Amt der Vizepräsidentin des neu geschaffenen „Sowjetischen Kulturfonds“. Ihr Einfluss auf den politischen und sozialen Wandel der Sowjetunion bis zu deren Zusammenbruch 1991 ist kaum zu unterschätzen.

Im Dezember 1984 erwartet die britische Regierung hochrangigen Besuch aus Moskau – Michail Gorbatschow hat sich angekündigt. Das für Ideologie und Kultur zuständige Mitglied des Zentralkomitees der Kommunistischen Partei der UdSSR ist inoffiziell der zweite Mann der Parteiführung und wird von westlichen Beobachtern als wahrscheinlichster Nachfolger des bereits todkranken Staats- und Parteichefs Konstantin Tschernenko angesehen. Letzterer gilt ohnehin als Mann des Übergangs. Viele hatten erwartet, dass der als reformorientiert geltende Gorbatschow schon dem im Februar des Jahres verstorbenen Jurij Andropow nachfolgen würde. Doch der 1931 Geborene hat mit Tschernenko noch einmal einem älteren Parteigenossen den Vortritt lassen müssen. Der Westen jedenfalls hofft im Interesse einer Entspannung im Verhältnis zwischen den Staaten der NATO und des Warschauer Pakts auf einen baldigen Generationswechsel im Kreml. Jetzt ist die Gelegenheit, sich diesen dynamisch auftretenden Gorbatschow einmal aus der Nähe anzusehen.

Schon die Vorbereitungen des Besuchs bescheren den britischen Protokollbeamten eine erste Überraschung. ZK-Mitglied Gorbatschow gedenkt nämlich, in Begleitung seiner Gattin Raissa Gorbatschowa nach

England zu fliegen. Das sorgt deshalb für hochgezogene Augenbrauen, weil Mitglieder der sowjetischen Parteiführung normalerweise nie gemeinsam mit ihren Ehefrauen auftreten. Bei Kremlchef Andropow wusste man nicht einmal, ob er überhaupt verheiratet war. Erst als auf dem offiziellen Foto seines aufgebahrten Leichnams eine trauernde rundliche Dame auftauchte, vermutete man, das müsse seine Frau gewesen sein. Nun also Raissa im Anflug auf London. Das Protokoll ist erst etwas unsicher, welches Besuchsprogramm man ihr während der offiziellen Gespräche ihres Mannes bieten soll. Aber da die Dossiers der Geheimdienste sie als Dozentin für Marxismus-Leninismus ankündigen, ist man sich bald sicher, mit einer Visite der Londoner Grabstätte von Karl Marx die perfekte Lösung gefunden zu haben.

Als sich die Kabinentür der Maschine der Aeroflot öffnet, kommt tatsächlich eine Frau an der Seite des im typischen Funktionärsanzug gekleideten Michail Gorbatschow aus dem Flugzeug. Der erste Eindruck: Raissa Gorbatschowa ist schlanker als ihr Mann – ein bei der sowjetischen Parteielite bislang unbekanntes Bild. Mehr noch: ihre Figur ist perfekt, sie sieht blendend aus und trägt ein modisches Kostüm. Raissas Frisur ist aktuell und geschmackvoll – was von der gastgebenden Margaret Thatcher, deren Haartracht dank viel Chemie selbst den Stürmen des schottischen Hochlands problemlos trotzt, wohl niemand behaupten würde. Die Journalisten sind begeistert und werden Raissa in den kommenden Stunden nicht mehr aus den Augen verlieren.

Für das Grab von Karl Marx interessiert sich Raissa überhaupt nicht – sie will lieber nach Stratford-upon-Avon fahren, den Geburts- und Sterbeort von William Shakespeare.

Beim Empfang in Downing Street Nummer zehn ist Raissa dann mit dabei – das Damenprogramm kann warten. Sie ist beeindruckt von der Geschichte des Hauses und angetan von der Unbefangenheit, mit der sie die Protokollbeamten, während des Vieraugengesprächs ihres Mannes mit der Premierministerin, durch alle Räume führen. Sie erfährt alles über die Möbel und die Gemälde und zeigt sich dabei als wirkliche Kunstkennerin. Aber auch Margaret Thatchers Brillantohrringe gefallen Raissa, deshalb bittet sie ihre Gastgeberin zum Schluss noch um einen Einkaufstipp. Die Eiserne Lady empfiehlt Cartier, ihren Stammjuwelier, und ermahnt Raissa, den Preis auf jeden Fall herunterzuhandeln.

Vor der Shoppingtour gilt es jedoch, sich noch ein wenig vom Gastland anzusehen. Bloß für das Grab von Karl Marx interessiert sich Raissa überhaupt nicht. Sie will lieber nach Stratford-upon-Avon fahren, den Geburts- und Sterbeort von William Shakespeare, die Pilgerstätte für alle

Fans des großen Dichters und Dramatikers. Raissa kennt sich in der englischen Literatur aus, hat nicht nur Shakespeare, sondern auch Dickens und andere Klassiker gelesen. Anders als Michail Gorbatschow scheint sie auch die Sprache der Gastgeber zu beherrschen – aber sie belässt es bei Kostproben, um ihren Mann nicht zu kompromittieren. Schließlich geht es noch schnell zu Cartier. Die Paparazzi sind entzückt, als Raissa ein Paar Ohrringe für einen vierstelligen Pfundbetrag mit ihrer goldenen American-Express-Karte bezahlt. Die Boulevardzeitungen haben ihre Schlagzeile: „Der Raissa-Faktor".

Fünf Jahre später. Der eiserne Vorhang ist gefallen, die Menschen in den Staaten des Warschauer Paktes erhalten langsam ihre Freiheit zurück, Helmut Kohl bittet Michail Gorbatschow, seit 1985 sowjetischer Staats- und Parteichef, um die Zustimmung zur Wiedervereinigung Deutschlands. Die Tage der Sowjetunion sind längst gezählt. Die von Gorbatschow eingeleitete Politik von Glasnost – Offenheit – und Perestroika – Umgestaltung – sollte die Zukunft des in wirtschaftliche Schwierigkeiten geratenen kommunistischen Systems sichern und war doch der Anfang von dessen Ende. Auch in der Sowjetunion sind die Dinge nicht mehr so, wie sie einmal waren. In der deutschen Regenbogenpresse liest man, der „Raissa-Faktor" sei daran nicht ganz unschuldig gewesen.

„Sie war die erste Frau, die von ‚Perestroika' und ‚Glasnost' sprach", schreibt „Bild der Frau" Anfang 1990 über Raissa Gorbatschowa, „– und nicht nur die erste Frau, die das tat, sondern gleichzeitig auch der erste Mensch überhaupt, der Michail Gorbatschow diese Überlegungen vortrug; er griff die Idee von ‚Glasnost' und ‚Perestroika' auf, überprüfte sie in vielen Diskussionen mit seiner Frau und machte sie darin – als er zum Generalsekretär der KPdSU vorgeschlagen wurde – zu seinem ‚Programm'; noch heute macht er keine Neuerung ohne Raissas Wissen und ihre vorherige Beratung (oft nennt er sie scherzhaft ‚mein General')." Konnte die Shakespeare-Kennerin mit der goldenen Kreditkarte also nicht nur geschmackvoll einkaufen? Hat sie, gemeinsam mit ihrem Mann, gar intellektuell führend am Rad der Weltgeschichte gedreht, wie sich das Springerblatt überzeugt zeigt?

Raissa und Michail Gorbatschow lernen sich Anfang der 1950er Jahre während des Studiums in Moskau kennen und heiraten 1953 noch als Studenten. Raissa, die aus dem hintersten Sibirien stammt, hat ihren Schulabschluss mit einer Goldmedaille gemacht, gehört also zu dem einen Prozent der Allerbesten und kann sich deshalb den Studienort aussuchen. Die Studentin der Psychologie, Soziologie und Philosophie – letztere ist in der Sowjetunion identisch mit Marxismus-Leninismus – verliebt sich in den Juristen Michail Gorbatschow, weil dieser, wie sie einmal bekennt, „nicht so vulgär" gewesen sei wie die übrigen russischen Männer und „seine Ideen ernst genommen" habe. Raissa steckt Michail Gorbatschow nicht zuletzt mit ihrer Liebe zu den Museen und Galerien und zum Theater an.

Ab 1954 folgen 23 Jahre, die das Paar in der kaukasischen Provinzhauptstadt Stavropol verbringt. Michail Gorbatschow steigt hier zum örtlichen Parteichef auf, während Raissa Dozentin an der Universität wird. Die Hauptstadtkultur vermisst sie schmerzlich, dafür stürzt sie sich umso mehr auf Bücher, verschlingt Belletristik und Fachliteratur gleichermaßen. Zeitlebens wird sie alle wichtigen Neuerscheinungen lesen und dann ihrem Mann das auf den Schreibtisch legen, was er ebenfalls lesen soll. Beruflich betreibt sie akribische soziologische Feldforschung und wird dadurch für Michail Gorbatschow zur wichtigsten Quelle, wie es um die Lebensverhältnisse im Land wirklich bestellt ist.

Wenn Michail Gorbatschow 1978 Mitglied des Politbüros in Moskau werden kann, so hat Raissa auch daran ihren – sehr subtilen – Anteil. Geheimdienstchef Jurij Andropow, der spätere Nachfolger von Leonid Breschnew im Kreml, besucht in den 1970er Jahren wegen eines chronischen Nierenleidens oft die Heilbäder in der Gegend um Stavropol und macht dort die Bekanntschaft des örtlichen Parteichefs und seiner Frau. Andropow ist beeindruckt von der intelligenten und charmanten Raissa – und findet überdies auch ihren Gatten sympathisch. So wird Andropow zum Mentor des forschen Provinzfürsten und stellt die Weichen dafür, dass Michail Gorbatschow im März 1985 schließlich Staats- und Parteichef werden kann.

Bei Auslandsreisen betritt Raissa das Flugzeug unauffällig über eine Hintertür, gemeinsam mit den Gepäckträgern.

Obwohl Frauen in der Politik in Russland zu dieser Zeit eigentlich undenkbar sind, wird Raissa als „Mitarbeiterin des Staatsoberhaupts für gesellschaftliche Angelegenheiten und Protokollfragen" offizielle Beraterin des Generalsekretärs, inklusive eigenem Dienstwagen der Marke Wolga. Gewisse Zugeständnisse an die Empfindlichkeit der russischen Öffentlichkeit müssen jedoch gemacht werden. So betritt sie bei Auslandsreisen das Flugzeug unauffällig über eine Hintertür, gemeinsam mit den Gepäckträgern – um dann auf dem Zielflughafen im Westen strahlend neben ihrem Mann die Gangway hinunterzukommen. Ihre exklusive Kleidung, die sie gern zweimal am Tag wechselt, nimmt man ihr in Russland ohnehin übel – besonders beim Besuch von Erdbeben- oder Strahlenopfern.

Ende 1986 wird Raissa Vizepräsidentin des neu geschaffenen Sowjetischen Kulturfonds. Die Institution darf als ihre eigene Idee gelten – offiziell ist es die ihres Mannes. Prompt kommt es zu einem Skandal, weil Raissa für ihre Tätigkeit ein Gehalt bezieht, der Präsident der Institution jedoch nicht. Dabei hatte die Satzung genau dies beabsichtigt: einen ehrenamtlichen Präsidenten und einen Vizepräsidenten, der die eigentliche Arbeit macht. Und vielleicht war ja als Vizepräsident von Anfang an Raissa Gorbatschowa vorgesehen. Eine Frau als Chefin einer staatlichen Institution wäre in Russland jedenfalls undenkbar.

Der Zweck des Kulturfonds ist es, im Rahmen der Perestroika Kunst und Kultur zu fördern und damit die Bildung des Volkes zu bessern. Raissa erklärt einmal, sie wolle den Russen und den anderen Völkern innerhalb der Sowjetunion ihre reale, nicht von der Partei zurechtgebogene Kultur und Geschichte zurückgeben. „Die russische Seele braucht Freiheit", zeigt sie sich überzeugt – auch wenn es mit der bürgerlichen Freiheit immer noch nicht weit her ist und unzählige politische Gefangene in Arbeitslagern ein elendes Dasein fristen. Doch immerhin werden Kunst und Künstler wieder mehr geschätzt. Raissa betätigt sich als echte Kulturmanagerin, tätigt Kunstkäufe auf dem internationalen Markt und sorgt dafür, dass Gastgeschenke aus dem Ausland dem Fonds übergeben werden, um über diesen in die Museen zu gelangen. Ihre in jahrelanger Lektüre erworbenen Kenntnisse kommen ihr dabei zugute – doch nicht immer zur allseitigen Begeisterung.

Beim zweiten Staatsbesuch in England 1989 übergibt ihr der stolze Kulturminister ein Porträt von Zar Peter III. mit den Worten: „Das ist ein Gemälde des russischen Künstlers Alexander Rokotow." Daraufhin fährt Raissa dem Gastgeber über den Mund: „Das hat Rokotow nicht selbst gemalt, es gehört nur zur Schule von Rokotow." Und Nancy Reagan, die Ehefrau des US-Präsidenten, macht Raissa sich mit ihrem demonstrativen Kunstsinn zur Feindin fürs Leben. Bei einem Rundgang durch das Weiße Haus fragt Raissa höchst interessiert nach den Schöpfern und der Geschichte der Antiquitäten und Gemälde, bis Nancy – Kunst und Kultur sind wirklich nicht ihre Stärke – entnervt aufgibt und einen Kustos ruft, der sie bei der Hausführung unterstützen soll. Einzig Michail Gorbatschow ist das Selbstbewusstsein seiner Frau gewohnt und scheint damit keine Schwierigkeiten zu haben. Wenn er in der Öffentlichkeit ins

Schwadronieren gerät – was er gern tut – zischt sie ihn an: „Mischa! Mischa!“ Oder sie signalisiert ihm durch sanftes Zupfen am Jackettärmel, wo er sich hinbewegen oder worauf er achten soll.

Das Leben eines sowjetischen Staatschefs war zwar ebenso luxuriös wie das der westlichen High Society, fand jedoch in völliger Isolation statt. Private Kontakte zu Freunden oder Bekannten gab es praktisch nicht. Raissa war für Michail Gorbatschow der einzige Mensch, mit dem er offen über Politik reden und dem er vollkommen vertrauen konnte. Inwieweit seine politischen Ideen eigentlich die seiner Frau waren, ist immer als sensibles Thema behandelt worden und wird nie ans Licht kommen. Als Gorbatschow einmal in einem Fernsehinterview bekannte, sämtliche politischen Entscheidungen vorher intensiv mit seiner Frau zu diskutieren, wurde diese Passage für die russischen Zuschauer herausgeschnitten. Fest steht, dass nur ein Mann eine Idee wie Glasnost in der Sowjetunion durchsetzen konnte, selbst wenn eine Frau sie als erstes gehabt haben sollte.

Der misslungene Staatsstreich im August 1991 bedeutete das Ende der Sowjetunion. Raissa und Michail Gorbatschow waren zwei Tage lang Geiseln der Putschisten und rechneten mit dem Tod. Nach ihrer Freilassung erlitt Raissa einen Nervenzusammenbruch und trat nie wieder öffentlich auf. Im Russland des Boris Jelzin gab es dann ganz plötzlich sehr viele Frauen mit goldenen Kreditkarten, während die breite Bevölkerung zusehends verarmte. Raissa Gorbatschowa starb im September 1999 im Beisein ihres Mannes und ihrer Tochter im Universitätsklinikum der westfälischen Stadt Münster an Leukämie. Erst nach ihrem Tod wurde bekannt, dass sie Millionen Dollar für krebskranke Kinder gesammelt und auch privat hohe Summen gespendet hatte – ganz im Verborgenen, wie so vieles in ihrer Biografie.

Berater und Coaches, die in engem Kontakt zu ihren Klienten stehen, üben mit ihrem Hintergrundwissen, ihren Ideen und Visionen einen stetigen Einfluss aus. Dabei wirken sie oft schon allein mit ihrer Persönlichkeit, nehmen Veränderungen vorweg, indem sie diese durchdenken und vorleben. In manchen Fällen ergibt sich eine so enge Symbiose zwischen Berater und Kunden, Ideengeber und Ausführendem, dass es am Ende sinnlos wäre zu fragen, wer nun eigentlich den größeren Anteil am Erfolg hat.

33

Visionen – Alexander der Große und der Sieg gegen die übermächtigen Perser: Wenn eine Idee das Unternehmen eint, kann es enorm wachsen. Eine funktionierende Unternehmenskultur, ausgerichtet an Ziel und Zweck, der „mission" des Unternehmens, verleiht einer Organisation mitunter Flügel. Die Begeisterung der einzelnen Mitarbeiter kumuliert dann zu einer Stärke des gesamten Unternehmens, die sich unweigerlich in Marktmacht ausdrückt.

„Unter Makedonien wird Griechenland die Barbaren befreien"

Alexander der Große (356–323 v. Chr.) war der größte Eroberer der Antike. Der König von Makedonien setzte zuerst den Plan seines Vaters Philipp II. fort, alle Griechen zu unterwerfen und in einem Militärbündnis zu einen. Mit dem Sieg über die Perser unter König Darius III. in der Schlacht von Issos konnten die Griechen zur Weltmacht aufsteigen. Als Alexander mit 33 Jahren in Babylon starb, erstreckte sich sein Reich vom Balkan bis zum Himalaja. Nicht zuletzt Alexanders Sendungsbewusstsein läutete das Zeitalter des „Hellenismus" ein – eine griechisch-kosmopolitische Weltkultur entstand.

Als der Maler Albrecht Altdorfer 1528 für Herzog Wilhelm IV. von Bayern das Gemälde „Die Alexanderschlacht" malte, wird den Zeitgenossen der aktuelle Bezug eines Bildthemas wie der Schlacht von Issos, in der Alexander der Große 333 v. Chr. den Perserkönig Darius besiegte, sofort klar gewesen sein. Im Jahr 1453 hatten die Türken Konstantinopel erobert, waren planmäßig auf den Balkan vorgedrungen, wüteten seit zwei Jahren in Ungarn und waren auf dem Weg nach Wien. Sieben Jahre zuvor war mit Rhodos der letzte Stützpunkt des christlichen Abendlands im östlichen Mittelmeerraum gefallen. Die Alexanderschlacht wurde vor diesem Hintergrund zum Symbol eines Kulturkampfes zwischen Abendland und Morgenland, Christentum und Islam. Wie der dreiundzwanzigjährige Alexander in vorchristlicher Zeit die Bedrohung des Westens durch asiatische Völker für über tausend Jahre abwehrte, so hofften die Europäer nun erneut gegen die Orientalen siegen zu können.

Altdorfers Gemälde, heute eine der Hauptattraktionen der Alten Pinakothek in München, zeigt mit der Überfülle der dargestellten Figuren und dem schier ins Unendliche ausgedehnten Landschaftspanorama, dass es hier offensichtlich um mehr geht als irgendeine Schlacht. Im Vordergrund sind die Kämpfe in ihrer ganzen Ausdehnung zu sehen, dahinter die Stadt Issos mit ihrer Burg, schließlich im Hintergrund eine phantastische Landschaft, die sich bei näherem Hinsehen als der östliche Mittelmeerraum, mit Insel Zypern, Totem Meer und Nildelta, identifizieren lässt. Der Kunsthistoriker Kurt Martin beschreibt das Dargestellte so:

> *In einer großen S-Kurve prallen die beiden Heere aufeinander. Das Hin-und-Herwogen des Kampfes wird dadurch anschaulich, die gegeneinander gerichteten Bewegungen, die Heftigkeit des Vorstoßes, das Gedränge. Die Auseinandersetzung hat ihren Höhepunkt erreicht, ist aber noch nicht entschieden. Alexander, königlich gewappnet, hat seinen Gegner erspäht, hat mit seinen Rittern im jagenden Galopp jeden Widerstand durchbrochen und versucht eben jetzt, über ein Feld von Gefallenen hinweg, Darius zu erreichen und zu vernichten. Der Großkönig aber, gebannt von der Gefahr, die auf ihn hereinstürmt, nimmt den Zweikampf nicht an. Sein mit Sensen bewehrter Streitwagen ist schon zur Flucht gewandt; Fußvolk und Reiterei drängen nach.*

Historisch stimmig ist Altdorfers Darstellung im Kern durchaus. Alexander entschied die Schlacht von Issos gegen die zahlenmäßig zwei- bis dreimal überlegenen Perser für sich, nachdem er mit seinen Soldaten auf die Mitte der persischen Formationen losgestürmt war. Darius, den seine bereits dezimierte Elitetruppe nicht mehr schützen konnte, wendete seinen Streitwagen und flüchtete, erst mit dem Wagen, dann auf dem Rücken eines Pferdes. Kurze Zeit darauf konnte Alexander in das Lager der Perser vordringen, die Familie des Königs und schließlich den König selbst gefangen nehmen und an dessen Stelle den Thron der asiatischen Weltmacht Persien einnehmen.

Auch die Dramatik des Ereignisses, die Altdorfer beschwört, seine Bedeutung als Wendepunkt, ist in der Antike schon ganz ähnlich gesehen worden. Dabei ging es gar nicht so sehr um die schiere Größe des Reiches, das Alexander nach diesem Sieg schaffen konnte. Es war ohnehin kaum mehr als ein riesiges Territorium, das von den Makedoniern schlecht verwaltet wurde und fast unmittelbar nach Alexanders Tod wieder zerfiel. Nein, es war die kulturelle Sendung der Griechen, der Alexander in ihren Augen mit dem Schwert zum weltpolitischen Durchbruch verholfen hatte. Unter Alexanders Nachfolgern entstand eine von griechischem Geist genährte Leitkultur im gesamten Mittelmeerraum und Vorderen Orient, die europäische Gelehrte Jahrhunderte später als Nährboden der modernen westlichen Kultur begriffen haben.

Unter Alexanders Nachfolgern entstand eine von griechischem Geist genährte Leitkultur im gesamten Mittelmeerraum und Vorderen Orient.

Aufgewachsen ist Alexander in einem Griechenland, das zwar eine Hochblüte der Literatur und Philosophie erlebte, politisch jedoch zersplittert und heillos zerstritten war. Überhaupt war das Leben der griechischen Oberschicht – anders als das der mehr auf Konsens und das Wohl der Gemeinschaft bedachten Römer – von einem konfliktreichen Individualismus geprägt, der regelmäßig zu Ausbrüchen von Gewalt führte. Die griechischen Teilstaaten mit ihren strengen Regeln und Gesetzen wirkten zwar nach innen hin stabilisierend, neigten aber gleichzeitig dazu, sich nach außen sehr streng abzugrenzen. Die Folge war, dass sich eigentlich immer irgendeine „Polis" im Krieg mit einem oder mehreren der anderen griechischen Staaten befand.

Philipp II. von Makedonien begann nun in der ersten Hälfte des 4. Jahrhunderts v. Chr., eine starke Armee aufzubauen und die übrigen griechischen Staaten unter die Kontrolle der Makedonier zu bringen. Sein Ziel war es, den so genannten Korinthischen Bund wieder zu errichten, in dem die Griechen sich 480 v. Chr. schon einmal im Kampf gegen die Weltmacht Persien verbündet hatten. Persien versuchte immer wieder, sein Reich weiter nach Westen auszudehnen, und die Gefahr schien vielen nur durch den Sieg in einer alles entscheidenden Schlacht zu bannen.

Alexander, der Sohn Philipps und seiner Frau Olympias, blieb am Hof von Pellas, bis er dreizehn Jahre alt war. Dann holte Philipp den Universalgelehrten und Philosophen Aristoteles, einen der besten Köpfe der damaligen Zeit, nach Makedonien, um Alexander eine exzellente Bildung zuteil werden zu lassen. In dem abgelegenen Dorf Mieza unterrichtete Aristoteles drei Jahre lang Alexander und einen kleinen Kreis von Gleichaltrigen aus der makedonischen Oberschicht, darunter Hephaistion, mit dem Alexander lebenslang eine besonders innige Freundschaft verbinden sollte. Aristoteles lehrte Alexander Ethik und Metaphysik, Politik und Regierung, Dichtung, Drama und Naturwissenschaft. Alexanders Leidenschaft war die Jagd, im Übrigen las er gern Gedichte und teilte die Abneigung des Autors Euripides gegen professionellen Sport. Seine Helden waren Achilles und Herakles, über die er in einer Abschrift der Ilias las, die Aristoteles für ihn angefertigt hatte. Das ausgeprägte griechische Nationalbewusstsein des Aristoteles hatte sicherlich prägenden Einfluss auf Alexander.

Isokrates entwickelte die Vision eines von Makedonien angeführten Griechenlands, das die „Barbaren" vom Despotismus befreien.

Noch deutlicher wurde das, was den Geist des „Panhellenismus", das weltweite kulturelle Sendungsbewusstsein der vereinigten Staaten Griechenlands, ausmachen sollte, von dem Redner und Publizisten Isokrates formuliert. Dieser hatte im Jahr 390 v. Chr. in Athen eine Schule gegründet, in der Bildung für das praktisch-politische Leben nutzbar gemacht werden sollte. Isokrates war nicht nur Autor, sondern auch eine Art Medienberater für Staatsmänner und Fürsten. In einer viel gelesenen Schrift, die er Philipp II. von Makedonien widmete, entwickelte er die Vision eines von Makedonien angeführten Griechenlands, das die „Barbaren" vom Despotismus befreit und ihnen die griechische Kultur, demokratische Mitbestimmung, Schutz und soziale Wohlfahrt bringt. Angesichts der Zerrissenheit Griechenlands sah er in Philipp den Herrscher, der ein geeintes Land siegreich gegen die Perser führen werde.

Nachdem Philipp 336 ermordet worden war, sah sich der junge Alexander als dessen Nachfolger auf dem makedonischen Thron mit den großen Erwartungen der Intellektuellen seiner Zeit konfrontiert. Das mächtig aufkeimende Sendungsbewusstsein der Griechen, ihr Glaube, eine überlegene Kultur zu besitzen, die anderen Völkern Freiheit und Wohlstand bringen würde, konnte den Griechen eine enorme Stärke verleihen. Doch noch wurde Alexander, der systematisch alle Männer hatte umbringen lassen, die außer ihm noch Anspruch auf den Thron erheben konnten, nicht von allen Griechen als ihr neuer Führer akzeptiert. So versuchte etwa Athen, angestachelt von dem kämpferischen Redner Demosthenes, seinerseits die Führung über den Korinthischen Bund zu gewinnen. Erst nach einer unmissverständlichen Machtdemonstration konnte Alexander die Griechen unter seine Oberherrschaft zwingen. Er machte das rebellische Theben dem Erdboden gleich, tötete alle Soldaten, verkaufte deren Frauen und Kinder in die Sklaverei und verschonte nur die Tempel und das Haus des Dichters Pindar.

Als Anführer eines griechischen Militärbündnisses begann Alexander im Oktober 335 seinen Feldzug gegen die an Soldaten, Schiffen und Geld vielfach überlegenen Perser. Kleinasien war schnell in griechischer Hand, und nach der Schlacht von Issos fiel Alexander das persische Weltreich zu, dessen Grenzen er immer weiter nach Asien ausdehnte. Bevor er mit 33 Jahren in Babylon starb, überlegte er, als nächstes Karthago oder Rom zu erobern. Alexander hatte weder die Vision entwickelt, als deren Vorkämpfer die Griechen ihn installierten, noch vermochte er es, die von ihm eroberten Gebiete innerlich zu stabilisieren. Und dennoch schuf er die Möglichkeiten dafür, dass sich die Idee einer Einheit der Menschen jenseits von Völkern, Staaten und Religionen verbreiten konnte, als die Zeit dafür reif war.

Unter den Nachfolgern Alexanders hieß Griechentum, sich als Teil der „bewohnten Welt“ – der „Ökumene“ – zu begreifen, des gemeinsamen Lebensraums zivilisierter Menschen, unabhängig von Rasse, Herkunft und Religion. Handel und Verkehr wurden jetzt auf eine internationale Basis gestellt, und ein neues Netzwerk von Städten und Straßen entstand. Aus den vielen Dialekten Griechenlands wurde die „Koine“, eine allgemeine Hochsprache, die zur Weltsprache des Handels und der Kultur werden konnte. Geistige Einheit von Menschen als gleichberechtigte Mitglieder eines Grenzen überschreitenden Verbandes – das war die Vision, deren Durchbruch westliche Intellektuelle, von der Antike über das Mittelalter bis in die Neuzeit, in Alexanders Sieg bei Issos erkennen wollten.

Visionen und Ideen, eine „mission“, die alle Mitarbeiter eint und motiviert, vermag Unternehmen eine enorme Schlagkraft zu verleihen. Wer von einer Vision angetrieben ist, kann selbst Märkte aufrollen, die übermächtige Gegner scheinbar ein für allemal unter sich aufgeteilt haben. Denn umgekehrt gilt, dass eine Organisation, die keine Vision mehr hat, das Erreichte für selbstverständlich hält und nur noch verwaltet, über kurz oder lang im Mittelmaß erstarrt und innerlich porös wird. Neue Akteure mit frischen Ideen setzen sich dann manchmal ganz überraschend durch.

34

Events – Philipp Jakob Siebenpfeiffer, Johann Georg August Wirth und das Hambacher Fest: Wie man Gemeinschaftsgefühl erzeugt. Kunstgerecht organisierte Firmenevents zu außerordentlichen Anlässen können die Belegschaftsseele stärken und – gerade in Krisenzeiten – motivieren, an einem Strang zu ziehen.

„Ein freies deutsches Vaterland – dies ist der Sinn des heutigen Festes"

Das Hambacher Fest am 27. Mai 1832 war die erste politische Massenveranstaltung in Deutschland. Zehntausende folgten einem Aufruf der Journalisten Philipp Jakob Siebenpfeiffer (1789–1845) und Johann Georg August Wirth (1798–1848), zur Burgruine des kleinen Pfälzer Weinortes Hambach zu ziehen und für die Freiheit des Individuums in einem geeinten Deutschland zu demonstrieren. Die Organisatoren verstanden es geschickt, durch Symbole, Aktionen und Reden ein Gemeinschaftsgefühl zu erzeugen.

Unentschieden ist nur das Wetter an diesem Sonntagvormittag im Frühjahr 1832. Mal im Sonnenschein, mal im Schatten dunkel dräuender Wolken versammelt sich eine immer größere Menschenmenge in den Straßen und auf dem Marktplatz von Neustadt an der Weinstraße. Die Menschen, Männer und Frauen vor allem der jüngeren Generation, sind festlich gekleidet und tragen bunte Fahnen, Musikinstrumente oder frische Blumengebinde. Von allen Kirchtürmen der Stadt klingt Glockengeläut. Dann endlich Böllerschüsse! Das ist das Signal für den Festzug, der sich auf dem Marktplatz formiert hat, loszumarschieren in die Richtung des Nachbarortes Hambach.

Den Anfang macht die Bürgergarde mit klingendem Spiel. Dann folgen Frauen ganz in weiß und rot, angeführt von einem jungen Fähnrich, der eine Schärpe in denselben Farben trägt und die weiß-rote polnische Fahne in die Höhe hält. Nach einer weiteren Abteilung der Bürgergarde marschieren die Festordner los. Jeder von ihnen trägt eine Schärpe in den Farben Schwarz, Rot und Gold mit der Aufschrift „Deutschlands Wiedergeburt". Dann folgen die Mitglieder der Provinzversammlung

„Rheinbaierns", wie die Pfalz damals noch heißt, da sie seit dem Wiener Kongress 1815 eine Exklave des Königreichs Bayern ist. Schließlich reiht sich eine Abordnung nach der anderen aus allen deutschen Ländern, aus Polen und Frankreich, in den Festzug ein. Da sind 300 Studenten aus Heidelberg, denen die Behörden zunächst die Einreise in die Pfalz verbieten wollten. Da ist der große Wagenzug, der angeführt von dem Mitorganisator Wirth von Kaiserslautern her in die Stadt eingezogen ist. Und irgendwo ist da auch der Ehrengast Ludwig Börne, jener deutsche Publizist, der inzwischen in Paris lebt, nicht zuletzt, weil sich in Deutschland seit den Karlsbader Beschlüssen von 1819 niemand mehr in Zeitungen und Zeitschriften zu politischen Fragen äußern darf und die Unbeugsamen unter den Journalisten mit Gefängnisstrafen rechnen müssen.

Seit den Karlsbader Beschlüssen von 1819 darf sich in Deutschland niemand mehr in Zeitungen und Zeitschriften zu politischen Fragen äußern.

Verboten werden sollte auch dieser fröhliche Festzug, dem sich als letztes auch sämtliche Zuschauer anschließen, um zu der Burgruine von Hambach hoch über dem Rheintal zu ziehen, die Neustädter Bürger vor einiger Zeit von den ehemaligen Besatzern aus Frankreich billig gekauft haben und irgendwann einmal zu einem Ausflugslokal umbauen wollen. Die beiden Journalisten Philipp Jakob Siebenpfeiffer und Johann Georg August Wirth haben zu diesem „Maifest" eingeladen, doch jeder weiß, dass es hier um politische Frühlingsgefühle gehen soll.

Politische Versammlungen sind in Deutschland jedoch grundsätzlich nicht gestattet. Das Maifest, offiziell bloß ein wenig Folklore, ist zunächst erlaubt, dann verboten und schließlich wieder erlaubt worden, was sich als die bestmögliche Werbung entpuppt hat. Seit Tagen sind die Gasthäuser in Neustadt und Umgebung überfüllt, auch die Privatquartiere reichen nicht mehr, so dass man in Sälen und Schulen Massenunterkünfte auf Stroh errichtet hat. Längst sind auch die Lebensmittel knapp geworden, und einige Händler verlangen schon Wucherpreise. Die Zahl der Menschen, die sich da vom Marktplatz in Neustadt zum Hambacher Schloss in Bewegung setzen, wird schließlich von der Polizei auf 25.000 und von den Organisatoren auf 50.000 geschätzt werden.

Doch was trieb damals gerade in der Pfalz so viele Menschen auf die Straße? Einerseits hatten die Pfälzer noch am wenigsten Grund zur Klage, denn die bayerische Verfassung garantierte ihnen, dass eine Reihe von modernen Gesetzen aus der Franzosenzeit weiterhin Gütigkeit hatten. Freilich zählten dazu nicht Bürgerrechte wie die Freiheit, sich zu versammeln, jedes gewünschte Gewerbe auszuüben oder seine Meinung in Wort und Schrift frei kundzutun. Außerdem hatte Bayern 1829 eine Zollgrenze um die Pfalz gezogen und kontrollierte und besteuerte die Ein- und Ausfuhren so stark, dass die Winzer und Bauern ihre Absatzgebiete verloren und zu verarmen drohten. Als dann noch bekannt wurde, dass der bürokratische Aufwand für die Mautlinie Bayern mehr Geld kostete als Zölle in die Staatskasse flossen, war der Volkszorn groß.

Hinzu kam die geografische und – durch Teile des Rechtssystems und andere Hinterlassenschaften der Besatzungszeit – kulturelle Nähe zu Frankreich. Dort hatte das Bürgertum im Juli 1830 den Bourbonenkönig Karl X. gestürzt und mit Louis Philippe einen „Bürgerkönig" auf den Thron gehoben. Seitdem gab es dort wieder eine uneingeschränkt freie Presse. Im selben Jahr war das Königreich der Vereinigten Niederlande mit einer Revolution in Brüssel zerbrochen. Der neu gegründete Staat Belgien – ausgerechnet mit einem deutschen Fürsten als vom Volk bestimmten König – hatte nun die freiheitlichste Verfassung Europas. Und ausgerechnet in Deutschland, dem Land der Dichter und Denker, in Schillers „Kulturnation", sollte kein Mensch öffentlich über Politik reden dürfen? Und wie sah die deutsche Landkarte überhaupt aus, im Vergleich zu Frankreich oder Belgien? In weiten Teilen ein Flickenteppich von Kleinstaaten, regiert von eitlen, bornierten Landesfürsten, die sich untereinander befehdeten, ihre Länder wie ihr Privateigentum betrachteten und jede Kritik von Bürgern als Umsturzversuch mit Gefängnis bestraften. Das musste aufhören. Einig musste Deutschland sein und frei, in der Pfalz und anderswo.

Viele, die da zur Schlossruine von Hambach marschieren, sind Mitglieder des jüngst in der Pfalz gegründeten „Deutschen Vaterlandsvereins zur Unterstützung der freien Presse", kurz Pressverein genannt. Nach einem halben Jahr hat er schon 5.000 Mitglieder. Doch längst geht es um mehr als um die Freiheit von Journalisten, so wichtig diese für ein selbstbewusster werdendes Bürgertum auch ist. Es geht ums Ganze, um Deutschland und darum, in welcher Verfassung man leben möchte. Und plötzlich merken die Menschen, wie viele es sind, die da ein gemeinsames Anliegen haben.

Jetzt ist der Festzug auf dem Schlossberg angekommen. Doch bevor es das obligatorische Festessen gibt – obligatorisch, weil man die verbotenen politischen Versammlungen regelmäßig als öffentliche „Bankette" anmeldet –, soll auf dem höchsten Turm der Burgruine feierlich eine Fahne gehisst werden. Sie hat die Farben des Freikorps Adolf von Lützows aus den Befreiungskriegen gegen Napoleon: Schwarz, Rot und Gold. Das Lützowsche

Freikorps hatte damals viele Studenten angezogen, unter anderem den Schriftsteller Theodor Körner und den Dichter Joseph von Eichendorff, und war trotz seiner militärischen Erfolglosigkeit zu einer Legende geworden. Die Burschenschaften trugen später die Waffenröcke stolz als Bundeskleidung, und der Komponist Carl Maria von Weber setzte der Truppe mit der Vertonung des Gedichts „Lützows wilde verwegene Jagd" ein Denkmal.

Die Fahne auf dem höchsten Turm hat die Farben des Freikorps Adolf von Lützows aus den Befreiungskriegen gegen Napoleon: Schwarz, Rot und Gold.

Beim Wartburgfest 1817 glaubten die im Zeichen der Einheit und Freiheit Deutschlands versammelten Studenten dann sogar, Schwarz, Rot und Gold seien schon immer die Farben des Heiligen Römischen Reiches Deutscher Nation gewesen, was freilich ein kleiner heraldischer Irrtum war. Dennoch: Wer die Freiheit der Bürger und die Einheit Deutschlands um dieser nicht anders zu garantierenden Freiheit willen wollte, trug von nun an die Farben Schwarz, Rot, Gold. Das Maifest in Hambach war wahrscheinlich der erste Anlass, bei dem diese Farbkombination in Form der heute bekannten Trikolore gehisst wurde.

Als die schwarz-rot-goldene Fahne auf der Burgruine weht, wird etwas tiefer, nahe beim Eingang zum Schlossplatz, gemeinsam mit den polnischen Gästen noch die weiß-rote polnische Nationalflagge gehisst. Die deutschen Bürgerrechtler fühlen sich Polen ganz besonders verbunden, ist dort doch vor zwei Jahren eine Rebellion gegen den ungeliebten russischen Vormund fehlgeschlagen, mit der man mehr Rechte durchsetzen wollte. Die Folge ist, dass nun der Zar über die Polen bestimmt wie über seine Leibeigenen und die wenigen Sonderrechte, die der Wiener Kongress Polen eingeräumt hatte, dahin sind. Die polnischen Gäste und die polnische Fahne sollen aber auch symbolisieren, dass den Veranstaltern des Festes Freiheit und Einheit anderswo in Europa ebenso lieb und teuer sind wie im eigenen Land.

Jetzt soll aber endlich auch das leibliche Wohl zu seinem Recht kommen, schließlich befindet man sich in einer Weingegend! Rund um das Schloss sind 16 Tische mit jeweils 160 Gedecken aufgebaut. Karten für das Mittagessen sind im Vorverkauf für vergleichsweise teure 1,45 Gulden angeboten worden und fanden trotzdem alle ihre Abnehmer. Die Mehrzahl der Teilnehmer hat jedoch ihr Essen selbst mitgebracht und setzt sich damit irgendwo ins Gras. Ausgerechnet zu Beginn des Essens geht aber erst einmal ein heftiger Platzregen nieder. Eine Lokalzeitung aus Landau wird später berichten, so habe wenigstens niemand „über eine trockene Mahlzeit klagen" können.

Gutes Essen und guter Wein machen die Gäste denn auch aufgeschlossen für den politischen Höhepunkt des Tages. 25 Redner haben sich angekündigt, darunter allein 19 Mitglieder des Pressvereins und Redakteure der von ihm unterstützten freiheitlich gesinnten Zeitungen. Natürlich kann sich in einer solchen Menge nicht jeder Redner für alle verständlich machen – technische Hilfsmittel sind noch nicht erfunden –, und so drängen sich die Zuhörer dicht, als die Hauptredner Siebenpfeifer und Wirth das Wort ergreifen. Vor allem der Jurist Siebenpfeiffer versteht es, mit einer leidenschaftlichen und bildreichen Sprache das Publikum zu fesseln. Er fordert, dass die Deutschen sich nicht mehr wie Knechte unter das Joch der Fürsten beugen sollen. Und er prophezeit ein wirtschaftlich geeintes Deutschland, in dem Männer und Frauen gleichberechtigt und die Einheit der Nation hergestellt sein wird.

„Auch der Völker Leben hat seine Maitage“, hebt Siebenpfeiffer an, „die wiederzukehren pflegen in jedem politischen Umschwung, der mit frischer Jugendlichkeit alle Nerven und Adern uns durchzuckt. Wohl den Völkern, wenn die belebende Sonne der Vaterlandliebe die edleren Blüten befruchtet, wenn nicht der Winterfrost der Selbstsucht sie tötet, nicht der Sturm despotischer Gewalt sie vernichtet.“ Und schließlich ruft er aus: „Vaterland – Freiheit – ja! Ein freies deutsches Vaterland – dies ist der Sinn des heutigen Festes.“

Dem nur von kurzen Schauern getrübten Frühling von Hambach sollte jedoch bald ein winterlicher Eisregen folgen. Der oberste Strippenzieher der deutschen Fürstenclique, Clemens von Metternich in Wien, schäumte vor Wut und veranlasste, dass bayerische Truppen in die Pfalz einrückten. Die Presse wurde nun noch schärfer zensiert. Siebenpfeifer und Wirth wurden wegen ihrer Reden zu zwei Jahren Gefängnis verurteilt. Anders als Wirth nutzte Siebenpfeiffer die Gelegenheit zur Flucht, siedelte in die Schweiz über und wurde in Bern Professor für Staatsrecht.

Wenn große Veränderungen anstehen, wenn es gilt, Kraft zu schöpfen, um Neues schaffen zu können, dann will nicht mehr jeder für sich sein. Menschen, egal ob als Staatsbürger oder Mitarbeiter eines Unternehmens, wollen gerade in schwierigen Zeiten ein Gemeinschaftsgefühl. Begeisterung kommt auf, wenn die Mischung stimmt. Seit mehr als 150 Jahren zählen zu den wichtigsten Elementen: ein spektakulärer Veranstaltungsort, Symbole, Musik, mitreißende Keynote-Speaker – und nicht zuletzt genügend zu essen und zu trinken.

35

Rhetorik – Rosa Luxemburg und ihre Reden über Sozialismus in Deutschland: Einfache, selbstbewusste Sätze motivieren mehr als feine Differenzierung. Hat man die Herzen seiner Zuhörer aber erst einmal erreicht, muss man auch wissen, wozu – und wie man die begeisterten Mitarbeiter in eine für das gesamte Unternehmen und seine Eigentümer dauerhaft erfolgreiche Richtung, keinesfalls in eine wirtschaftliche Sackgasse lotst.

„Ich bin ein Land der unbeschränkten Möglichkeiten"

Die aus Polen stammende Publizistin und Politikerin Rosa Luxemburg (1871–1919) erwarb sich schon zu Lebzeiten einen legendären Ruf als charismatische Rednerin und scharfsinnige Vordenkerin des Sozialismus. Mit radikalen Positionen und Appellen an die Leidenschaft der Menschen vermochte sie die Massen zu begeistern. Sie war empört über die Zustimmung der Sozialdemokraten zum Ersten Weltkrieg, doch ihr eigenes Verhältnis zur Gewalt blieb doppelbödig.

Die kleine gebrechliche Rosa", schrieb Clara Zetkin über ihre 1919 von deutschen Soldaten ermordete Freundin Rosa Luxemburg, „war die Verkörperung beispielloser Energie. Sie forderte jeden Augenblick das höchste von sich und erhielt es. Wenn sie unter einer Überanstrengung zusammenzubrechen drohte, so erholte sie sich bei einer noch größeren Leistung." Rosa Luxemburg bekleidete nie ein öffentliches Amt und gehörte keinem Parlament an. Dennoch zählt die in Polen aufgewachsene Sozialistin zu den einflussreichsten politischen Akteuren des späten, zum Schluss in einen Krieg bisher unvorstellbaren Ausmaßes verstrickten wilhelminischen Kaiserreichs. Nach ihrer Promotion an der Universität Zürich war die Juristin nach Deutschland – damals die Herzkammer der internationalen sozialistischen Bewegung – übergesiedelt, hatte durch eine Scheinehe die deutsche Staatsbürgerschaft erworben, ließ sich als Mitglied der sozialdemokratischen Partei einschreiben und lebte fortan in Berlin. Sie betätigte sich als Journalistin und Buchautorin, lehrte zudem seit 1907 an der Parteihochschule der SPD. Ihre eigentliche Rolle innerhalb der sozialistischen Bewegung sollte es jedoch werden, Menschen emotional zu packen und zu begeistern.

Rosa Luxemburgs politische Vorstellungen wichen mit der Zeit immer mehr vom sozialdemokratischen Mainstream ab. Während die SPD zunehmend auf gesellschaftlichen „Fortschritt" durch im Parlament beschlossene Reformen setzte, glaubte Rosa Luxemburg daran, dass ein revolutionärer Umsturz geschichtlich unausweichlich sein würde. Als die Sozialdemokraten 1914 den Krieg billigten, war für die Pazifistin eine Welt zusammengebrochen, und ein Prozess der Entfremdung von der SPD begann.

Gemeinsam mit Karl Liebknecht gründete sie 1916 den Spartakusbund, der mit einem Staatsstreich sowohl den Krieg beenden als auch die hergebrachten gesellschaftlichen Verhältnisse beseitigen wollte. Hatte das dem Untergang nahe Kaiserreich sie deshalb in Schutzhaft genommen, so schien mit der deutschen Niederlage Ende 1918 das Momentum für eine Revolution gekommen. Die Spartakisten zettelten einen dilettantisch vorbereiteten Aufstand an, der nach wenigen Tagen von regierungstreuen Truppen niedergeschlagen wurde und als deren mittelbare Folge Rosa Luxemburgs gewaltsamer Tod im Januar 1919 gesehen werden kann.

Die politische Bilanz Rosa Luxemburgs fällt also, vergleicht man Anspruch und Wirklichkeit, eher dürftig aus. Nicht einmal ihr unbeugsames Engagement für den Frieden, wie es etwa in einer von ihr mitorganisierten Großkundgebung gegen den Krieg am 1. Mai 1916 in Berlin zum Ausdruck kam, erreichte sein Ziel, das elende Sterben in den Schützengräben beenden zu helfen. Und dennoch ist die zierliche Frau in bleibender Erinnerung geblieben – als jemand, der die Massen gewinnen und motivieren konnte wie wenige vor und nach ihr.

Eine brillante, ja hinreißende Rednerin erlebten die Zeitgenossen in Rosa Luxemburg. Dabei hieß es von ihr, sie verzichte ganz auf rhetorische Mittel und wirke allein durch den Inhalt ihrer Reden – vielleicht der vollkommenste Effekt, den rhetorische Mittel erzielen können. Der Publizist Paul Frölich erinnert sich, ihre Gesten seien äußerst sparsam gewesen, aber ihre silberhelle, wohltönende und melodische Stimme habe ohne jede Anstrengung einen großen Saal füllen können. Sie sprach grundsätzlich frei und hatte die Angewohnheit, bei ihren Reden locker und entspannt auf der Tribüne auf und ab zu gehen. Vor allem aber gelang es ihr immer, emotional Kontakt zu ihren Zuhörern aufzunehmen. Nach wenigen Sätzen war sie ganz bei den Menschen, die sie vor sich hatte, und diese blickten nur noch gebannt auf die Rednerin und nahmen ihre Worte auf wie die Verheißung eines besseren Lebens.

„Eine Meisterin des Wortes und der Feder, reich belesen, scharfsinnig und schlagfertig, mit einer geradezu fabelhaften Unerschrockenheit und Respektlosigkeit, die sich vor niemandem beugte."

Karl Kautsky, der seinerzeit als „Papst des Marxismus" bezeichnete sozialdemokratische Politiker, beschrieb Rosa Luxemburg einmal als „Meisterin des Wortes und der Feder, reich belesen, mit starkem theoretischem Sinn, scharfsinnig und schlagfertig, mit einer geradezu fabelhaften Unerschrockenheit und Respektlosigkeit, die sich vor niemandem beugte." Die schwärmerische Bewunderung ihrer Anhänger sei ihr ebenso sicher gewesen wie „der bitterste Hass derjenigen, gegen die sie den Kampf aufnahm." Kein Zweifel: Die Zuhörer Rosa Luxemburgs konnten, ja mussten lernen, die Welt sorgfältig in Schwarz und Weiß zu unterteilen. Sie wurden nicht eine Minute darüber im Unklaren gelassen, wo der Feind stand. Aber sie konnten auch zuversichtlich sein: Die respektlose Rednerin war davon überzeugt, dass die Welt sich in kürzester Zeit vollkommen verändern und nichts mehr so sein würde wie zuvor. Man mag hier an Friedrich Nietzsche denken, der die bürgerlichen Kreise des Kaiserreichs mit ganz ähnlichen Reizen – alles neu! alles anders! alles großartig! – fasziniert hatte. Doch während bei Nietzsche der einzelne Mensch alle Ketten sprengen und alle Grenzen überschreiten sollte, war für die jüdische Kaufmannstochter aus Polen die Masse dazu berufen.

Dass die Welle trage, aber nicht gelenkt werde – unda fert non regitur –, hat schon Bismarck in gewandtem Latein bemerkt

Rosa Luxemburg glaubte an nichts so sehr wie die Masse. Sie sei „die eigentliche Persönlichkeit der Geschichte, mit den höchsten menschlichen Fähigkeiten begabt." Ein einzelner Mensch, meinte sie, könne nun aber keineswegs die Masse seinen Zielen gefügig machen. „Die Masse ist stets das, was sie nach Zeitumständen sein muss, und sie ist stets auf dem Sprunge, etwas total anderes zu werden als sie scheint", schreibt sie. Dass die Welle trage, aber nicht gelenkt werde – unda fert non regitur –, hatte schon Bismarck in gewandtem Latein bemerkt. Feine Differenzierung oder eine Politik der kleinen Schritte waren die Sache der Rosa Luxemburg gewiss nicht. „Es gibt kein Minimal- und kein Maximalprogramm mehr", äußerte sie. „Das Minimum ist die Verwirklichung des Sozialismus!"

Wenn Rosa Luxemburg auch meinte, die Masse letztlich nicht beeinflussen zu können, so glaubte sie dennoch nur zu gut zu wissen, wohin die

Welle rollen und was sie wegspülen würde. In ihren „Briefen an Freunde" heißt es: „Ein Führer großen Stils richtet seine Taktik nicht nach der momentanen Stimmung der Massen, sondern nach ehernen Gesetzen der Entwicklung, hält an seiner Taktik fest trotz aller Enttäuschungen und lässt im Übrigen die Geschichte ihr Werk zur Reife bringen." Führen kann also nur derjenige, der die „Gesetze" der Menschheitsentwicklung durchschaut hat und sein Verhalten danach richtet. Ganz spontan erheben sich irgendwann die Massen, und dann werden sie „das ganze politische und gesellschaftliche Leben selbst leben und in bewusster freier Selbstbestimmung lenken."

Diese Aussicht auf die Dinge, die da kommen sollten, versetzte Rosa Luxemburg in eine Euphorie, die teilweise manische Züge trug, aber vielleicht gerade deshalb ihre Wirkung auf die Menschen nicht verfehlte. Ihr zur Schau getragener Idealismus stand dem des deutschen Nationaldichters Friedrich Schiller in nichts nach: „Sozialistische Gesellschaft braucht Menschen, von denen jeder an seinem Platz voller Glut und Begeisterung für das allgemeine Wohl ist, voller Opferfreudigkeit und Mitgefühl für seine Mitmenschen, voller Mut und Zähigkeit, um sich an das Schwerste zu wagen", heißt es in ihrem Aufsatz „Die Sozialisierung der Gesellschaft". Da scheint die Enttäuschung vorprogrammiert, als sich ihre Kampfgenossen mehr und mehr als Wesen mit Stärken und Schwächen – kurz: als Menschen – erweisen. „Mit faulen, egoistischen, gedankenlosen und gleichgültigen Menschen kann man keinen Sozialismus verwirklichen", erregt sie sich. Mit Ausnahme Clara Zetkins betrachtete sie ihre Genossen in der Parteiführung denn auch bald als unteres Mittelmaß und nannte sie „kriecherische Helden" oder „Froschgesellschaft".

„Die Revolution wird sich morgen schon rasselnd wieder in die Höh' richten und zu eurem Schrecken mit Posaunenklang verkünden: ‚Ich war, ich bin, werde sein.'"

Vielleicht ist es ja dem ihr unerträglichen Zusammenprall von Traumwelt und Wirklichkeit geschuldet, dass Rosa Luxemburg schließlich versuchte, dem ohnehin unaufhaltsamen Gang der Geschichte mit ein wenig schlecht koordiniertem Maschinengewehrfeuer nachhelfen zu lassen, was naturgemäß misslang. Unter dem Eindruck der gescheiterten Revolution schreibt sie in ihrem letzten Artikel für das Parteiblatt „Rote Fahne": „Die Massen sind der Fels, auf dem der Endsieg der Revolution errichtet wird. Die Massen waren auf der Höhe, sie haben diese ‚Niederlage' zu einem Glied jener historischen Niederlagen gestaltet, die der Stolz und die Kraft des internationalen Sozialismus sind. Und darum wird aus dieser ‚Niederlage' der künftige Sieg erblühen. Die Revolution wird sich morgen schon rasselnd wieder in die Höh' richten und zu eurem Schrecken mit

Posaunenklang verkünden: ‚Ich war, ich bin, werde sein.'" Mit diesem auffällig von einer religiösen, auch jüdisch-christlichen Bildwelt durchzogenen Text entzieht sie ihre Gedanken im Augenblick des Scheiterns endgültig jeder nüchternen Kritik. Rosa Luxemburgs Glauben dürften viele inzwischen für einen Irrglauben halten, aber auch er konnte – zumindest zeitweise – Berge versetzen.

Wer Massen begeistern will, braucht einfache, klare Botschaften. Und er muss von sich selbst und seinen Botschaften restlos überzeugt sein. Inwiefern es allerdings notwendig ist, sein Publikum zu begeistern, oder ob es vielleicht auch genügen würde, es zu überzeugen, steht auf einem anderen Blatt und sollte vorab geklärt werden. Sind die Herzen aber einmal in Aufruhr, gilt als ein Grundgesetz der Massenkundgebung – egal, ob mit oder ohne Beteiligung von Betriebsräten –, dass mit feiner Differenzierung nicht viel zu gewinnen ist.

36

Dezentralisierung – Reichsfreiherr Karl vom und zum Stein und die Reform Preußens in der napoleonischen Zeit: Überschaubare Einheiten mit viel Autonomie arbeiten effektiver. Doch grundlegende Reformen der Organisation brauchen Zeit – Zeit der Gewöhnung: Selbstständiges und verantwortliches Handeln lässt sich nicht verordnen.

„Man muss die Nation daran gewöhnen, ihre eigenen Geschäfte zu verwalten"

Die Reformen des Reichsfreiherrn Karl vom und zum Stein (1757–1831) trugen wesentlich zum Wiederaufstieg des Staates Preußen nach der Niederlage gegen Napoleon bei. Aus einem träge und inkonsequent agierenden Verwaltungsapparat sollte ein effizienter Verbund eigenverantwortlich handelnder Menschen werden.

Alles begann mit einem Riesenkrach zu Hause in Nassau, der den Freiherrn vom Stein in ganz Deutschland bekannt machen sollte. Soldaten und Beamte des Landesfürsten hatten in einer Nacht- und Nebelaktion die Steinschen Güter Frücht und Schweighausen besetzt. Friedrich-August von Nassau-Usingen fühlte sich zu dieser Maßnahme durch den so genannten Reichsdeputationshauptschluss von 1803 berechtigt. Der immerwährende Reichstag zu Regensburg hatte darin eine tiefgreifende Neuordnung des Heiligen Römischen Reichs Deutscher Nation beschlossen. In der Folge verloren nicht nur die kirchlichen Besitztümer, sondern auch kleine Fürstentümer und Reichsritter, wie Stein einer war, ihre Selbstständigkeit.

Stein, ein impulsiver und bisweilen jähzorniger Mensch, schrieb dem Landesfürsten, dessen Besitz gerade einmal groß genug gewesen war, um in Regensburg nicht ebenso durch das Sieb zu fallen, einen geharnischten Brief. In dem Schreiben vom 13. Januar 1804 heißt es: „Deutschlands Unabhängigkeit und Selbstständigkeit wird durch die Konsolidation der wenigen reichsritterschaftlichen Besitzungen ... wenig gewinnen; sollen diese für die Nation so wohltätigen große Zwecke erreicht werden, so müssen diese kleinen Staaten mit den beiden großen Monarchien, von deren

Existenz die Fortdauer des deutschen Namens abhängt, vereinigt werden."

Der Herzog von Nassau musste nun bald einen Rückzieher machen – nicht wegen des Steinschen Briefes, sondern weil der deutsche Kaiser angesichts der Eroberungslust Napoleons nicht auch noch Reibereien zwischen Zwergstaaten gebrauchen konnte. Der Protest des Freiherrn wurde dennoch landesweit von der Presse wie ein offener Brief abgedruckt. Denn obwohl der Streit ja eigentlich um kaum mehr als ein paar Obstgärten ging, hatte Stein seine Interessen sehr geschickt mit ganz großer Politik in Zusammenhang gebracht. Deutschlands Einheit in Freiheit forderte er da. Und hielt ein starkes Preußen und ein starkes Österreich für die notwendigen Voraussetzungen.

Durch den Protestbrief wurde der preußische König auf einen Mann aufmerksam, der ihm seit 25 Jahren als Oberpräsident in Westfalen ganz unauffällig diente. Stein, obwohl finanziell unabhängig und nicht einmal Preuße, hatte sich nach dem Studium in Göttingen entschieden, als Bergbauexperte in den preußischen Staatsdienst zu treten. (Zu dieser Zeit empfand man ein großes Vermögen nicht als Einladung, sich zeitlebens irgendwo in die Sonne zu legen.) Im Oktober schrieb der König an seinen patriotischen Beamten: „Mein lieber Oberpräsident Freiherr vom Stein. Ich habe beschlossen, Euch zum wirklichen Geheimen Staats-, Kriegs- und dirigierenden Minister zu ernennen und Euch das Akzise- und Zoll-, auch Fabriken- und Kommerzialdepartement beizulegen."

„Auf der einen Seite erzählt man mir die Folgen unzusammen-hängender, mit Unwissenheit und Schlaffheit geführter Operationen, auf der anderen Seite bemü-hen sich ränkevolle Menschen, mich zu täuschen."

Damit wurde Stein eine Art Superminister für Finanzen und Wirtschaft. Doch trotz der Ehre fiel ihm schon der Umzug nach Berlin nicht leicht, da ihm Westfalen längst eine liebenswerte zweite Heimat geworden war. Außerdem ging er bereits auf die 50 zu, kämpfte mit verschiedenen körperlichen Beschwerden und hätte gern einmal kürzer getreten. Aber der König hatte ihn nicht um etwas gebeten, sondern ihm einen Entschluss mitgeteilt, und so bezog Stein denn sein neues Büro in einem Seitenflügel des Berliner Schlosses.

Kaum dass er sich eingearbeitet hatte, regte sich Stein schon wieder mächtig auf. Von den Zuständen in der Hauptstadt war er geradezu schockiert, und sein Superministerium schien ihm ganz besonders verkommen zu sein. Überhaupt, so schrieb er, habe Preußen „keine Staatsverfassung", sondern sei ein wirres „Aggregat von Provinzen". Ohne Koordination arbeiteten die Provinzialminister mehr oder minder aneinander vorbei. Das

Schlimmste aber war für Stein das „Kabinett", jener Zirkel aus Geheimen Räten und Sekretären, von denen der König umgeben war. In dieser Kungelrunde fielen alle wichtigen Entscheidungen, während der König sogar für Superminister Stein fast nie zu sprechen war. In einem Vermerk machte sich der Freiherr Luft: „Auf der einen Seite erzählt man mir die Folgen unzusammenhängender, mit Unwissenheit und Schlaffheit geführter Operationen, auf der anderen Seite bemühen sich ränkevolle Menschen, mich zu täuschen und, da der Nepotismus und Absichtlichkeit hier mit allen ihren Gräueln herrschen ..., so fehlen überall die Mittel, zur Wahrheit zu gelangen." Mit anderen Worten: Es gab kein geordnetes Entscheidungsverfahren, keine klare Kompetenzverteilung, keine objektiven Normen und schon gar keine Transparenz.

Stein wollte das ändern und fing geschickterweise mit einem überschaubaren Bereich an, der so genannten Salzadministration. Da er Informationen als Schlüssel zu sachgemäßen Entscheidungen erkannte, errichtete er sodann das „Statistische Büro zur Feststellung des Nationalreichtums". Dieses erste statistische Amt in Deutschland wurde zum Vorbild für viele andere Länder. Und da Stein wusste, wie wichtig Gerechtigkeit und Gleichbehandlung ähnlicher Sachverhalte für das Funktionieren von Organisationen sind, ging er rigoros gegen Bestechung und Vorteilsnahme vor. Dass er seine eigenen Beamten, und zwar auch adelige, wegen Betrugs vor Gericht brachte und Gefängnisstrafen gegen sie erwirkte, war zur damaligen Zeit aufsehenerregend. Stein scheute sich auch nicht, seinen König zur Ordnung zu rufen und bei ihm ebenfalls Entscheidungen nach objektiven Kriterien anzumahnen. So protestierte er bei passender Gelegenheit dagegen, dass Adelige bei der Vergabe staatlicher Kredite stets Sonderkonditionen bekamen. Bei den Steuervergehen der kleinen Leute setzte sich Stein in Anbetracht der Machtverhältnisse hingegen immer wieder für Milde ein.

Die verheerende Niederlage Preußens gegen Napoleon bei Jena und Auerstedt ließ die Steinschen Reformen dann 1806 ins Stocken geraten. Und zwar vor allem deshalb, weil Stein, inzwischen derart in Fahrt geraten, dass er kaum noch zu bremsen war, sein Lieblingsprojekt zur Unzeit durchsetzen wollte. Als Preußen um seine Existenz bangte, drängte er den König, die Staatsspitze endlich nach Fachressorts zu gliedern. Sein Vorschlag: „Die Staatsgeschäfte lassen sich in folgende Abteilungen bringen: 1. Kriegswesen 2. auswärtige Verhältnisse 3. allgemeine Landespolizei im ausgedehntesten Sinn des Wortes 4. öffentliche Einkommen 5. Rechtspflege"

Diese Idee, die Ministerien nach Fachkompetenzen statt nach Gebietszuständigkeiten zu ordnen war ausgesprochen vernünftig, ja sie bildet bis heute die Grundlage für die Einteilung der „klassischen“ Ressorts Verteidigung, Äußeres, Inneres, Finanzen, Justiz. Aber Preußen hatte nun einmal drängendere Probleme zu lösen, und so verkrachten sich der König und sein Minister. Nach einer Maßregelung durch Friedrich Wilhelm, der Stein in einem handschriftlichen Brief einen „ungehorsamen Staatsdiener“ nannte, bat Stein um seine Entlassung und zog sich auf seinen Besitz in Nassau zurück. Dort verfasste er ein Dokument, das als „Nassauer Denkschrift“ die geistige Grundlage für seine beiden größten Reformen, die Bauernbefreiung und die Neufassung der Städteordnung, bilden sollte. Der König holte Stein 1807 bis 1808 noch einmal zurück nach Berlin, so dass dieser sein Reformwerk tatsächlich auf den Weg bringen konnte, bevor er über außenpolitische Verwicklungen stürzte und die Rolle des Neuerers an den Fürsten Hardenberg abtreten musste.

Mit dem „Edikt, den erleichterten Besitz und den freien Gebrauch des Grundeigentums sowie die persönlichen Verhältnisse der Landbewohner betreffend“ wurde 1807 ein letztes Stück mittelalterlicher Ständeordnung begraben. Indem er die Schwächsten der damaligen vorindustriellen Gesellschaft, die Bauern nämlich, besser stellen wollte, zeigte Stein politischen Scharfsinn, erkannte er doch, dass sich nur ohne Unterdrückung und Benachteiligung dauerhaft stabile Verhältnisse schaffen lassen.

Steins wahres Herzensanliegen war jedoch die Beteiligung der Bürger an den Angelegenheiten des Staates. Dass er nur die Besitzenden und Gebildeten dafür reif hielt, mag aus heutiger Sicht befremden, erklärt sich aber aus seiner Furcht vor den unberechenbaren Folgen zu schnellen Wandels. „Der Übergang aus dem alten Zustand der Dinge in den neuen darf nicht zu hastig sein“, schrieb Stein, „und man muss die Menschen nach und nach an selbstständiges Handeln gewöhnen.“

„Der Übergang aus dem alten Zustand der Dinge in den neuen darf nicht zu hastig sein, und man muss die Menschen nach und nach an selbstständiges Handeln gewöhnen.“

Steins „Ordnung für sämtliche Städte der preußischen Monarchie“ von 1808 war trotz allem wohl ein großer Schritt für diese Zeit. Der Freiherr setzte hier auf zweierlei: auf Dezentralisierung und Verschlankung der Strukturen auf der einen Seite sowie auf eine neue innere Haltung der Bürger auf der anderen Seite. Innerhalb eines vierstufigen Aufbaus aus Gemeinde, Kreis, Provinz und Gesamtstaat sollten sich die Städte und Gemeinden fortan weitgehend selbst verwalten. Jeder Grundeigentümer sollte das Recht haben, für die Versammlung ehrenamtlicher Stadtverordneter zu kandidieren, Kandidaten vorzuschlagen und diese zu wählen. „Gemeinsinn und Bürgergeist“ wollte Stein somit fördern, gegen einen „Mietlingsgeist“, den er als Produkt eines allzuständigen Staates ansah und dessen Folgen Stillstand und Werteverfall waren. Entschieden forderte Stein: „Man muss die Nation daran gewöhnen, ihre eigenen Geschäfte zu verwalten und aus jenem Zustand der Kindheit herauszutreten, in dem eine immer unruhige, immer dienstfertige Regierung den Menschen halten will.“ Das ist zweihundert Jahre her.

Der Freiherr vom Stein schuf ein Erfolgsmodell für effiziente Organisationen, das in seinen Grundzügen bis heute Gültigkeit besitzt. Auch neueste Managementmodelle, wie etwa „Beyond Budgeting“, setzen auf dezentrale Strukturen mit kleinen, selbstständigen Einheiten, in denen Menschen mit einem Höchstmaß an Eigenverantwortung handeln. Stein wusste aber auch, dass es nicht genügt, das bessere Modell zu haben: Die politischen Rahmenbedingungen müssen stimmen, der Wandel braucht Zeit, wenn er Bestand haben will, und auf die Schwachen ist Rücksicht zu nehmen.

37

Rationalisierung – Walther Rathenau und die Optimierung der deutschen Kriegsmaschine: Fehlorganisation rächt sich erst in Krisenzeiten. Aber gerade beim Thema Effizienzsteigerung darf der unternehmerische Zweck die Mittel nicht heiligen, sonst riskieren es die verantwortlichen Manager, für abstrakte Ideale über Leichen zu gehen.

„Die Wirtschaft ist der Kriegsgott unserer Tage"

Beim Ausbruch des ersten Weltkriegs erkannte der Industrielle Walther Rathenau (1867–1922), wie unzureichend Deutschland wirtschaftlich auf den Krieg vorbereitet war. Auf seine Initiative und unter seiner Leitung entstand eine Abteilung im Kriegsministerium, deren Aufgabe es war, innerhalb kürzerster Zeit die gesamte Rohstoffversorgung neu zu organisieren.

Am 1. August 1914 brach auf Deutschlands Straßen ein Jubel aus, wie man ihn heute nur noch nach gewonnenen sportlichen Wettkämpfen kennt. Die Nachricht, welche weite Teile der Bevölkerung in Hochstimmung versetzt hatte, war die vom Ausbruch des Krieges. Selbst in Kreisen von Intellektuellen und Künstlern gab es so gut wie keine Kritik am bevorstehenden Waffengang, im Gegenteil. Walther Rathenau, Aufsichtsratschef der von seinem Vater Emil Rathenau in Berlin gegründeten AEG und viel gelesener Publizist, schrieb an diesem Hochsommertag an den Dichter Herrmann Burte: „Möge dieses Gewitter gesandt sein zu reinigen, nicht zu sengen."

Ein reinigendes Gewitter, kurz und heftig, das entsprach wohl der Erwartung der meisten Deutschen. Wovon sich ein Land, dem es wirtschaftlich blendend ging, eigentlich reinigen wollte, liegt wohl in den nebligen Sümpfen des deutschen Kulturpessimismus der vorletzten Jahrhundertwende verborgen. Völlig klar scheint dagegen, dass man sich in einer der drei stärksten Volkswirtschaften der Welt, die Erfolge des Generals Moltke gegen Dänemark, Österreich und Frankreich vor einigen Jahrzehnten noch in guter Erinnerung, kaum etwas anderes als einen schnellen Sieg vorstellen konnte. Garant dafür sollte der Kriegsplan des Generals Alfred Graf von Schlieffen aus dem Jahr 1905 sein. Er sah vor, im Westen eine schnelle Entscheidung herbeizuführen, indem man die Franzosen in die Zange nähme. Dass dies nicht möglich war, ohne die Neutralität Belgiens, Hollands und Luxemburgs zu verletzten, schien nicht weiter tragisch. Das Völkerrecht, ohnehin eine Erfindung westlicher Liberaler, sollte die weltgeschichtliche Sendung der Germanen nicht aufhalten.

Walther Rathenau und sein Mitarbeiter Wichard von Moellendorff, Ingenieur im Kabelwerk Oberspree der AEG, erkannten nun aber, dass das deutsche Heer selbst auf einen kurzen Krieg nur unzureichend vorbereitet war. Es hätte bereits nach wenigen Monaten wegen Waffen- und Munitionsmangels kapitulieren müssen. Dabei war das Hauptproblem die mangelhafte Versorgung mit Rohstoffen, denn eine englische Seeblockade hatte Deutschland vom Weltmarkt abgeschnitten. Dass nun ausgerechnet Rathenau, der sich in seiner Rolle als Unternehmer nie so wohl fühlte wie in seinem zweiten Leben als philosophischer Schriftsteller, Kriegsminister Erich von Falkenhayn nicht nur auf das Versorgungsproblem aufmerksam machte, sondern sich auch gleich als Manager seiner Lösung ins Spiel brachte, lässt sich kaum nur auf die allgemeine Kriegseuphorie zurückführen.

„Bürger zweiter Klasse“ zu sein, wie Rathenau formulierte, war das Schicksal aller Deutschen jüdischen Glaubens.

Schon seit ungefähr acht Jahren hatte Rathenau ein politisches Amt angestrebt, war aber bisher nicht zum Zuge gekommen. Das neu geschaffene Ministerium für Kolonialpolitik hatte ihn nicht gewollt, und auch das Reichsindustrialamt leitete inzwischen ein anderer. Die Kandidatur für die Nationalliberalen bei den Reichstagswahlen 1912 hatte Rathenau nach kurzer Zeit wieder zurückgezogen, da seine politischen Ideen parteiintern auf wenig Gegenliebe gestoßen waren. Diese Erfahrung der Zurückweisung und Ablehnung hatte Rathenau, der stets alles für Geld Käufliche haben konnte, schon früh machen müssen. So blieb etwa auch der innige Wunsch des jungen Mannes, Reserveoffizier zu werden, unerfüllt. „Bürger zweiter Klasse“ zu sein, wie Rathenau formulierte und damit ein geflügeltes Wort prägte, war das Schicksal aller Deutschen jüdischen Glaubens.

Erst in der Ausnahmesituation des Kriegs bot sich dem Patrioten Rathenau die Chance, sich in einem öffentlichen Amt zu beweisen. Als Mann der Wirtschaft, die er einmal als den Kriegsgott seiner Tage bezeichnete, ahnte er vielleicht auch, dass der sich anbahnende erste „totale Krieg“ nicht nur an der Front, sondern auch in den Werkshallen entschieden werden würde. Und wenn das dann die Werkshallen der AEG sein würden, umso besser.

Nur zwölf Tage nach der Kriegserklärung schrieb Minister von Falkenhayn an Rathenau: „Die mit Euer Hochwohlgeboren gepflegten Unterhandlungen haben mich veranlasst, im Kriegsministerium eine Kriegs-Rohstoff-Abteilung zu bilden, mit dem Zweck, im Inland und, bei glücklichem Fortschreiten der Armee, in den okkupierten feindlichen Gebieten, sowie unter Umständen in dem befreundeten Österreich, die zur Zeit vorhandenen militärisch notwendigen Rohstoffe nach Besitzern, Mengen und Lagerwerten festzustellen. Ihr Verbrauch soll den militärischen Bedürfnissen entsprechend geregelt und, soweit zulässig, hierbei das allgemeine wirtschaftliche Leben möglichst unterstützt werden.“

Mit dem Schreiben wurde Rathenau auch gleich zum Leiter jener neuen Kriegs-Rohstoff-Abteilung, abgekürzt KRA, ernannt. Der Jude, dem einst wegen seines Glaubens die Offizierslaufbahn verwehrt worden war, verfügte nun durch eine Unterschrift des zuständigen Ministers als Abteilungsleiter im Kriegsministerium de facto über Rang und Vollmachten eines Generals. Und er hatte weitgehend freie Hand: Was aus dem Ernennungsschreiben hervorgeht, ist die Aufforderung von Falkenhayns, alles so umzusetzen wie von Rathenau selbst vorgeschlagen – einschließlich der völkerrechtswidrigen Ausplünderung besetzter Gebiete, ein klarer Verstoß gegen die Haager Landkriegsordnung von 1899 und 1907.

Rathenau baute nun nicht nur die KRA auf, sondern krempelte gleich auch Deutschlands Wirtschaft völlig um. Die Industrie sollte konzentriert und zentralisiert werden, die Einzelinteressen des Unternehmers hatten zurückzutreten, um eine vermeintlich der Schicksalsstunde angemessene Gemeinwirtschaft zu schaffen, in der alle an einem Strang zögen und der Staat sie dabei beaufsichtigte. Kaum zufällig deckten sich diese ordnungspolitischen Vorstellungen mit den schwärmerischen Ideen einer organisierten Volksgemeinschaft, der Rathenau und viele andere Intellektuelle zu dieser Zeit anhingen. Sie sahen das Deutschtum im 20. Jahrhundert einer höheren Entwicklungsstufe entgegengehen und betrachteten den Krieg gewissermaßen als Katalysator für das Endprodukt dieses sozialen Wandels. Dabei spielten auch die Ideen des Amerikaners Frederick W. Taylor eine wichtige Rolle: Die großindustrielle Rationalisierung, das Diktat von Effizienz und Effektivität, wurde in diesem Zusammenhang als grundlegendes Instrument der angestrebten gesellschaftlichen Reform begriffen.

Und wie sah die Praxis aus? Rathenaus KRA trat zunächst an, die überhaupt verfügbaren Rohstoffmengen zu ermitteln und verfolgte dann zwei wesentliche Ziele: für die besonders wertvollen Rohstoffe Ersatzstoffe finden und die Ressourcen insgesamt so effizient wie möglich einsetzen. Die statistische Vorarbeit begann in der Metallindustrie, wo 900 Firmen zu ihrer möglichen Versorgungsleistung befragt wurden. Hektische Aktivität setzte in Berlin ein, als hier wie auch in anderen Industriezweigen herauskam, dass die Vorräte nur ein knappes halbes Jahr reichen würden. Die Forschung lief auf Hochtouren, damit Innovationen wo immer möglich Entlastung schaffen konnten. So fand man bald ein Verfahren, um Zünder und Munition ohne den knappen Salpeter herstellen zu können.

Das Herzstück der neuen Kriegswirtschaft war jedoch eine vollkommen andere Organisation sämtlicher Schlüsselindustrien in einer ganz eigenen Art Public-Private-Partnership. Bereits am 4. August, also noch vor Gründung der KRA, hatte die Reichsregierung den Goldstandard aufgehoben, Reichsschatzwechsel eingeführt und Darlehenskassen eingerichtet. Dadurch waren die Voraussetzungen für eine Kriegsfinanzierung mit der Notenpresse geschaffen worden. Rathenaus Idee war es nun, im ganzen Land so genannte Kriegsrohstoffgesellschaften zu gründen, die nach den Grundsätzen der privaten Wirtschaft, aber unter staatlicher Aufsicht arbeiten sollten. Durch den kriegsbedingten Ausnahmezustand waren zwar sämtliche Rohstoffe für beschlagnahmt erklärt, jedoch nicht konfisziert worden, befanden sich also immer noch in privater Hand.

Der Staat gründete nun zunächst in den äußerst wichtigen Bereichen Metall und Chemie, dann Zug um Zug in sämtlichen Industriezweigen insgesamt rund 200 neue Aktiengesellschaften. Auf Anweisung des Kriegsministeriums wurden Unternehmer zu Leitern dieser Kriegsgesellschaften berufen und bekamen die Aufgabe, diese nach kaufmännischen Regeln zu verwalten. Mancher Unternehmer war davon wenig begeistert, musste sich aber unter Androhung von Strafe dem Plan fügen.

Die einzelnen Gesellschaften waren in ihren Managemententscheidungen zwar weitgehend frei, jedoch Teil eines großen staatlichen Syndikats. Zusätzlich stand jede AG unter der Kontrolle eines staatlichen Kommissars, der im Aufsichtsrat das Vetorecht besaß. Nur die Kriegsgesellschaften durften Rohstoffe handeln und verarbeiten. Sie waren so etwas wie gemeinnützige Organisationen und sollten folglich auch keine Gewinne ausschütten, sondern lediglich den Kapitalgebern das eingesetzte Kapital mit pauschal 5 Prozent verzinsen. Im Gegenzug übernahm der Staat das komplette Risiko – eine Insolvenz war ausgeschlossen.

Dieser Risikoausschluss sowie die Tatsache, dass die Kriegsgesellschaften – zumindest am Anfang – die Preise beim Aufkauf der Rohstoffe selbst festsetzen und die Verteilung auf die einzelnen Produktionsstätten nach eigenem Ermessen regeln konnten, ließ vielen deutschen Unternehmen das Engagement in der Kriegswirtschaft lohnend erscheinen. So übernahmen sechs große Elektrizitäts- und Metallunternehmen die Anfang September als erste Gesellschaft gegründete Kriegs-Metall-AG. Später wurden auch zunehmend die führenden Positionen der größer werdenden KRA sowie die Posten der Aufsicht führenden Kommissare mit Vertretern der großen Unternehmen besetzt.

Rathenau war Aufsichtratsvorsitzender der AEG, die wiederum der größte Aktionär der Kriegs-Metall-AG war; gleichzeitig war er KRA-Chef und schließlich noch der Staatskommissar für die Aufsicht der Kriegs-Metall-AG.

Die rasch fortschreitende Verquickung von Staat und Wirtschaft zeigte sich gerade auch bei Rathenau selbst: Er war Aufsichtsratsvorsitzender der AEG, die wiederum der größte Aktionär der Kriegs-Metall-AG war; gleichzeitig war er KRA-Chef und schließlich noch der Staatskommissar für die Aufsicht der Kriegs-Metall-AG – mit Sitz in deren Aufsichtsrat und Vetorecht. Da dürfte es für viele keine große Überraschung gewesen sein, dass die AEG sehr bald zu Deutschlands zweitgrößtem Rüstungskonzern aufstieg.

Rathenau legte sein Amt als Leiter der KRA bereits Ende März 1915 nieder, unter anderem vielleicht auch deshalb, weil die Vorteile, die sein eigenes Unternehmen durch das von ihm geschaffene System hatte, ihn der öffentlichen Kritik aussetzten – und er doch eigentlich nach gesellschaftlicher Anerkennung strebte. Der Industriellenerbe hinterließ seinem Land einen eigenwilligen Staatskapitalismus, mit dessen Hilfe die deutsche Kriegsmaschine tatsächlich vier Jahre lang geölt werden konnte. Das daraus resultierende millionenfache Leiden und Sterben hat der Maler Otto Dix in Gemälden wie „Der Krieg" oder „Flandern" ebenso meisterhaft wie erschütternd verdichtet.

Walther Rathenau wurde nach dem Weltkrieg zum entschiedenen Vertreter einer Versöhnungspolitik gegenüber den ehemaligen Kriegsgegnern und war als Reichsaußenminister einer der anerkanntesten Politiker der frühen Weimarer Republik. Am 26. Juni 1922 wurde er auf der Autofahrt von seiner Villa in Grunewald ins Auswärtige Amt von Angehörigen der extremistischen „Organisation Consul" erschossen. Christoph Stölzl,

Gründungsdirektor des Deutschen Historischen Museums und ehemaliger Berliner Kultursenator, urteilt über Rathenau: „Wie bei Heine, Nietzsche und Bismarck ergeben Charakter, Leben und Werk keine runde Summe, und der Common sense der Nachgeborenen tut sich schwer mit den extremen Pendelschlägen.“

> Oft zeigt sich erst in der Krise, ob eine Organisation belastbar und anpassungsfähig ist oder schon längst auf tönernen Füßen steht, ohne dass es jemand bemerkt hätte. Je größer der äußere Druck, desto schnellere und radikalere Veränderungen der bestehenden Strukturen erscheinen möglich. Der nur bizarr zu nennende Versuch Walther Rathenaus und seiner Generation, den Krieg zur Verwirklichung eines wirtschaftlichen und sozialen Harmonieideals nutzbar zu machen, darf aber auch als Warnschild begriffen werden. Wer die Krise herbeisehnt oder gar aktiv herbeiführt, weil sich Dinge dann endlich einmal radikal verändern lassen, treibt ein gefährliches Spiel mit dem Feuer.

38

Widerstände – Baron Georges Eugène Haussmann und die brachiale Umgestaltung von Paris: Nach gelungenen Großprojekten ist alle Kritik vergessen. Hat man als Projektleiter die Hausmacht hinter sich, kann man schnell und unbürokratisch Fakten schaffen. Polarisierende Pläne, die nicht durch endlose Diskussionen verwässert, sondern mit Macht durchgesetzt werden, funktionieren manchmal besser als jeder austarierte Kompromiss.

Als Paris der Bauch aufgeschlitzt wurde

Baron Georges Eugène Haussmann (1809–1891) stieß als Präfekt der französischen Hauptstadt und Projektleiter eines radikalen Stadtumbaus seine Zeitgenossen vor den Kopf. Seine großzügig angelegten Plätze und breiten, wie mit dem Lineal durch den historischen Stadtkern gezogenen Boulevards wurden als kalt, protzig und geschmacklos empfunden. Heute gilt „sein" Paris vielen als schönste Stadt der Welt.

Am 29. Juni 1853 hat Georges Eugène Haussmann endlich den Posten, von dem er seit seiner Jugend geträumt hat. Im Schloss von St. Cloud leistet er vor Kaiser Louis Napoléon seinen Amtseid als Präfekt des Départements Seine und ist damit der neue Mann an der Spitze der Verwaltung seiner geliebten Heimatstadt Paris. Mit Ehrgeiz und Fleiß hat der Einserjurist jahrelang auf diesen Moment hingearbeitet – jetzt ist er so stolz wie es ein Franzose nur sein kann. Unmittelbar nach der feierlichen Amtseinführung wünscht der Kaiser seinen neuen Präfekten noch unter vier Augen zu sprechen. Er führt ihn in ein kleines Kabinett und schließt die Tür hinter sich. Dann holt er ein gefaltetes Papier hervor, das sich, vor Haussmann ausgebreitet, als ein Stadtplan von Paris entpuppt. Auf dieser Karte hat Louis Napoléon höchstpersönlich mit Buntstiften schnurgerade Linien aufgemalt. Sie markieren die neuen Straßen, breite Boulevards, von denen der Kaiser die Metropole der Grande Nation durchzogen sehen möchte. Und das möglichst bald. Die Farben der Linien – blau, grün, gelb und rot – zeigen an, welche Dringlichkeit er dem Neubau jeder einzelnen Straße beimisst.

Haussmann fällt sofort auf, dass die kaiserliche Skizze sich kaum irgendwo an der gegenwärtigen Anlage der Stadt orientiert. Der Monarch hat seine Striche mit dem Lineal mitten durch dicht bebaute Gebiete gezogen, als sei es das Selbstverständlichste der Welt. Weg damit! lautet die kaum zu missdeutende Botschaft seiner Zeichnung. Schließlich hat schon Voltaire im Jahrhundert zuvor angemahnt, es sei an der Zeit, Paris einmal völlig umzubauen und zu verschönern. Jetzt, da Louis Napoléon dank seines Staatsstreiches vor zwei Jahren unangefochtener Herr im Hause Frankreich ist, scheint die Gelegenheit günstig, endlich eine aufgeräumte, moderne Stadt zu schaffen – ohne auf die absehbaren Proteste große Rücksicht nehmen zu müssen. Umso besser, wenn man damit noch die Wirtschaft ankurbeln und die Stadt für das Industriezeitalter wappnen kann.

Haussmann bezog also sein Büro in der Präfektur mit einem kaiserlichen Auftrag in der Rocktasche, der sein Lebenswerk werden sollte. Bis zum Ende des Dritten Kaiserreichs nach der Niederlage gegen Preußen 1870 sollten 115 km neue Straßen, 640 km Gehwege und 520 km Abwasserkanäle angelegt sein. 25.000 Häuser würden abgerissen und dafür 40.000 neu gebaut sein. Neue Brücken, Schulen, Krankenhäuser, Kasernen, Gefängnisse würden errichtet sein, und in zahlreichen neuen Parks würden 100.000 Bäume gepflanzt worden sein. Doch wie anfangen? Der Blick auf das, was dem Kaiser als Stadtplan gedient hatte, war ernüchternd: Es gab nicht einmal eine verlässliche Karte von Paris!

Bevor irgendetwas umgebaut oder verschönert werden konnte, musste die an manchen Stellen seit dem Mittelalter unveränderte Stadt mit ihrem Irrgarten aus Gassen, Winkeln und kleinen Plätzen also erst einmal anständig vermessen werden. Bald standen überall in Paris turmähnliche hölzerne Gerüste von zehn oder fünfzehn Metern Höhe. Die „Geometer", die dort hinaufstiegen, erkannte man an ihren schwarzen Anzügen und hohen Zylinderhüten, wodurch sie sich von den ihnen assistierenden Arbeitern unterschieden. Auf den Gehwegen lachte man über die Männer, die da wie Affen auf Bäumen herumkletterten, ahnte doch kaum ein Bewohner der Stadt, was noch auf ihn zukommen sollte.

„Die Rue des Teintures war so eng, dass die wurmstichige Fassade des verputzten Fachwerkhauses, welches mittendrin stand, vergeblich versuchte herabzustürzen."

Im ersten Bauabschnitt wurden dann zunächst einmal die verwinkelten und überfüllten Elendsquartiere rund um die Ile de la Cité ins Visier genommen. Haussmann erinnerte sich in seinen Memoiren: „Vor dem Rathaus, im Abschnitt, der den alten Chatelet-Platz von dem unregelmäßigen Raum trennt, der Place de Grève genannt wird, wurde das Auge von furchtbaren Kloaken beleidigt. ... [Die Rue des Teintures] war so eng, dass die wurmstichige Fassade des verputzten Fachwerkhauses, welches mittendrin stand, vergeblich versuchte herabzustürzen: Sie konnte sich nur auf die Fassade des gegenüberliegenden Hauses stützen. Und welche Leute da wohnten!“

Die Slums zu beseitigen war freilich keine ganz uneigennützige soziale Wohltat der Obrigkeit. Es wird dem Kaiser und seinem Präfekten kaum gefallen haben, dass ausgerechnet der Königspalast – der Louvre –, die Präfektur, die Kathedrale und der Bischofssitz von den ärmsten Quartieren der Stadt, von Brutstätten für Krankheiten und Seuchen, umgeben waren. Vor allem aber steckte den Regierenden der Schock des Arbeiteraufstandes von 1848 noch in den Knochen. Damals hatten die Revolutionäre weite Teile der Altstadtstraßen kontrolliert. Auf breiten Boulevards und großen Plätzen würde es dagegen ungleich schwieriger sein, Barrikaden zu errichten. Rückblickend kam sich Haussmann wie ein Chirurg vor: „Wir schlitzten dem alten Paris, dem Quartier der Aufstände und Barrikaden, mittels einer großen zentralen Schneise den Bauch auf, indem wir Stück für Stück dieses fast unpassierbare Gewirr von Gassen durchbrachen.“ Teil dieser frühen Projektphase war es schließlich auch, zwei möglichst gerade Verbindungen von West nach Ost und von Nord nach Süd anzulegen. So entstanden etwa die Rue de Rivoli oder der Boulevard Sébastopol.

Haussmann hatte eine Idee, ging damit zum Kaiser, der daraufhin ein Dekret erließ. Fertig.

Im zweiten Bauabschnitt wurde dann zunächst die Anlage der Stadt verkehrstechnisch perfektioniert. Jetzt entstanden die großen Plätze, wie die die heutige Place de la République oder die Place de la Nation, von denen die Straßen sternförmig in die umliegenden Bezirke ausstrahlten und in Richtung Peripherie an die alten, gewachsenen Landstraßen anknüpften. Besonders wichtig war auch die Anbindung der Bahnhöfe, die der Kaiser als die „neuen Häfen von Paris“ bezeichnet hatte. Und wo kamen so schnell all die Baugenehmigungen her? Ganz einfach: Haussmann hatte eine Idee, ging damit zum Kaiser, der daraufhin ein Dekret erließ. Fertig. „In rasendem Tempo“, so schrieb ein Zeitgenosse, erlasse der Kaiser ein Dekret nach dem anderen. Und hin und wieder gab das Parlament – der Form halber – sein Plazet dazu.

Eine jener Ideen und ein besonderes Steckenpferd Haussmanns war es, die Abwasserkanäle unterhalb der neu angelegten Straßen in edlen Materialien auszuführen und reich zu verzieren. Damit dies auch nicht unbeachtet blieb, organisierte der Präfekt Besichtigungstouren auf kleinen Booten durch die streng riechende Unterwelt. Glaubt man Haussmanns

Memoiren, äußerte dabei einmal ein Journalist, die Kanäle seien „so elegant, dass etwas wirklich Großartiges dort passieren sollte." Was tatsächlich geschah, war, dass das Abwassersystem zur neuen Heimat für die im Zuge der gigantischen Tiefbauarbeiten zigtausendfach aus ihren Höhlen vertriebenen Ratten wurde. Der Karikaturist einer Zeitung zeigte ein Rattenpaar, das es sich mit Sofa, Tisch und Stühlen in einem der eleganten Abwasserkanäle gemütlich gemacht hatte.

In dieser Karikatur kam allerdings auch eine bittere Anklage zum Ausdruck, die Behauptung nämlich, unter Haussmann fänden Ratten inzwischen bessere Wohnverhältnisse vor als Menschen. Hintergrund dieser Kritik waren die sozialen Verwerfungen bei der Umgestaltung von Paris, wie sie vor allem im dritten Projektabschnitt, als Tausende neuer Wohnhäuser erbaut wurden, klar zu Tage traten. Haussmann hatte nämlich Schwierigkeiten, neuen Wohnraum in demselben Tempo zu errichten wie er bestehenden vernichtete. Das lag wiederum nicht zuletzt an den zahlreichen Planungsdefiziten.

Entgegen einer verbreiteten Legende gab es nie den großen Haussmannschen Masterplan, schon gar nicht in schriftlich fixierter Form. Real waren der Wille zweier Männer – Louis Napoléon und Haussmann –, eine Weltstadt ganz nach ihrem persönlichen Geschmack umzumodeln, und die Machtverhältnisse, die ihnen erlaubten, dies auch umzusetzen. Der Rest war viel Improvisation, und manches ging auch schief. So war beispielsweise der Boulevard Sébastopol schon bald nach seiner Anlage von Prachtbauten gesäumt, während die restliche Verbindungsachse zum Ostbahnhof, der Boulevard de Strasbourg, lange Zeit ohne ein einziges Gebäude dastand.

Aufgrund von Spekulation entwickelte sich überdies manches mehr im Sinn des Großbürgertums als zu Gunsten der kleinen Leute. Noch heute ist für Besucher augenfällig, dass vor allem das Zentrum aufgemöbelt wurde und der großbürgerliche Westen entstand, jedoch kaum vergleichbar große und schon gar keine vorbildlichen Arbeitersiedlungen gebaut wurden. Ein Glanzstück der Stadterneuerung, die Avenue de l'Impératrice, die heutige Avenue Foch, ein 120 m breites Sinnbild für den Aufschwung des Westens, war als Wohnlage ebenso beliebt wie ausschließlich den Reichen vorbehalten. Das Kleinbürgertum konnte sich immerhin noch an den grandiosen neuen Markthallen aus Gusseisen, Stahl und Glas des Architekten Victor Baltard erfreuen. Die Arbeiterschaft jedoch profitierte insgesamt am wenigsten.

Nicht nur aus diesem Grund wurde das Projekt von vielen Zeitzeugen eher skeptisch betrachtet. Der vielleicht schärfste Kritiker war der Journalist Léon Bienvenue, der unter dem Pseudonym Touchatout so sehr gegen die „Transformation" anschrieb, wie es die Zensur eben erlaubte. Dabei ging es nicht nur um Geschmacksfragen, sondern auch darum, dass die Bewohner von Paris sich binnen kurzer Zeit an ganz neue Lebensverhältnisse gewöhnen sollten. Das ganze zu einer Zeit, in der das Leben auch in der Stadt noch von jahrhundertealten Traditionen geprägt war. Für kapriziöse Neuerungen wie den Zeitungskiosk, der 1857 plötzlich auf allen Boulevards anzutreffen war, hatten die meisten wenig Sinn. Weil nicht nur das Wort „Kiosk" aus dem Orient stammte, sondern die Verkaufsstände tatsächlich wie kleine islamische Gebetshäuser aussahen, zeigt eine Karikatur aus den 1860er Jahren einen Moslem, der sich vor einem Zeitungskiosk zum Gebet verneigt.

Schließlich waren tatsächlich auch Geschmacksfragen berührt. Denn das Paris des Baron Haussmann empfanden viele Zeitgenossen schlicht als hässlich: Man trauerte den verträumten mittelalterlichen Gassen nach, fand die Straßen zu breit, die Plätze zu groß und den allgegenwärtigen Fassadenschmuck protzig und geschmacklos. Die regelmäßigen Blocks aus Häusern neuen Typs erinnerten zudem nicht wenige an Kasernen – Stuckverzierungen hin oder her.

Paris, die Stadt der Mietskasernen und der Geschmacklosigkeiten? Wenigen Besuchern dürfte sich heute dieser Eindruck aufdrängen. Vielmehr sind die Bibliotheken voll von wahren Lobgesängen auf die Schönheit der Metropole an der Seine, deren Stadtbild immer noch weitgehend von Haussmann geprägt ist. Dieser sah sein Projekt insgesamt wohl eher pragmatisch. Als er im Jahr der Weltausstellung 1867 zum Mitglied der Akademie der Schönen Künste gewählt wurde, sagte er: „Warum die Wahl auf mich fiel? Ich bin ein Zerstörungskünstler."

Großprojekte oder umfassende Restrukturierungen von Organisationen und Geschäftsprozessen bedeuten immer, dass Mitarbeiter sich von Liebgewonnenem trennen und an Neues gewöhnen müssen. Management und Projektleitung haben so neben den bei großen Eingriffen unvermeidlichen Pannen auch noch schlechte Stimmung zu ertragen. Wem da einmal die Nerven blank liegen, der kann sich auf einer Wochenendreise nach Paris erholen – denn das Neue ist irgendwann das Alte, und wenn der Umbau gelungen ist, schlägt alle Skepsis doch noch in Zufriedenheit, ja manchmal Begeisterung um.

39

Kick-off – Helmut Kohl und der Zehn-Punkte-Plan zur Wiedervereinigung Deutschlands: Wenn Mammutprojekte unbezwingbar erscheinen, kann man auch einfach mal anfangen. Öffentliche und interne Stimmungen können sich schnell wandeln, wenn der Chef die Initiative ergreift und seine Umgebung mitreißt. Führungspersönlichkeiten zeichnet aus, dass sie auf die eigene Urteilskraft vertrauen.

„Zehntens: Wiedergewinnung der staatlichen Einheit Deutschlands"

*Kurz nach dem Fall der Berliner Mauer verkündete Bundeskanzler Helmut Kohl (*1930) am 28. November 1989 im Deutschen Bundestag seinen so genannten Zehn-Punkte-Plan zur Überwindung der deutschen Teilung. Der Plan wurde zunächst heftig kritisiert und nur von den Vereinigten Staaten unter Präsident George Bush senior vorbehaltlos unterstützt, geriet aber schließlich zum erfolgreichen Startschuss für das Projekt der Wiedervereinigung Deutschlands.*

Sonntag, 26. November 1989. Es ist ruhig in dem schlichten Einfamilienhaus von Helmut und Hannelore Kohl in Oggersheim, einem unauffälligen Vorort von Ludwigshafen. Nur das Klappern einer Schreibmaschine erfüllt das Arbeitszimmer des Bundeskanzlers, in dem er an diesem Wochenende viele Stunden mit seiner Frau und zwei katholischen Priestern, die ihm seit vielen Jahren Ratschläge für wichtige Reden geben, zusammensitzt. Hannelore Kohl hat sich an den Schreibtisch gesetzt und tippt auf einer mechanischen Reiseschreibmaschine Sätze wie diesen: „Wir sind aber auch bereit, noch einen entscheidenden Schritt weiterzugehen, nämlich konföderative Strukturen zwischen beiden Staaten in Deutschland zu entwickeln mit dem Ziel, danach eine Föderation, das heißt eine bundesstaatliche Ordnung in Deutschland, zu schaffen."

Helmut Kohl hat sehr lange über diesen und weitere Sätze nachgedacht, die seine Frau heute zu Papier bringen wird. Er hat sich immer wieder mit ihr, dem pensionierten Studiendirektor und dem Stadtdekan von Ludwigshafen beraten, um seine Gedanken zu ordnen. Und er hat gestern und heute oft mit dem Bundestagsabgeordneten Rupert Scholz telefoniert, der als einer der besten Staatsrechtler in der Partei des Kanzlers gilt. Kohl will am kommenden Dienstag während der Haushaltsdebatte des Bundestags in Bonn die Wiedervereinigung des seit vierzig Jahren geteilten Deutschland auf den Weg bringen.

Eine Arbeitsgruppe unter der Leitung seines Beraters Horst Teltschik hat dazu vergangene Woche ein Programm in Form von zehn Punkten zusammengestellt. Nachdem Kohls Redenschreiber den Entwurf in Form gebracht haben und dieser am Samstag mit dem Auto von Bonn nach Ludwigshafen gebracht worden ist, fügt der Bundeskanzler nun noch einige heikle Passagen hinzu. Helmut Kohl will nicht, dass Deutschland noch jahrzehntelang geteilt bleibt. Er will mehr als eine vorsichtige Annäherung zwischen Bundesrepublik und DDR, mehr auch als die „Vertragsgemeinschaft", die der neue Ministerpräsident der DDR, Hans Modrow, vorgeschlagen hat.

Helmut Kohl will Deutschlands staatliche Einheit – ohne Wenn und Aber und so schnell es nur eben möglich ist. Aber er weiß auch, wie viele in Bonn und Ost-Berlin, in Moskau, London und Paris nichts weniger wollen als das. Nur der amerikanische Präsident George Bush hat Kohl schon vorletzte Woche in einem Telefongespräch erklärt, die USA würden den Wunsch der Deutschen nach Einheit ihres Landes voll und ganz unterstützen. Im Übrigen glaube er, dieser Prozess könne schneller verlaufen als manche meinten. Die freundschaftliche Unterstützung der Amerikaner kann jetzt Kohls alles entscheidender Trumpf werden.

Als die vom Massenandrang der Ost-Berliner völlig überforderten Grenztruppen der DDR am späten Abend des 9. November zunächst den Grenzübergang Bornholmer Straße, dann Zug um Zug alle weiteren Übergänge öffneten, war niemand in Ost und West auf diese Entwicklung vorbereitet. „Also, Genossen, hier steht …", hatte SED-Politbüromitglied Günter Schabowski auf Nachfrage eines Journalisten in eher gelangweiltem Tonfall live im Fernsehen erklärt, „Privatreisen nach dem Ausland können ohne Vorliegen von Voraussetzungen beantragt werden." Die Umsetzung dieses neuen „Reisegesetzes" der DDR nahm das seit Monaten auf den Straßen protestierende Volk dann einfach selbst in die Hand.

Bundeskanzler Kohl war zur selben Zeit auf einem lange geplanten Staatsbesuch in Polen und konnte seinen Gastgebern, die über die Entwicklung in Deutschlands ehemaliger Hauptstadt nicht glücklich waren, nur mühsam das Einverständnis abringen, den Besuch zu unterbrechen und nach Berlin zu fliegen. Da grundsätzlich kein westdeutsches Flugzeug in den Luftraum der DDR eindringen durfte, musste Kohl einen weiten Umweg über Schweden machen. In Hamburg konnte er dann in eine amerikanische Militärmaschine umsteigen, die ihm US-Botschafter Vernon Walters kurzfristig zur Verfügung gestellt hatte und die ihn gerade noch rechtzeitig nach Berlin-Tempelhof brachte, um an einer Kundgebung mit anderen Spitzenpolitikern vor dem Rathaus Schöneberg teilzunehmen.

„Jetzt wächst zusammen, was zusammengehört", sagte Willy Brandt am 10. November 1989 auf dem Balkon des Schöneberger Rathauses.

„Wir sind und bleiben eine Nation, und wir gehören zusammen", sprach Kohl, den der Berliner Senat als letzten Redner des Tages vorgesehen hatte, ins Mikrofon und schloss kurze Zeit später mit den Worten: „Es geht um Deutschland, es geht um Einigkeit und Recht und Freiheit." Vom Publikum, das mehrheitlich aus politischen Gegnern des Kanzlers aus dem benachbarten Bezirk Kreuzberg bestand, wurde seine Rede mit lautstarken Pfiffen quittiert und regelrecht niedergebrüllt. Aber auch Politikerkollegen äußerten sich nicht eben freundlich. „Kohl quatscht von Wiedervereinigung", meinte Berlins Regierender Bürgermeister Walter Momper nach der Veranstaltung. Altbundeskanzler Willy Brandt hingegen, der Architekt der Ostverträge, erkannte die historische Dimension des Augenblicks ebenso wie Helmut Kohl und sorgte für das Zitat des Tages: „Jetzt wächst zusammen, was zusammengehört."

Helmut Kohl war verärgert über die scharfe Ablehnung des Gedankens der Wiedervereinigung seitens seiner politischen Gegner, aber nicht überrascht. Der Kanzler, der die Bezeichnung seiner Bundestagsreden „Zur Lage der Nation" wieder um den vor der Regierungszeit der sozialliberalen Koalition üblichen Zusatz „im geteilten Deutschland" ergänzte, war in seinem politischen Werdegang stark von dem Wunsch geprägt, Deutschlands Einheit eines Tages wiederherstellen zu können. Enttäuscht beobachtete er, wie dieses Anliegen in Westdeutschland seit Mitte der 1970er Jahre immer mehr aus dem Blick geriet, ja viele sogar die Spaltung Europas und die Existenz zweier deutscher Staaten für den wünschenswerten oder zumindest tolerablen historischen Endzustand hielten.

Kohl hatte immer wieder den Kopf geschüttelt. Über die Friedensbewegung, die mit ihren Massenkundgebungen nicht gegen die Stationierung der sowjetischen Mittelstreckenraketen vom Typ SS 20 protestierte, sondern gegen die Antwort des Westens, den NATO-Doppelbeschluss, von dem Michail Gorbatschow später sagen würde, er habe Glasnost und Perestroika erzwungen, weil der Kreml eingesehen hatte, dass er das Wettrüten nicht gewinnen konnte. Über die sozialdemokratisch regierten Bundesländer, die unbedingt die „Geraer Forderungen“ von Erich Honecker erfüllen wollten und ihre Zahlungen an die Erfassungsstelle für Menschenrechtsverletzungen der DDR in Salzgitter einstellten, deren Existenz doch ein Strohhalm der Hoffnung für die politischen Gefangenen zwischen Rostock und Görlitz war. Oder über das gemeinsame „Grundwertepapier“ von SED und SPD, in dem die beiden Parteien sich gegenseitig „Reformfähigkeit“ aus dem „Geist der Aufklärung“ bescheinigten und Konzepte zur „gegenseitigen Nichtangriffsfähigkeit“ entwickeln wollten. Ganz so, schnaubte Kohl vor Wut, als ob die Strategie der NATO jemals auf Angriff ausgerichtet gewesen wäre.

Nein, allseits beliebt ist der Gedanke der Wiedervereinigung schon lange nicht mehr, in Westdeutschland nicht und bei manchen verbündeten Staaten in Europa erst recht nicht. Hat es da überhaupt Sinn, das Thema auf die Tagesordnung zu setzen? Oder sind die Widerstände nicht viel zu groß, ist die Lage nicht viel zu prekär und sind die Folgen nicht viel zu unabsehbar, um ein solches Mammutprojekt zu wagen? Helmut Kohl hat sich entschieden, trotz allem die Initiative zu ergreifen. Er will ein Konzept präsentieren, wie der Weg zur Einheit aussehen könnte. Das Ziel in den Blick nehmen, die Richtung benennen. Dann wird man weitersehen.

„Lieber George, ich wäre Ihnen besonders verbunden, wenn Sie gegenüber Generalsekretär Gorbatschow die in diesen 10 Punkten zum Ausdruck kommende Politik unterstützten.“

Bis zum Tag der Haushaltsdebatte am 28. November hält der Bundeskanzler seinen Zehn-Punkte-Plan weitgehend geheim. Am Dienstagvormittag erhalten die Regierungen der Mitgliedsländer der Europäischen Gemeinschaft und der Sowjetunion den Redetext vorab. Der amerikanische Präsident Bush kennt den Text zu diesem Zeitpunkt schon. Er hat ihn bereits am Montag zusammen mit persönlichen Erläuterungen Kohls erhalten. „Lieber George“, schreibt der Kanzler, „ich wäre Ihnen besonders verbunden, wenn Sie gegenüber Generalsekretär Gorbatschow die in diesen 10 Punkten zum Ausdruck kommende Politik unterstützten.“ Kohl weiß, dass nicht Bonn, sondern nur Washington genug Einfluss hat, Gorbatschow für die Wiedervereinigung zu gewinnen. Und George Bush und sein Außenminister James Baker werden den Kremlchef am Ende tatsächlich überzeugen.

Als Helmut Kohl am Dienstagmorgen das Bonner Wasserwerk betritt, den provisorischen Plenarsaal des Bundestags, ist nicht einmal der Koalitionspartner FDP eingeweiht. Kohl fürchtet, dass sein Plan nur zerredet wird, wenn er vorher mit allen Politikern der Koalition darüber spricht. Gerüchte machen die Runde, Kohl wolle die Öffentlichkeit mit einem Paukenschlag überraschen. Otto Graf Lambsdorff fragt den Kanzler auf dem Weg zum Rednerpult, was er denn sagen wolle. Und Kohl antwortet, das werde der prominente Liberale ja gleich hören.

„Den Weg zur Einheit", sagt Kohl, „können wir nicht vom grünen Tisch aus oder mit dem Terminkalender in der Hand planen. Abstrakte Modelle helfen nicht weiter. Aber wir können schon heute jene Etappen vorbereiten. die zu diesem Ziel hinführen." Dann stellt der Kanzler sein Zehn-Punkte-Programm vor. Er möchte erstens für die Bürger der DDR sofort konkret Hilfe leisten, wo jetzt Hilfe benötigt wird. Zweitens soll die wirtschaftliche, wissenschaftliche und kulturelle Zusammenarbeit rasch intensiviert, die Bahnstrecke Hannover-Berlin für Hochgeschwindigkeitszüge ausgebaut werden. Kohl unterstützt drittens die Forderung nach freien Wahlen in der DDR. Dann greift er viertens Modrows Vorschlag einer Vertragsgemeinschaft auf und schlägt vor, bald gemeinsame Institutionen zu schaffen.

Punkt fünf enthält den größten politischen Sprengstoff: „die bundesstaatliche Ordnung" in ganz Deutschland als greifbares Ziel. Punkte sechs bis neun stellen das Ziel der Einheit dann in einen größeren Zusammenhang: Abrüstungsprozess, Wandel in der UdSSR, Europäische Union, Konferenz für Sicherheit und Zusammenarbeit in Europa. „Die Wiedergewinnung der staatlichen Einheit Deutschlands", heißt es dann noch einmal bekenntnishaft in Punkt zehn, „bleibt das politische Ziel der Bundesregierung." Der Bundeskanzler schließt mit den Worten: „Nicht Freiheit schafft Instabilität, sondern deren Unterdrückung. Jeder gelungene Reformschritt … bedeutet einen Zugewinn an Freiheit und Sicherheit."

Zwei Dinge lässt Kohl bewusst aus: Er äußert sich nicht zur Bündniszugehörigkeit des vereinten Deutschland, denn er weiß, dass diese Frage für Moskau der heikelste Punkt sein wird. Kohl will hier keine schlafenden Hunde wecken und ein vorzeitiges Nein aus dem Kreml riskieren. Außerdem gibt er keinen Anhaltspunkt für einen konkreten Zeitplan. Er persönlich rechnet zu diesem Zeitpunkt mit der Wiedervereinigung in drei bis vier Jahren. Aber er will niemanden unter Druck setzen und damit seinen Handlungsspielraum unnötig einengen.

Als Helmut Kohl das Rednerpult verlässt, applaudieren nicht nur die Abgeordneten der Regierungskoalition, sondern auch die allermeisten Sozialdemokraten. Nur die Grünen sind empört. Fraktionssprecherin Jutta Oesterle-Schwerin tritt ans Mikrofon und bezeichnet Kohls Plan als „Heim-ins-Reich-Politik", setzt ihn also mit den Bestrebungen der Nationalsozialisten in den 1930er Jahren gleich, das Deutsche Reich um Gebiete im Ausland zu vergrößern, in denen es eine deutsche Minderheit gab. „Skrupellos" wolle sich Kohl, so die Grüne, „sechzehn Millionen neuer Untertanen verschaffen." Bei der Abstimmung im Bundestag über den Zehn-Punkte-Plan am 1. Dezember werden die Grünen denn auch als einzige mit Nein stimmen.

In der DDR und im Ausland ist die Reaktion teilweise nicht minder ablehnend. Hans Modrow erklärt, eine Wiedervereinigung stehe „nicht auf der Tagesordnung". Blockparteien, SDP, Neues Forum, evangelische Kirchenführer, Künstler und Schriftsteller der DDR formulieren ein Gegenpapier „Für unser Land" – gemeint ist die DDR –, in dem sie für den Erhalt der Zweistaatlichkeit Deutschlands und die „Weiterentwicklung der sozialistischen Gesellschaft" plädieren. Die Londoner Tageszeitung „The Times" sieht das „Vierte Reich" heraufziehen, das nur noch abgewendet werden könne, wenn Moskau endlich „Panzer nach Ostdeutschland" schicke. Doch alle Aufregung wird bald verfliegen. Ein erster Schritt ist getan. Am 1. Juli des folgenden Jahres tritt die zwischen der Bundesregierung und einer frei gewählten Regierung der DDR vereinbarte Wirtschafts-, Währungs- und Sozialunion in Kraft. Am 3. Oktober 1990 erlangt Deutschland seine Einheit in Freiheit.

> Was tun, wenn ein Großprojekt ansteht, das voller Risiken und Unwägbarkeiten erscheint und nicht einmal intern mit rückhaltloser Unterstützung rechnen kann? Am besten, einfach einmal den Kick-off wagen. Die Initiative ergreifen und einen konkreten Vorschlag machen. Die Richtung vorgeben, Ziele definieren, mögliche Wege ins Spiel bringen. Dabei aber die sensiblen Themen zunächst ausklammern und sich nicht vorschnell auf ein starres Zeitkorsett festlegen. Dann ist man am Ende vielleicht sogar schneller am Ziel, als man es selbst für möglich gehalten hätte.

40

Integrität – Alkibiades und sein unheilvolles Wirken in Athen: Herkunft, Reichtum, Bildung, Intelligenz und Aussehen genügen nicht immer. Wer einem ausgesprochenen Erfolgsmenschen begegnet, der sieht nicht unbedingt einen glücklichen Menschen vor sich.

„Mir schien, es lohnte sich nicht zu leben, wenn ich so bliebe, wie ich bin“

Der Athener Alkibiades (um 450–404 v. Chr.) war einer der prominentesten Staatsmänner und Feldherrn in Griechenland zur Zeit des Peloponnesischen Krieges. In seiner Jugend gehörte er zum engen Kreis der Schüler des Philosophen Sokrates. Politisch wechselte er mehrfach die Seiten, und auch militärisch kämpfte er für mehr als eine Sache. Bis über seinen Tod hinaus blieb er für die Athener eine ambivalente Figur, die ebenso bewundert wie verachtet wurde.

Der griechische Philosoph Platon hat keinen einzigen seiner Gedanken in die Form einer abstrakten Darstellung gebracht. Er schrieb stattdessen lebendige Dialoge, in denen verschiedene Sprecher aus einem lebensnahen Anlass diskutieren und dabei philosophische Positionen einnehmen. Doch nicht einmal in diesen fiktiven Gesprächen kommt der Autor selbst vor. Platon ließ die vorherige Generation athenischer Denker, Schriftsteller und Politiker noch einmal lebendig werden und machte seinen verstorbenen Lehrer Sokrates zum Sprachrohr eigener Auffassungen. Damit würdigte er jenen Sokrates, der selbst keine philosophischen Texte verfasst hat, sondern seine Gedankenwelt als Mensch verkörperte und ganz auf den Augenblick bezogen argumentierte.

In Platons Dialog „Symposion“ ist Sokrates zu Gast bei einem der in der Oberschicht üblichen Trinkgelage, während der es neben dem Alkoholkonsum und sinnlichen Genüssen verschiedenster Art immer auch um das Gespräch über Politik, Wissenschaft und Kultur ging. Dieses Symposion findet statt, weil der junge Tragödiendichter Agathon bei einem Dichterwettbewerb den Sieg errungen hat und das gebührend gefeiert werden muss. Neben Agathons Freund Pausanias sind Phaidros, Eryximachos, Aristophanes und eben Sokrates gekommen, der in der Runde der wesentlich jüngeren Männer die Rolle eines geistigen Vaters einnimmt. Doch weil allen der Kopf vom Trinken am Vortag noch schwer ist, beschließt man, sich nicht am Wein, sondern am Wort zu berauschen. Jeder soll eine Lobrede auf den Gott Eros – die Liebe also – halten, was die jungen Dichter und Denker sofort zu den phantasievollsten Erzählungen animiert.

Zunächst erkennt der Mensch das Göttliche in dem sinnlich und körperlich Schönen. Doch dann beginnt das geistige Auge zu sehen und sieht noch mehr.

Sokrates ergreift als letzter dieser Runde das Wort und verleiht dem lockeren Gespräch schnell wesentlich mehr Ernst und Tiefe. Die weise Frau Diotima habe ihn einst gelehrt, was Eros eigentlich sei – nämlich kein Gott, sondern ein „Dämon“, ein Mittler zwischen der menschlichen und der göttlichen Sphäre. Demnach ist es nicht die Liebe selbst, die der Mensch erstrebt, sondern die Liebe ist die Kraft, die ihn zu dem Erstrebenswerten hinzieht. Und das sind die Schönheit, die Wahrheit und das Gute, kurz: das Göttliche. Zunächst erkennt es der Mensch in dem sinnlich und körperlich Schönen. Doch dann beginnt das geistige Auge zu sehen und sieht noch mehr – ohne die körperliche Schönheit deshalb zu verachten. Und indem der Mensch nach dem absolut Guten und Göttlichen strebt, versucht er etwas zu fassen, das er nie wird erreichen können. Aber dadurch, dass er sich auf etwas hin ausrichtet, das ihn selbst überschreitet, überwindet er immer mehr seine Selbstbezogenheit und seine Abhängigkeit von Dingen, die ihn unfrei machen.

Kaum hat Sokrates seinen Gedankengang vollendet, hört man Lärmen und Klopfen an der Haustür, lautes Grölen im Vorhof und die Musik einer Flötenspielerin. Kurz darauf platzt der sturzbetrunkene Alkibiades herein, um Agathon mit einem Kranz zu seinem Sieg im Dichterwettbewerb zu gratulieren und – falls er erwünscht ist, wie er höflich zur Bedingung macht – noch den einen oder anderen Becher mitzutrinken. Alkibiades, mit seinen fünfunddreißig Jahren der einflussreichste Politiker Athens, darf selbstverständlich bleiben. Und er zeigt sich gleich doppelt überrascht: über die Anwesenheit des von ihm glühend verehrten Sokrates ebenso wie darüber, dass die Zechkumpanen noch keinen Schluck getrunken haben. Mit der Abstinenz sei nun sofort Schluss, ordnet Alkibiades an. Und als er die Spielregeln des bisherigen Abends vernommen hat, ist er gern bereit, ebenfalls eine Rede zu halten. Bloß findet er, es wäre ungerecht, wenn ein Betrunkener sich mit Nüchternen messen würde, deshalb wandelt er das Thema ein wenig ab und hält seine Lobrede auf Sokrates statt auf Eros.

„Die Philosophie muss sich hüten, erbaulich zu sein", meinte Hegel. Platons Symposion hat allerdings auch Künstler immer wieder inspiriert – wie 1869 den Maler Anselm Feuerbach, der den Moment festhält, in dem der angetrunkene Alkibiades hereinkommt.

Platon lässt diese Szene im Jahr 416 v. Chr. spielen, als Alkibiades auf dem Höhepunkt seiner Karriere war. In der Rückschau, rund fünfunddreißig Jahre später, muss Alkibiades eine noch schillerndere Figur gewesen sein als zu Lebzeiten – eine Gestalt wie aus Mythos und Epos, um seine körperliche Attraktivität beneidet, ebenso faszinierend wie furchterregend wegen seines Ehrgeizes und seiner politischen Macht, mit seinem an Selbstherrlichkeit grenzenden Individualismus niemals wirklich in Institutionen einzubinden.

Alkibiades wechselte politisch mehrmals die Seiten und diente als Feldherr zur Zeit des Peloponnesischen Krieges nicht nur Athen, sondern auch dessen Feinden Sparta und Persien. Letztlich hat er jedem, der ihn engagierte, mehr geschadet als genützt. Schon sein Vater Kleinias war in Athen Politiker gewesen und hatte den Ruf gehabt, brillant aber prinzipienfrei zu sein. Nach dessen Tod wuchs Alkibiades im Haus seines Onkels, des gefeierten Politikers und Strategen Perikles, auf, was ihn für eine politische Karriere geradezu prädestinierte. Um die Gesellschaft bereits des jugendlichen Alkibiades buhlten selbst arrivierte Athener, und der Nachwuchspolitiker mit dem offenbar blendenden Aussehen muss sich seiner Wirkung durchaus bewusst gewesen sein. Charme und Konversationstalent sagte man ihm ebenso nach wie einen hellwachen Verstand, doch wessen Gesellschaft ihm nicht passte, dem setzte er schnell den Stuhl vor die Tür. Sokrates, zu dessen engerem Schülerkreis Alkibiades zeitweise zählte, war für ihn wohl tatsächlich eine der wenigen Autoritäten, die er respektierte.

Als Alkibiades in die Politik eintrat, hatte der mehr als 25-jährige Peloponnesische Krieg zwischen Athen, Sparta und ihren jeweiligen Verbündeten um die Vorherrschaft in Griechenland bereits begonnen. Politisch stellte sich Alkibiades auf die Seite der radikalen Demokraten und aggressiven Imperialisten, die für einen kompromisslosen Kurs gegenüber Sparta eintraten. Einen wackeligen Frieden aus dem Jahr 420 v. Chr. brachte er nach zwei Jahren zu Fall. Der folgende Waffengang erwies sich aber als totaler Fehlschlag. Nach dem Sieg der Spartaner bei Mantineia mussten die Athener in einem Scherbengericht entscheiden, welcher der Spitzenpolitiker verbannt werden sollte: der radikale Alkibiades oder sein konservativer Gegenspieler Nikias, der für einen friedlichen Ausgleich mit Sparta eintrat. In letzter Minute gelang Alkibiades ein geschickter Kompromiss mit Nikias, und der Ostrazismus traf einen Dritten, den die beiden zum Bauernopfer erwählt hatten.

Als Alkibiades dann aber 415 v. Chr. gemeinsam mit Nikias als Kommandant einer Flottenexpedition erneut in den Krieg ziehen wollte, kam es zu einem Eklat. Die religiösen Statuen Athens waren verstümmelt worden, und man warf Alkibiades vor, diesen Frevel während einer Sauftour am Abend vor dem Auslaufen der Flotte begangen zu haben. Ob der Vorwurf nun berechtigt war oder nicht – Alkibiades sah nicht ein, sich einem Gerichtsverfahren zu stellen. Kurzerhand lief er zum Feind über und wurde Militärberater der Spartaner, die natürlich über die Strategie der Athener von kaum jemandem besser informiert werden konnten als von demjenigen, der diese maßgeblich entwickelt hatte.

Bei den Spartanern fiel Alkibialdes aber bald in Ungnade, vermutlich weil er alles besser zu wissen glaubte als die spartanischen Offiziere. Außerdem sagte man ihm nach, die Frau des Spartanerkönigs Agis verführt zu haben – doch muss man sich klarmachen, dass es in der Antike üblich war, politischen Gegnern öffentlich alle möglichen sexuellen Eskapaden vorzuwerfen, um sie als zügellos hinzustellen. Alkibiades bot nun seine Dienste zunächst den Persern an. Als diese nicht viel mit ihm anzufangen wussten, knüpfte der einstige Radikaldemokrat Kontakte zu antidemokratischen Extremisten in Athen, die mit seiner Hilfe einen Staatsstreich planten. Als auch daraus nichts wurde und die Spartaner zudem schwächelten, hielt Alkibiades es abermals mit den Demokraten. Im Jahr 407 v. Chr. war er in Athen wieder willkommen und stand erneut an der Spitze einer politischen Partei. Drei Jahre später gewann dann aber doch Sparta den Peloponnesischen Krieg, nachdem der spartanische Admiral Lysander die athenische Marine bei Notion geschlagen hatte. Alkibiades fürchtete Ärger und zog sich in eine Gegend nahe dem Hellespont zurück, wo er sich zur Ruhe setzen wollte. Tatsächlich verlangte Sparta seinen Kopf. Alkibiades musste fliehen und wurde 404 v. Chr. in Phrygien ermordet.

Warum lässt nun Platon ausgerechnet einen ebenso erfolgsverwöhnten wie opportunistischen Machtmenschen in einem Dialog über die Liebe – die Liebe zum Wahren und zum Guten – auftreten? Enthemmt vom Alkohol bekennt Alkibiades in seiner Lobrede auf Sokrates, die Begegnungen mit dem Philosophen hätten ihn immer wieder aufgewühlt und an sich selbst zweifeln lassen. Im Bewusstsein seiner eigenen äußeren Vollkommenheit vergleicht er Sokrates mit dem Satyr Marsyas, der äußerlich hässlich, aber innen ein Gott ist. Und so wie Marsyas die Menschen mit seinem Flötenspiel fasziniere, ziehe Sokrates seine Zuhörer allein mit Worten in seinen Bann – mehr als jeder andere:

> *Wenn wir von einem anderen andere Reden hören, und sei es ein noch so guter Redner, berührt das, um es geradeheraus zu sagen, gar nicht. Wenn aber einer dich hört oder deine Worte von einem anderen vorgetragen, auch wenn der, der vorträgt, noch so gering ist, und ob nun eine Frau, ein Mann oder ein Knabe es hört – alle sind wir erschüttert und ergriffen. Ich wenigstens, ihr Männer, würde, wenn ich dann nicht ganz und gar trunken erscheinen würde, euch mit Eid beschwören, was ich selbst durch dieses Mannes Reden erlitten habe und noch jetzt erleide. Denn wenn ich ihn höre, dann klopft mir das Herz, und bei seinen Reden kommen mir die Tränen. Und ich sehe, dass auch viele andere dasselbe erleiden. Wenn ich dagegen Perikles hörte und andere gute Redner, so dachte ich wohl, dass sie gut sprächen; etwas Derartiges aber erfuhr ich nicht – weder geriet meine Seele in Unruhe, noch wurde sie unwillig darüber, dass ich mich in einem knechtischen Zustand befände. Von diesem Marsyas aber bin ich so oft bewegt worden, dass es mir schien, es lohnte sich nicht zu leben, wenn ich so bliebe, wie ich bin.*

Niemand anderen als den opportunistischen Erfolgsmenschen Alkibiades lässt Platon den Unterschied erkennen zwischen brillanten Reden und geschliffenen Argumenten auf der einen Seite und Worten, die im Inneren berühren, auf der anderen Seite. Perikles war immerhin einer der größten Redner seiner Zeit – und doch blieb wenig von ihm. Sokrates spricht aus einer inneren Überzeugung heraus, die Alkibiades komplett fehlt. Gerade das wirkt auf Alkibiades, der nach außen hin alles hat, was er sich wünschen kann, bestürzend, ja es lässt ihn am Sinn seines Daseins zweifeln. In einem trunkenen Augenblick der Wahrheit empfindet der erfolgreichste Mann Athens seinen Zustand als „knechtisch".

Sokrates spricht aus einer inneren Überzeugung heraus, die Alkibiades komplett fehlt. Das wirkt auf Alkibiades, der nach außen hin alles hat, bestürzend.

Alkibiades ist im „Symposion" durchaus kein Störenfried, der mit seiner rauschhaften Enthemmung den philosophischen Höhenflug der Freunde des Sokrates zur Bruchlandung werden ließe. Vielmehr lenkt er die Aufmerksamkeit auf die existenzielle Dimension des Denkens und Strebens, was dem platonischen Dialog erst seine eigentliche Tiefe verleiht. Alkibiades erkennt, dass der Erfolg in seinem Metier – der politischen und militärischen Macht – ihm nicht automatisch Zugang zu den letzten Zusammenhängen der Wirklichkeit verschafft. Sein „Eros" ist eine reine Selbstliebe, deren Ziel Anerkennung, Ruhm und Macht ist. Doch diese Dinge wirken auf denjenigen, der sie besitzt, nicht zurück – sie vermögen nicht, ihn innerlich zu bereichern.

Ganz anders ist es bei Sokrates. Die Liebe zur Wahrheit und zum Guten, das Streben nach dem Göttlichen, verändert ihn. Auch wenn er sein Ziel niemals erreichen kann, das Wahre und das Gute nie in ihrer Totalität zu fassen bekommt, so wird er doch selbst Stück für Stück wie das, was er erstrebt. Er verinnerlicht das Gute, und so wird es ihm zum Habitus, zur Tugend. Schließlich prägt das, was Sokrates in seinem Innersten ist, auch sein Reden und sein Tun.

Weit weniger geschliffen sind seine Reden als die des Perikles oder des Alkibiades. Wenn jemand sie höre, so sagt es Alkibiades selbst, „dann werden sie ihm zuerst ganz lächerlich erscheinen … Denn von Lasteseln spricht er und von Schmieden und Schustern und Gerbern, und immer scheint er mittels desselben dasselbe zu sagen, so dass jeder unerfahrene und unverständige Mensch über seine Reden spotten muss." Wer aber genauer hinhört – und Alkibiades ist intelligent genug es zu tun –, erkennt die Haltung, die tiefe Überzeugung, aus der Sokrates spricht. Alkibiades weiß, dass ihm bei aller Brillanz und allem Erfolg das Entscheidende fehlt: eine von der Erkenntnis eines über das Individuum hinausweisenden Lebenszusammenhangs gespeiste Haltung, die sein Denken und Handeln prägen würde. Nur damit könnte er – wie Sokrates – ein Vorbild sein, andere wirklich innerlich überzeugen und echte Freunde gewinnen. Die

Einsicht in seine innere Armut erschüttert Alkibiades – bis die Wirkung des Alkohols nachlässt und er weitermacht wie bisher, weil er längst nicht mehr anders kann.

> Herkunft aus bestem Hause, Reichtum, hervorragende Bildung und Ausbildung, hohe Intelligenz, analytischer Verstand, Gesundheit und vielleicht sogar noch gutes Aussehen bringen Menschen weit, einige sogar sehr weit. Im Hinblick auf das, was der Existenz des Menschen letztlich Sinn verleiht, sind diese Dinge ebenso neutral wie aller Erfolg und jede äußerliche Macht. Wer auf andere nicht nur mit dem wirken möchte, was er hat, sondern auch und gerade mit dem, was er ist, muss nach einer Quelle suchen, die seine innere Haltung speist.

41

Selbstdisziplin – Marc Aurel und sein aufrechter Kampf an allen Fronten: In Krisenzeiten sind persönliche Fähigkeiten besonders wichtig. Zeit- und Termindruck, die Vielzahl oder Schwierigkeit der anstehenden Aufgaben sind kein Grund, das Reflektieren der eigenen Haltung aufzuschieben – im Gegenteil.

„Nimm dir Zeit, etwas Gutes hinzuzulernen“

Marc Aurel (121–180) galt schon zu Lebzeiten als der Philosoph unter den römischen Kaisern. Seine Regierungszeit fiel in eine Epoche, die von Unsicherheit und Angst gekennzeichnet war. In seinem philosophischen Tagebuch, den „Selbstbetrachtungen“, geht Marc Aurel immer wieder der Frage nach, was er der Lebensangst und dem Ekel vor der Grausamkeit und Schlechtigkeit der Welt entgegensetzen kann. Die Antwort lautet für ihn: Finde den Weg zu dir selbst, zum eigenen Menschsein.

Beneidenswert ist, wer nach einem langen, mühsamen Aufstieg, nach vielen Rückschlägen und Entbehrungen, endlich den verdienten Erfolg und dessen Früchte genießen kann. Was aber, wenn der Lebensweg geradezu entgegengesetzt verläuft, wenn die Schwierigkeiten erst anfangen, sobald jemand an der Spitze steht? Marc Aurel sieht nur Frieden und Wohlstand, als er bei seinem Stiefvater, Kaiser Antonius Pius, 23 Jahre lang in freundschaftlicher Verbundenheit das Regierungshandwerk lernt. Schließlich auf dem Kaiserthron angekommen, erlebt er für den Rest seines Lebens nichts als Kriege, Hungersnöte und Seuchen, dazu noch unfähige Mitarbeiter, den Verrat bester Freunde und eine Ehefrau, die ihn durch ihre ständigen Liebesaffären vor ganz Rom bloßstellt. Wie steht ein Mensch so etwas durch?

Mit ein wenig Phantasie, befeuert von deutscher Italiensehnsucht, wird Marc Aurels Kindheit und Jugend zu einem lichtdurchfluteten Bild. Der Sohn einer der vornehmsten altrömischen Familien wurde auf dem Mons Caelius geboren, das war eines der schönsten Viertel im damaligen Rom. Auch nach heutigen Maßstäben weitläufige Villen waren dort umgeben von großen Gartenanlagen. Hier und erst recht auf ihren Landgütern in der nahen Campagna bekam die Oberschicht wenig mit von den hässlichen und unbarmherzigen Seiten der Millionenstadt.

Der Stoiker versucht, sich durch Selbstbeherrschung von der Allmacht seiner Leidenschaften zu befreien, um als vernünftig und maßvoll tätiger Mensch sein wahres Glück zu finden.

Von harmlosen Streichen und Abenteuern bei Ausritten mit seinen Freunden berichtet Marc Aurel in Briefen an seinen Erzieher Cornelius Fronto. Für diesen als Rhetoriker hoch berühmten Lehrer wird Marc Aurel sein Leben lang ebenso dankbar sein wie für die geistigen Prägungen durch seinen Stiefvater und seine älteren Verwandten. Antonius Pius, seinem Vorgänger auf dem Kaiserthron, diente er seit seiner Jugend als enger Berater. Allein mit der Kriegskunst musste er sich kaum befassen, kannte doch Rom über die Regierungszeit von vier Kaisern nur mehr Frieden und Stabilität. Marc Aurel konnte sich deshalb umso intensiver seiner größten Liebe widmen, der Philosophie. Besonders die Stoa sprach ihn an, die als eine auf Ethik ausgerichtete Denkart dem zupackenden Wesen der Römer sehr entgegenkam. Der Stoiker glaubt, dass jeder Mensch von Natur aus die Kraft besitzt, zwischen Gut und Böse zu unterscheiden und zwischen Tugend und Laster zu wählen. Er versucht, sich durch Selbstbeherrschung von der Allmacht seiner Leidenschaften zu befreien, um als vernünftig und maßvoll tätiger Mensch sein wahres Glück zu finden.

Doch als Marc Aurel im Jahr 161 den Kaiserthron bestieg, begann für ihn ein Alptraum. Ironischerweise lud er sich seine erste schwere Prüfung selbst auf – in bester Absicht und aus philosophisch geprägtem Gerechtigkeitsstreben. Er machte seinen Adoptivbruder Lucius Verus de facto zum gleichberechtigten Mitregenten. Doch dieser Mann, ein Frauenschwarm, der seine langen dunklen Haare mit Goldstaub verschönerte, entpuppte sich als Hallodri, dem das tägliche Gelage mit Wein, Gespielinnen und Harfenklang wichtiger war als alle Staatsräson. Es nützte auch nichts, dass Marc Aurel ihn in der Absicht, ihn zu mäßigen, mit einer seiner Töchter verheiratete. Für Lucius Verus war das Mädchen – die Römer verheirateten ihre Töchter im Alter von ungefähr zwölf Jahren – eine willkommene Abwechslung, die ihn von seinen gewohnten Orgien aber keineswegs abbrachte.

Die eigentlichen Schicksalsschläge seiner Regierungszeit trafen Marc Aurel dann ohne sein Verschulden. Den traurigen Auftakt bildete 162 eine Hochwasserkatastrophe in Rom, in deren Folge die Menschen unter einer verheerenden Hungersnot zu leiden hatten. Dann geriet das Römische Reich überall an seinen Rändern durch Feinde in Gefahr. Zunächst eskalierte im Osten der seit 20 Jahren schwelende Konflikt mit den Parthern. In einem Überraschungsangriff überrannten diese orientalischen Krieger die römische Provinz Syrien. Rom musste sich hier genauso in einen jahrelangen Abnutzugskrieg begeben wie gegen die Germanen, die das Reich von Norden und Westen her bedrohten, sich in Griechenland festsetzten und es sogar schafften, nach Oberitalien vorzudringen.

Die meisten Opfer forderte jedoch nicht das Gemetzel auf den Schlachtfeldern, sondern eine Seuche, welche die zurückkehrenden Legionäre aus dem Vorderen Orient nach Rom einschleppten und die sich von dort im ganzen Reich ausbreitete. Es war der schwarze Tod: die Pest. Schätzungsweise ein Viertel der Reichsbevölkerung wurde während der Regierungszeit Marc Aurels von der Krankheit dahingerafft, deren Virus jeden seiner Träger unweigerlich zum Tod verurteilte. Als die Epidemie sich schon wieder abschwächte, infizierte sich dann auch noch der Kaiser selbst mit dem Pestvirus.

Als wären die politischen Schwierigkeiten nicht groß genug gewesen, musste Marc Aurel zusätzlich mit schweren menschlichen Enttäuschungen und Demütigungen fertig werden. Von seinem nutzlosen Mitregenten war bereits die Rede. Noch mehr als dieser bot seine Gattin Faustina den Spöttern – und die gab es in Rom reichlich – immer neuen Stoff. Sie begleitete ihren Gatten zwar treu auf seinen Feldzügen, wurde von den Soldaten gar liebevoll die „Lagermutter" genannt, ließ aber angeblich kaum eine Gelegenheit aus, sich über die harten Zeiten mit dem hinwegzutrösten, was Rom an gut aussehenden jungen Männern zu bieten hatte. Und so musste Marc Aurel mit dem Gerücht leben, einige der Kinder der Kaiserin stammten von Gladiatoren. Wirklich gefährlich für ihn, abgesehen von dem bitteren Schmerz des Verrats, war schließlich der Aufstand, den Avidius Cassius anzettelte, um den Kaiser zu stürzen. Der Versuch kostete den Usurpator das Leben und Marc Aurel einen seiner ältesten Freunde.

Marc Aurel, der Mann an der Spitze einer Weltmacht, hätte Grund zur Resignation gehabt. Oder er hätte sich zu einem Despoten entwickeln können – davon hatten die Bewohner des Reiches schließlich schon viele erlebt –, um sich auf diese Weise an seinem Schicksal zu rächen. Aber er wählte einen anderen Weg. Der Kaiser musste einsehen, dass er an dem Unfrieden seiner Zeit wenig ändern konnte. Genauso wenig konnte er gegen die Unfähigkeit und Schlechtigkeit der Menschen in seiner Umgebung ausrichten. Aber eines konnte er ändern, nämlich das, was jeder Mensch unter allen Umständen ändern kann: sich selbst.

Der mächtigste Mann der damaligen Zeit hielt es für unabdingbar, täglich an sich zu arbeiten. Und dazu wählte er eine Technik, die es auch den Nachgeborenen erlaubt, von seiner Mühe zu profitieren: Er schrieb seine Gedanken, seine Selbstanalysen auf. Dies jedoch nicht, um sich vor anderen zu rechtfertigen oder vor ihnen zu glänzen, sondern um sich selbst zu formen, sich vernünftige Maximen zu setzen, seinem Handeln Struktur und Kontinuität zu verleihen. Seine in der damaligen Bildungssprache Griechisch verfassten Texte sind als „Selbstbetrachtungen" (oder auch „Wege zu sich selbst") heute ein Stück Weltliteratur. Und sie sind vielleicht gerade deshalb so lesenswert, weil der Autor die Texte – nicht in besinnlicher Abgeschiedenheit, sondern auf seinen Feldzügen, erschöpft von einem Tag voller Plagen – nie für die Öffentlichkeit schrieb.

„Vergegenwärtige dir den Grundsatz, dass alle vernünftigen Wesen füreinander geschaffen sind und dass es ein Teil der Gerechtigkeit ist, sie zu ertragen und dass sie Fehler machen, ohne es zu wollen."

Die „Selbstbetrachtungen" sind Zeugnisse eines Mannes, der Ruhe und Stärke in sich selbst fand. „Worüber ärgerst du dich denn? Über die Schlechtigkeit der Menschen?", fragt sich Marc Aurel und fügt an: „Vergegenwärtige dir den Grundsatz, dass alle vernünftigen Wesen füreinander geschaffen sind und dass es ein Teil der Gerechtigkeit ist, sie zu ertragen und dass sie Fehler machen, ohne es zu wollen." Es sind klare und einfache Maximen, aus denen heraus Marc Aurel handeln will, aber gerade in ihrer Schlichtheit liegt auch ihre Kraft: „Zu jeder Stunde denke als Römer und als Mann daran, das, was dir aufgegeben ist, mit unanfechtbarer, schlichter Würde und Menschenliebe, in Freiheit und Gerechtigkeit zu tun und dir Ruhe vor allen anderen Vorstellungen zu verschaffen. Du wirst sie dir aber nur dann verschaffen, wenn du jede Handlung so vollziehst, als ob sie die letzte deines Lebens sei, frei von jeder Unbesonnenheit und ohne die durch Leidenschaft verursachte Abkehr von der klaren Vernunft, frei von Heuchelei, Selbstsucht und Ärger über die Fügungen des Schicksals."

In Rom soll Marc Aurel spöttisch „das alte Philosophenweib" genannt worden sein. Dazu mag genügt haben, dass er sich oft wie ein griechischer Philosoph und nicht wie ein römischer Feldherr zu kleiden pflegte. Doch eines war er sicher nicht: abgehoben und weltfremd. Vielmehr repräsentiert er jene Verbindung aus einem denkenden Menschen und einem Mann der Tat, die in der Geschichte nicht allzu oft anzutreffen ist. Ja, er distanziert sich ausdrücklich von jenen Philosophen, die sich allein der willenlosen Betrachtung des Weltgeschehens hingeben wollen, wenn er schreibt: „Auch diejenigen sind töricht in ihrem Tun, die vom Leben erschöpft sind und kein Ziel haben, auf das sie jeden inneren Antrieb und überhaupt jede Vorstellung richten können." Er selbst hat die ihm zugewiesene Führungsrolle nie verwünscht und nie in Frage gestellt, sondern sie mit großer Disziplin ausgefüllt.

Hat Marc Aurels Selbstdisziplin außer ihm selbst auch den Menschen, für die er große Verantwortung trug, etwas gebracht? Wirklich befrieden konnte er das Römische Reich nicht mehr. Aber er war derjenige, der es vor dem anbrechenden Chaos der Völkerwanderung noch ein letztes Mal stabilisierte.

An der Spitze zählt nichts so sehr wie die Haltung, die innere Einstellung der Handelnden. Marc Aurel zeigt: An sich selbst zu arbeiten und seine Persönlichkeit zu entfalten ist kein Luxus für gute Zeiten, sondern gerade in schwierigen Zeiten entscheidend. Macht kommt von innen. Und Reflexion erzeugt Gelassenheit. Der Unternehmer Erich Sixt äußerte in einem Zeitungsinterview: „Es lohnt sich, von Zeit zu Zeit in den Selbstbetrachtungen Marc Aurels … zu lesen. Da lernt man nämlich, die Tagesereignisse nicht so wichtig zu nehmen und sich als Teil des großen Flusses zu sehen, und man lernt begreifen, dass die meisten Dinge, die uns ungeheuer belasten, im Grunde Banalitäten sind."

42

Work-Life-Balance – Maria Theresia, die erfolgreichste Politikerin der deutschen Geschichte: Gesunde Manager sind bessere Manager. Einen gedrängten und ertragreichen Zehn-Stunden-Tag schafft man auf Dauer nur, wenn Büro und Zuhause, Geschäft und Privates, Anspannung und Entspannung ausgewogen sind und die gefühlte Lebensqualität hoch ist.

Kinder, Küche, Kirche, Krone: Österreichs Mutter der Nation

Die österreichische Erzherzogin Maria Theresia (1717–1780) kam als junge Frau völlig unvorbereitet auf den Thron des mächtigsten Reiches in Europa. Mit dem Einklang von Berufs- und Privatleben sollte die Mutter von 16 Kindern trotzdem nie Schwierigkeiten bekommen. Zu ihren bleibenden Erfolgen zählte, das Habsburgerreich für die nächsten hundert Jahre konsolidiert zu haben.

Legenden sind ebenso Teil der Geschichte wie die nüchternen Fakten. Nach einer Legende, die immerhin einen wahren Kern besitzt, hatte Maria Theresia am 11. September 1741 ihren ersten großen Auftritt. In großer Bedrängnis war die neue Chefin des Hauses Habsburg nach Budapest gereist und wollte die Ungarn um Hilfe bitten. Da steht nun eine hübsche 24-Jährige vor den versammelten ungarischen Ständen, hält ihren kleinen Sohn Joseph im Arm und kann vor lauter Kummer und Aufregung kaum sprechen. Und sie ist tatsächlich ganz schön in der Bredouille. Halb Europa bestreitet, dass sie die legitime Thronerbin ist. Und wie zu dieser Zeit in einem solchen Streitfall nicht anders zu erwarten, wetzt man in Paris, Madrid, Berlin, München und Dresden schon die Messer, um sich von den ausgedehnten Ländereien der Habsburger selbst ein möglichst großes Stück abzuschneiden. Preußens Friedrich, ebenso neu im politischen Geschäft wie Maria Theresia und kaum älter, ist sogar schon vorgeprescht und hat Wien das steuerlich überaus ertragreiche Schlesien weggenommen. Außerdem ist in Schönbrunn das Staatssäckel leer, und die österreichischen Truppen sind weit verstreut und wenig motiviert. Als nun die junge Mutter ihr Leid geklagt hat, sind die Herren über

Ungarn so ergriffen von dem Auftritt, dass sie von ihren Plätzen aufspringen, die Hände zum Schwur erheben und Maria Theresia bei ihrem Leben und Blut versichern, ihr jede mögliche Unterstützung zukommen lassen zu wollen. Eigentlich waren sie ja auf Wien eher schlecht zu sprechen, doch das spielt jetzt keine Rolle mehr.

Nun ist zwar historisch richtig, dass das Hilfeersuchen Maria Theresias und ihr Auftritt mit dem kleinen Joseph vor den ungarischen Ständen an unterschiedlichen Terminen stattfanden, doch die Verschmelzung der Ereignisse in der Legende sagt einiges über die Wahrnehmung der Monarchin durch die Zeitgenossen und die Nachgeborenen aus. Sie war die mächtigste Frau Europas, eine Herrscherin, die ihr Reich in gleich zwei großen Kriegen verteidigen und gleichzeitig innerlich festigen musste. Und dennoch entsprach sie ganz den Erwartungen ihrer Zeit an eine fürsorgliche Ehefrau und Mutter.

Dabei begann Maria Theresias Leben als große Enttäuschung für den Hof und die Österreicher. Leopold, der einzige Sohn Kaiser Karls IV. und mithin designierte Thronfolger, war gerade gestorben, und alle hatten auf einen weiteren Jungen gehofft. Stürbe Karl ohne männlichen Erben, dann würde die „Pragmatische Sanktion" von 1713 greifen und die weibliche Erbfolge eintreten, was um des lieben Friedens mit den Nachbarn willen niemand wünschen konnte.

„Wer die schwächeren Seiten des weiblichen Geistes kennt, wird es nicht für angezeigt halten, junge Mädchen mit Studien zu beschäftigen, die ihnen den Kopf verdrehen können.", meinte François Féneleon.

So sehr Karl sich auch politisch bemühte, sein Erbe zu sichern, so wenig sorgte er für jenen Ernstfall vor, dass eines Tages doch Maria Theresia würde regieren müssen. Er behandelte seine Tochter vielmehr ganz so, wie es François Féneleon, der Pädagoge am Hof Ludwigs XIV. in seiner Schrift „Über die Erziehung der Mädchen" empfohlen hatte: „Wer die schwächeren Seiten des weiblichen Geistes kennt, wird es nicht für angezeigt halten, junge Mädchen mit Studien zu beschäftigen, die ihnen den Kopf verdrehen können. Sie brauchen ja später weder den Staat zu regieren noch Krieg zu führen, noch in ein geistliches Amt einzutreten."

Karl muss wohl gehofft haben, entweder doch noch einen männlichen Nachkommen zu zeugen oder seine Tochter mit einem Mann verheiraten zu können, zu dessen Gunsten sie gern darauf verzichten würde, die Staatsgeschäfte in die Hand zu nehmen. Mitfühlend auf der menschlichen Ebene und eher sorglos unter politischen Gesichtspunkten genehmigte er dann aber 1736 die Liebesehe seiner Tochter mit Franz Stephan, der Herzog des unbedeutenden Lothringen war. „Franzl" war im Alter von fünfzehn Jahren aus Nancy nach Wien gekommen, da er über seinen Vater mit Habsburg entfernt verwandt war. Der „schöne, fröhliche und dabei immer taktvoll bescheidene Jüngling", wie Kaiser Karl notierte, wurde bald wie ein vollwertiges Mitglied der Familie behandelt. Für eine ganz normale Herzogin wäre er auch sicher eine gute Partie gewesen, doch Europas größte Erbin hätte aus machtpolitischen Erwägungen vielleicht besser einen Bayern heiraten sollen, um eine starke alpenländische Allianz bilden zu können.

Doch es kam, wie schon erwähnt, alles anders. Maria Theresia erbte den Thron und nahm auch darauf Platz. Franzl wurde zwar später römisch-deutscher Kaiser – eine eher repräsentative Position, die beim besten Willen kein Kurfürst an eine Frau vergeben wollte –, hatte sich aber im Übrigen den Vorstellungen seiner Gattin zu fügen. Zur allgemeinen Überraschung traute sich diese nämlich das Regieren durchaus zu.

Das ist umso erstaunlicher, als es sicherlich günstigere Momente in der deutschen Geschichte gegeben hätte, um auch einmal eine Frau ans Ruder zu lassen. Rückblickend schrieb Maria Theresia über ihren Regierungsantritt, es gebe wohl kaum ein historisches Beispiel, dass ein gekröntes Haupt seine Regierung unter schwierigeren Umständen habe antreten müssen als sie. Doch diese Umstände erschreckten sie eben nicht. Sie schrieb: „Gleich anfangs setzte ich mir vor ..., die mir obliegenden Regierungsgeschäfte ruhig und standhaft zu unternehmen [und] allein auf Gott zu trauen, dessen Allmacht ohne mein Zutun noch Verlangen mich zu diesem Stande auserwählt." Maria Theresia, die eigentlich den Frieden liebte und ihre großen Länder gerne pragmatisch-konservativ in guter Ordnung gehalten hätte, musste das Regierungshandwerk nun vor allem in Kriegszeiten lernen und sich in diesen gleichzeitig bewähren.

Zunächst brach als Folge der wackeligen Pragmatischen Sanktion der Österreichische Erbfolgekrieg über Europa herein, dann folgte kurze Zeit später der Siebenjährige Krieg. Immer ging es in unterschiedlichen Konstellationen und mit wechselnden Koalitionen um ein und dasselbe: die Machtansprüche der europäischen Fürsten und ihre Gier nach dem größten Kapital der vorindustriellen Zeit, dem Land.

Vielleicht können diese Dinge allein einen Menschen ausreichend beschäftigen, doch bei Maria Theresia war es nicht so. Neben dem Herrschen galt ihre zweite Leidenschaft ihrem Ehemann und ihren Kindern. Innerhalb von zwanzig Jahren brachte sie sechzehn Kinder zur Welt, und es heißt, sie habe ihre Regierungsgeschäfte deswegen nicht einen einzigen Tag lang ruhen lassen. Politische Entscheidungen traf sie im Wochenbett ebenso souverän wie sonst. Auf ihre vielen Kinder angesprochen sagte sie einmal: „Man kann nie genug davon haben." Sechs ihrer Kinder starben allerdings vor dem siebzehnten Lebensjahr, mehrheitlich an den Pocken. Diese Sterblichkeitsrate war zur damaligen Zeit nichts Ungewöhnliches.

Auf ihre vielen Kinder angesprochen sagte Maria Theresia einmal: „Man kann nie genug davon haben."

Maria Theresia wollte zeitlebens eine vorbildliche Ehefrau und gute Mutter in dem Sinn sein, wie ihr katholischer Glaube dies definierte. Ihrem Ehemann Franz Stephan soll sie zuverlässigen Berichten zufolge absolut treu gewesen sein. Eine derartige Zurückhaltung war an Europas Adelshöfen – katholisch oder nicht – eher die Ausnahme als die Regel. Ihr Gatte dankte es ihr denn auch nicht mit gleicher Selbstdisziplin. Über die zahlreichen Affären Franz Stephans war Maria Theresia dank eines ausgeprägten Spitzelwesens am Wiener Hof stets gut informiert. Sie reagierte darauf in einer Weise, wie es bezeichnend war für eine Frau, bei der alles Private auch öffentlich und alles Öffentliche auch privat war: 1747 gründete sie die so genannte „Keuschheitskommission", ein durch Geheimagenten verstärktes Sonderkommando der Staatspolizei, das fortan das Sexualleben nicht nur ihres Ehemanns, sondern gleich aller Österreicher zu überwachen hatte.

Auch gegenüber ihren Kindern konnte die Fürsorglichkeit bisweilen härtere Züge annehmen. Obwohl die junge Prinzessin einst die Zustimmung zur Liebeshochzeit mit Franzl bei ihrem Vater erbettelt hatte, hatte sie später keinerlei Bedenken, ihre eigenen Söhne und Töchter allein nach machtpolitischen Kriterien mit den Sprösslingen der europäischen Höfe zu verkuppeln. Einzig ihre Lieblingstochter Marie Christine durfte ihren Auserwählten heiraten und bekam die Feierlichkeiten ausnahmsweise aus der Familienschatulle bezahlt.

Mit allen verheirateten Kindern blieb Maria Theresia in engem Briefkontakt. Sie schrieb ihnen mehrmals pro Woche, um als Mutter und „Freundin" die üblichen Eheprobleme zu entschärfen und auch darüber hinaus allerlei Ermahnungen und Maßregeln unterzubringen. Dabei drängte sie vor allem auf Enkel, deren jeweilige Ankunft ihr, wie sie einmal schrieb, „eine kindliche Freude" bereitete. Ihre nach Neapel verheiratete Tochter Maria Carolina nannte ihre Mutter wegen ihrer sittenstrengen brieflichen Ermahnungen und Ratschläge ein „Orakel", das ebenso gefürchtet wie als Vorbild bewundert und geliebt wird. Tatsache ist, dass die Kinder sich in ihren Briefen nur allzu gern als gehorsam und den Ratschlägen der Frau

Mamá folgsam gaben und im Übrigen ihr Leben nach ihren eigenen Vorstellungen gestalteten.

Als Franz Stephan 1765 plötzlich an einem Herzinfarkt starb, legte sich ein düsterer Schatten über das habsburgische Familienglück. Maria Theresia war tief erschüttert, dachte an Abdankung und Rückzug ins Kloster, doch ihr Staatskanzler Wenzel Anton Graf Kaunitz konnte sie überzeugen weiterzumachen. In den letzten fünfzehn Jahren ihres Lebens und ihrer Regierung trug sie dann nur noch Trauerkleidung. Ihr ältester Sohn Joseph, der Thronfolger, war zu dieser Zeit bereits an der Regierung beteiligt, das Verhältnis zu seiner Mutter jedoch von Spannungen gekennzeichnet. Maria Theresia wollte die Macht am liebsten für sich behalten, und ihr passte die ganze Richtung ihres Sohnes nicht. Der intelligente und ungeduldige junge Mann war zwar auch nicht unbedingt ein Revolutionär, las aber gemäßigt aufklärerische Autoren, forderte mehr religiöse Toleranz und trat für eine aggressivere Außenpolitik ein. Und insgeheim soll er sogar Friedrich von Preußen, den Erzfeind seiner Mutter, bewundert haben.

Als der Druck von außen weiter zunahm, es zu weiteren Konflikten in Europa und zur berüchtigten Polnischen Teilung kam, wurden Mutter und Sohn einander noch fremder. Joseph reiste – teilweise incognito als „Graf Falkenstein“ – quer durch Österreich und Europa, während Maria Theresias Flucht aus der Wirklichkeit des Hofes eher in einer überspannten religiösen Innerlichkeit bestand, die sie immer mehr von der Welt isolierte. Bei ihrem Tod 1780 fiel die politische Bilanz dennoch glänzend aus. Maria Theresia festigte Österreich in schwierigen Zeiten und verschaffte dem Land eine Machtstellung, die erst achtzig Jahre später im deutschen Bruderkrieg gegen Preußen erschüttert werden sollte.

Work-Life-Balance, Persönlichkeitsentwicklung, so genannte Soft Skills – über all das haben Menschen noch vor zweihundert Jahren überhaupt nicht nachgedacht. Umso mehr überrascht die Lebensleistung Einzelner. Wie haben sie das bloß geschafft? Trotz Krankheiten und schlechter Ernährung haben sie täglich mindestens zehn Stunden gearbeitet, Kinder auf die Welt gebracht und erzogen, die Familie zusammengehalten und bei alledem noch gute Stimmung verbreitet. Vielleicht hatten diese Menschen eine innere Haltung, die so altmodisch gar nicht ist: Sie haben aus ihrer Mitte, aus dem Kern ihrer Persönlichkeit heraus gehandelt.

Anhang

Zeittafel

Historisches für Führungskräfte

539 v. Chr. Perserkönig Kyros I. erobert Babylon. Ein Jahr später können die Juden aus der „Babylonischen Gefangenschaft" zurückkehren. (Kapitel 9)

404 v. Chr. Nach der Niederlage Athens gegen Sparta wird der Feldherr und Staatsmann Alkibiades ermordet. (Kapitel 40)

341 v. Chr. Demosthenes hält die dritte und leidenschaftlichste Rede gegen Philipp von Makedonien vor der Volksversammlung in Athen. (Kapitel 19)

333 v. Chr. Alexander der Große, erzogen von dem Philosophen Aristoteles, besiegt den Perserkönig Darius in der Schlacht von Issos. Der Weg zum Weltreich ist frei. (Kapitel 33)

Was sonst noch geschah

um 600 v. Chr. Der 91 m hohe Marduk-Tempel in Babylon wird vollendet – Ursprung der biblischen Geschichte vom Turmbau zu Babel.

399 v. Chr. Der griechische Philosoph Sokrates wird wegen „Verführung der Jugend" zum Tod verurteilt und trinkt den Schierlingsbecher.

387 v. Chr. In Athen gründet der Philosoph Platon die „Akademie" (nahe dem Heiligtum des Heros Akademos) und unterrichtet dort seine „Ideenlehre".

Historisches für Führungskräfte

202 v. Chr. Der Römer Scipio besiegt den Karthager Hannibal, der 218 v. Chr. die Alpen überschritten hatte und 211 v. Chr. vor Rom stand. (Kapitel 21)

48 Nach dem „Apostelkonvent" in Jerusalem sucht sich Paulus neue Mitarbeiter und beginnt seine ausgedehnten Reisen zur Verbreitung des Christentums. (Kapitel 17)

49 Lucius Annaeus Seneca wird von Agrippina aus der Verbannung nach Rom zurückgeholt, um ihren Sohn Nero zu erziehen. (Kapitel 30)

Was sonst noch geschah

323–280 v. Chr. In den Diadochenkämpfen teilen die Nachfolger Alexanders das Reich unter sich auf. Die griechische Kultur wird prägend für den Mittelmeerraum und den Vorderen Orient.

168 v. Chr. Die Römer siegen endgültig über Makedonien. Griechenland und der östliche Mittelmeerraum werden nach und nach dem Römischen Reich eingegliedert.

159 v. Chr. In Pergamon wird der 36 x 34 Meter große Altar des Zeus fertiggestellt, der heute im Pergamonmuseum in Berlin zu sehen ist.

um 4 v. Chr. In der römischen Provinz Palästina wird Jesus, der Begründer des Christentums, geboren.

70 Die Römer schlagen einen jüdischen Aufstand nieder und zerstören Jerusalem vollständig.

80 In Rom wird das Kolosseum vollendet. Das gewaltige Amphitheater fasst 50.000 Zuschauer.

Historisches für Führungskräfte

Was sonst noch geschah

161 Marc Aurel wird römischer Kaiser. Seine *Selbstbetrachtungen* zählen heute zu den berühmten Werken antiker Literatur. (Kapitel 41)

391 Das Christentum wird Staatsreligion im Römischen Reich.

529 Über 900 Jahre nach ihrer Gründung schließt der byzantinische Kaiser Justinian Platons Akademie in Athen – „Ende der Antike".

532 Nach einer leidenschaftlichen Rede Theodoras, der Frau des byzantinischen Kaisers Justinian, wird in Konstantinopel der Nikaaufstand beendet. (Kapitel 31)

800 Am Weihnachtstag wird der Frankenkönig Karl der Große vom Papst zum Römischen Kaiser gekrönt.

962 Otto I., der Große, wird zum Kaiser des Heiligen Römischen Reiches gekrönt. Die Deutschen gelten daraufhin für Jahrhunderte als ideelle Nachfolger der Römer und Schutzmacht des Christentums.

1122 Das Wormser Konkordat beendet den Machtkampf zwischen den deutsch-römischen Kaisern und den Päpsten.

1248–1880 Der Kölner Dom wird gebaut.

1252 Albertus Magnus schlichtet den Streit zwischen den Bürgern und dem Erzbischof von Köln um die Geldentwertung. (Kapitel 23)

1309–1377 Die französischen Könige erzwingen die Verlegung des Papstsitzes nach Avignon: „Babylonische Gefangenschaft" der Kirche.

Historisches für Führungskräfte

1432 Jan van Eyck, der Hofmaler Philipps des Guten von Burgund, vollendet den „Genter Altar". (Kapitel 10)

1456 Die aus Schrifttypen gesetzte, 42-zeilige Bibel des Johannes Gutenberg erscheint – gedruckt in der Werkstatt von Fust und Schöffer. (Kapitel 15)

1660 Nach dem Ende der Cromwell-Diktatur besteigt Karl II. den englischen Thron. (Kapitel 27)

1701 Der brandenburgische Kurfürst Friedrich III. krönt sich in Königsberg zum König „in Preußen". (Kapitel 1)

1740 Friedrich II. erobert Schlesien und gliedert das Land Preußen ein. (Kapitel 6)

Was sonst noch geschah

1339–1453 Zwischen Frankreich und England herrscht der „Hundertjährige Krieg".

1492 Christoph Kolumbus segelt nach Amerika.

1517 Mit der Veröffentlichung der Thesen Martin Luthers beginnt die Reformation in Deutschland – „Ende des Mittelalters."

1601 In London wird das Drama *Hamlet* von William Shakespeare aufgeführt.

1648 Mit dem Westfälischen Frieden von Münster und Osnabrück endet der Dreißigjährige Krieg.

1687 Isaac Newton schreibt sein Hauptwerk, *Mathematische Prinzipien der Naturphilosophie*, und begründet die klassische Mechanik.

1701–1713 Im Spanischen Erbfolgekrieg kämpfen England, die Niederlande und Österreich gegen Frankreich und Bayern.

1723 Johann Sebastian Bach wird Kantor an der Thomaskirche in Leipzig.

Historisches für Führungskräfte	*Was sonst noch geschah*
	1767 Mit der Spinnmaschine „Jenny“ beginnt in England das Zeitalter der „Industriellen Revolution“.
1776 John Adams plädiert leidenschaftlich für die Unabhängigkeit Amerikas. Kurz darauf – am 4. Juli – wird sie erklärt. (Kapitel 2)	**1776** Der Engländer Adam Smith veröffentlicht sein Hauptwerk, *Natur und Ursachen des Wohlstands der Nationen,* und begründet den Wirtschaftsliberalismus.
1780 Maria Theresia stirbt und hinterlässt ein gefestigtes Österreich. (Kapitel 42)	
	1788 Der Freiherr von Knigge veröffentlicht sein Buch *Über den Umgang mit Menschen.*
	1791 In Berlin wird das Brandenburger Tor vollendet. Die Stilepoche des Klassizismus löst in der deutschen Architektur Barock und Rokoko ab.
1792 Im August wird der französische König Ludwig XVI. hingerichtet. Die Jakobiner gelangen an die Schalthebel der politischen Macht. (Kapitel 28)	
	1806 Auf Betreiben Napoleons wird das „Heilige Römische Reich Deutscher Nation“ aufgelöst: Kaiser Franz II. legt die Krone nieder.
1808 Die neue preußische Gemeindeordnung des Freiherrn vom Stein setzt auf Dezentralisierung und mehr Eigenverantwortung der Bürger. (Kapitel 36)	**1808** Caspar David Friedrich malt „Das Kreuz im Gebirge“. In Deutschland herrscht in Malerei und Literatur die Zeit der Romantik.
1813 In der „Völkerschlacht“ bei Leipzig besiegt eine Koalition aus Preußen, Österreich, Russland und Schweden Napoleon. Die französische Herrschaft in Deutschland bricht daraufhin zusammen. (Kapitel 22)	

Historisches für Führungskräfte	*Was sonst noch geschah*
	1814/1815 Auf dem Wiener Kongress ordnen Europas Fürsten die politische Landkarte neu.
	1824 Ludwig van Beethoven vollendet seine 9. Sinfonie mit dem Schlusschor nach der Ode „An die Freude" des Dichters Friedrich Schiller.
1830 Nach der „Septemberrevolution" in Brüssel bricht das Königreich der Vereinigten Niederlande auseinander. In Europas wohlhabendster Industrieregion entsteht der Staat Belgien. (Kapitel 7)	
1832 Auf dem „Hambacher Fest" demonstrieren Tausende gegen die „Karlsbader Beschlüsse" von 1819 und für ein freies und einiges Deutschland. (Kapitel 34)	**1832** In Weimar stirbt der Dichter Johann Wolfgang von Goethe. Kurz nach seinem Tod erscheint der zweite Teil des Dramas *Faust.*
	1848/1849 Nach revolutionären Unruhen kommt in der Frankfurter Paulskirche das erste deutsche Parlament zusammen. Es wird wieder aufgelöst, nachdem Friedrich Wilhelm IV. von Preußen die Kaiserkrone aus der Hand der Parlamentarier abgelehnt hat.
1853 Georges Eugène Haussmann leistet vor Kaiser Louis Napoléon seinen Amtseid als Präfekt des Départements Seine und erhält den Auftrag zur Umgestaltung von Paris. (Kapitel 38)	
1863 US-Präsident Abraham Lincoln hält nach der blutigsten Schlacht des Amerikanischen Bürgerkriegs seine „Rede von Gettysburg". (Kapitel 25)	**1863** In London wird die erste U-Bahn der Welt eröffnet.

Historisches für Führungskräfte

1866 Der Berliner Bankier Gerson Bleichröder finanziert Preußens Krieg gegen Österreich. (Kapitel 4)

1867 Die USA kaufen Alaska von Russland. (Kapitel 8)

1870/1871 Nach dem Sieg des preußischen Heeres unter Moltke gegen Frankreich ist der Weg zur Gründung des Deutschen Kaiserreiches frei. (Kapitel 11)

1872 Kaiser Mutsuhito weiht die erste Eisenbahnstrecke Japans ein. (Kapitel 13)

1876 Alexander Graham Bell gelingt es, mithilfe einer Stromleitung die menschliche Stimme an einen anderen Ort zu übertragen. (Kapitel 16)

1890 Leo von Caprivi wird Nachfolger Bismarcks als deutscher Reichskanzler. (Kapitel 29)

1907 Rosa Luxemburg wird Dozentin an der Parteihochschule der SPD. (Kapitel 35)

Was sonst noch geschah

1866-1868 Johannes Brahms komponiert „Ein deutsches Requiem“. Wegen der künstlerischen Freiheit des Umgangs mit christlichen Traditionen polarisiert das Werk die Zuhörer.

1884 In Berlin wird der Grundstein für das Reichtagsgebäude nach Plänen des Architekten Paul Wallot gelegt.

1890 Oscar Wilde veröffentlicht den Roman *Das Bildnis des Dorian Gray*. Er gilt als Ausdruck der „Dekadenz“ als einer verbreiteten Stimmung der Jahrhundertwende.

1905 Albert Einstein formuliert seine spezielle Relativitätstheorie über Raum und Zeit.

Historisches für Führungskräfte

1914 Als der Erste Weltkrieg ausgebrochen ist, wird der Industriellenerbe Walther Rathenau Leiter der Kriegs-Rohstoff-Abteilung im Kriegsministerium. (Kapitel 37)

1923 Mit einer Währungsreform beendet die Regierung Stresemann die katastrophale Inflation in Deutschland. (Kapitel 5)

1930 Mit dem „Salzmarsch" protestieren Gandhi und tausende seiner Anhänger gegen die britische Kolonialherrschaft in Indien. (Kapitel 18)

1944 Nach dem gescheiterten Attentat auf Hitler am 20. Juli wird Generalfeldmarschall Rommel verdächtigt, zu den Oppositionellen um Graf von Stauffenberg zu gehören und in den Selbstmord getrieben. (Kapitel 12)

Was sonst noch geschah

1918 Nach der Niederlage Deutschlands im Ersten Weltkrieg danken Kaiser Wilhelm II. und die deutschen Fürsten ab. Am 9. November ruft der Sozialdemokrat Philipp Scheidemann von einem Balkon des Reichstagsgebäudes die Republik aus.

1924 Thomas Mann veröffentlicht den Roman *Der Zauberberg* – ein Panorama des deutschen Geisteslebens seiner Zeit.

1929 Das deutsche Luftschiff LZ 127 „Graf Zeppelin" umrundet die Erde und nimmt anschließend den Linienflugdienst über den Süd- und Nordatlantik auf.

1933 In Deutschland übernehmen die Nationalsozialisten die Macht. Hitler wird Reichskanzler.

1939–1945 Deutschland führt einen Angriffskrieg gegen seine europäischen Nachbarn. Ab 1941 beginnen die Deutschen mit der planmäßigen Ermordung der europäischen Juden. Über 6.000.000 Menschen sterben.

Historisches für Führungskräfte

1948 In Tel Aviv ruft David Ben Gurion den Staat Israel aus. (Kapitel 3)

1962 Die Krise um die Stationierung sowjetischer Mittelstreckenraketen auf Kuba bringt die Welt an den Rand eines Atomkriegs. (Kapitel 14)

1963 Bundeskanzler Adenauer und Staatspräsident de Gaulle unterzeichnen in Paris den Vertrag über die deutsch-französische Zusammenarbeit. (Kapitel 24)

1970 Mit dem „Kniefall in Warschau" setzt Bundeskanzler Willy Brandt ein Zeichen angesichts der unaussprechlichen Verbrechen Deutschlands während der Zeit des Nationalsozialismus. (Kapitel 26)

Was sonst noch geschah

1949 In den westlichen Besatzungszonen wird die Bundesrepublik Deutschland gegründet, in der sowjetischen Zone die Deutsche Demokratische Republik. Berlin bleibt den vier Siegermächten des Zweiten Weltkriegs unterstellt.

1957 Mit dem sowjetischen Satelliten „Sputnik" beginnt das Zeitalter der Weltraumflüge.

1961 Am 13. August beginnt die DDR, eine Mauer um West-Berlin zu errichten, um die Abwanderungswelle ihrer Staatsangehörigen in den Westen zu beenden.

1963 US-Präsident John F. Kennedy beendet eine Rede vor dem Rathaus Schöneberg mit den Worten „Ich bin ein Berliner".

1968 Mit dem Einmarsch von Truppen des Warschauer Pakts in der Tschechoslowakei endet der „Prager Frühling". In Deutschland formiert sich unterdessen eine sozialistische Studentenbewegung, die das geistige Klima nachhaltig verändern wird.

Historisches für Führungskräfte

1984 Raissa Gorbatschowa begleitet ihren Mann auf einem offiziellen Besuch in London. Ein Jahr später wird Michail Gorbatschow sowjetischer Staats- und Parteichef. Sein Reformprogramm heißt „Glasnost" und „Perestroika". (Kapitel 32)

1987 Bei einem Besuch in Berlin anlässlich der 750-Jahr-Feier der Stadt fordert US-Präsident Ronald Reagan in einer leidenschaftlichen Rede am Brandenburger Tor Michail Gorbatschow auf, die Mauer zu beseitigen. (Kapitel 20)

1989 Nach dem Fall der Berliner Mauer verkündet Bundeskanzler Kohl am 28. November im Bundestag einen Zehn-Punkte-Plan zur Überwindung der deutschen Teilung. (Kapitel 39)

Was sonst noch geschah

1977 Im „Deutschen Herbst" erreicht der Terrorismus der RAF seinen Höhepunkt. Arbeitgeberpräsident Hanns Martin Schleyer wird entführt und ermordet.

1982 Nach einem konstruktiven Misstrauensvotum im Bundestag wird Helmut Kohl deutscher Bundeskanzler.

1983 Das Nachrichtenmagazin „Der Spiegel" berichtet erstmals ausführlich über die „rätselhafte Krankheit" AIDS.

1990 Seit dem 3. Oktober leben die Deutschen in einem geeinten, freien, demokratischen, international geachteten Land.

Literatur

Dieses Buch wurde sorgfältig recherchiert und basiert auf den Arbeiten anerkannter Historiker und Publizisten sowie biografischen Zeugnissen der dargestellten Personen. Ich bitte um Verständnis, dass ich mich in diesem Literaturverzeichnis auf die Angabe der wichtigsten Quellen beschränke. Einige herausragende, allgemein verständliche Werke, die sich für eine weiterführende Lektüre eignen, habe ich mit ***„Lektüreempfehlung!“*** gekennzeichnet.

Die längeren Zitate klassischer Werke in den Kapiteln 19, 40 und 41 sind den hier angegebenen Übersetzungen entnommen.

Allgemeines

Paula K. Byers (Hrsg.): *Encyclopedia of World Biography.* 2. Aufl., 17 Bde., Gale, 1998

Anne Commire (Hrsg.): *Women in World History. A Biographical Encyclopedia.* 17 Bde., Gale, 1999

Kurt Fassmann (Hrsg.): *Die Großen der Weltgeschichte.* 12 Bde., Kindler, 1972

Historische Kommission bei der Bayerischen Akademie der Wissenschaften (Hrsg.): *Neue deutsche Biographie.* 21 Bde. [wird fortgesetzt], Duncker & Humblot, 1953-2003

Luise F. Pusch und Susanne Gretter (Hrsg.): *Berühmte Frauen.* Dreihundert Porträts. Insel, 1999

Gründen und Wachsen

1 Friedrich III von Brandenburg und der Aufstieg Preußens

Linda Frey: *Friedrich I. Preußens erster König.* Styria, 1984

Hansjoachim Koch: *Geschichte Preußens.* List, 1980

Johannes Kunisch (Hrsg.): *Dreihundert Jahre preußische Königskrönung.* Duncker & Humblot, 2002

Julius Schoeps und Bildarchiv Preußischer Kulturbesitz (Hrsg.): *Preußen. Geschichte eines Mythos.* be.bra Verlag, 2002

2 John Adams und die Gründung der USA

George W. Carey (Hrsg.): *The Political Writings of John Adams.* Regnery, 2000

David McCullough: *John Adams.* Simon and Schuster, 2001

Peter Shaw: *The Character of John Adams.* University of North Carolina Press, 1976

C. Bradley Thompson: *John Adams and the Spirit of Liberty.* University Press of Kansas, 1998

3 Theodor Herzls „Judenstaat“ und David Ben Gurions Ausrufung des Staates Israels

Johannes Glasneck, Angelika Timm: *Israel. Die Geschichte des Staates und seiner Gründung.* Bouvier, 1992

Michael Krupp: *Die Geschichte des Staates Israel. Von der Gründung bis heute.* Gütersloher Verlagshaus, 2. Aufl., 2004
Lektüreempfehlung! Lesenswerte Darstellung eines deutschen evangelischen Theologen, der seit Jahrzehnten in Israel lebt.

Julius Schoeps: *Theodor Herzl. Wegbereiter des politischen Zionismus.* Muster-Schmidt, 1975

Finanzen und Controlling

4 Gerson Bleichröder und die Macht des Bankiers unter Bismarck

Fritz Stern: *Gold and Iron. Bismarck, Bleichröder and the Building of the German Empire.* Alfred A. Knopf, 1977 (Deutsche Ausgabe: *Gold und Eisen. Bismarck und sein Bankier Bleichröder.* Aus dem Englischen von Otto Weith. Rowohlt, 1988)
Lektüreempfehlung! Mit diesem Buch machte der bekannte Historiker in den 1970er Jahren zu Recht Furore.

5 Gustav Stresemann und die Überwindung der Hyperinflation

Manfred Berg: *Gustav Stresemann. Eine politische Karriere zwischen Reich und Republik.* Muster-Schmidt, 1992

Theodor Eschenburg und Ulrich Frank-Planitz: *Gustav Stresemann.* DVA, 1978

Felix Hirsch: *Stresemann. Ein Lebensbild.* Muster-Schmidt, 1978

Agnete von Specht: *Politische und wirtschaftliche Hintergründe der deutschen Inflation 1918–1923.* Peter Lang, 1982

Mergers and Acquisitions

6 Friedrich der Große und die preußische Integration Schlesiens

Hans-Wolfgang Bergerhausen: *Friedensrecht und Toleranz. Zur Politik des preußischen Staates gegenüber der katholischen Kirche in Schlesien 1740–1806.* Duncker & Humblot, 1999

Theodor Schieder: *Friedrich der Große. Ein Königtum der Widersprüche.* Propyläen, 1983

Gebhard Streicher, Erika Drave: *Berlin – Stadt und Kirche.* Morus, 1980

Jürgen Ziechmann (Hrsg.): *Panorama der Fridericianischen Zeit. Friedrich der Große und seine Epoche.* Edition Ziechmann, 1985

7 Der Wiener Kongress und die Vereinigung der Niederlande

Bernard A. Cook: *Belgium. A History.* Peter Lang, 2002

Michael Erbe: *Belgien, Niederlande, Luxemburg. Geschichte des niederländischen Raumes.* Kohlhammer, 1993

Ernst Kobbert: *26mal Belgien.* Piper, 1983

Ernst Heinrich Kossmann: *The Low Countries 1780–1940.* Oxford University Press, 1978

8 William Henry Seward und der Kauf Alaskas von Russland

Galen Roger Perras: *Stepping Stones to Nowhere. The Aleutian Islands, Alaska and American Military Strategy 1867–1945.* UBC Press, 2003

John M. Taylor: *William Henry Seward. Lincoln's Right Hand.* HarperCollins, 1991

Gewinn und Erfolg

9 Perserkönig Kyros II und sein Weltreich

Rainer Albertz: *Die Exilszeit. 6. Jahrhundert v. Chr.* [Biblische Enzyklopädie Bd. 7] Kohlhammer, 2001

John Boardman et al. (Hrsg.): *The Cambridge Ancient History.* Bd. 4, 2. A., Cambridge University Press, 1988

Harold Lamb: *Cyrus the Great.* Robert Hale, 1961

Hanns-Martin Lutz, Hermann Timm und Eike Christian Hirsch (Hrsg.): *Altes Testament. Einführungen, Texte, Kommentare.* Piper, 1970 u. ö.

10 Philipp der Gute und die Blütezeit von Burgund

Emmanuel Bourassin: *Philippe le Bon. Le grand lion des Flandres.* Editions Tallandier, 1983

Elisabeth Dhanens: *Hubert en Jan van Eyck.* Mercatorfonds, 1980

Erwin Panofsky: *Early Netherlandish Painting.* Harvard University Press, 1953 (Deutsche Ausgabe: *Die altniederländische Malerei. Ihr Ursprung und Wesen.* Aus dem Englischen von Jochen Sander. 2 Bde., DuMont, 2001)

Richard Vaughan: *Philip the Good. The Apogee of Burgundy.* Longman, 1970

André de Vries: *Brussels. A Cultural and Literary History.* Signal Books, 2003

Unternehmensführung und Strategie

11 Helmuth von Moltke und seine drei Siege

Arden Bucholz: *Moltke and the German Wars, 1864–1871.* Palgrave, 2001

Franz Herre: *Moltke. Der Mann und sein Jahrhundert.* DVA, 1984

Eberhard Kessel: *Moltke.* Koehler, 1957

Eberhard Kessel (Hrsg.): *Helmuth von Moltke. Briefe 1825–1891.* DVA, 1959

12 Erwin Rommel und der sinnlose Erfolg

David Fraser: *Knight's Cross. A Life of Field Marshall Erwin Rommel.* Harper Collins, 1993

Maurice Philip Remy: *Mythos Rommel.* List, 2002

Ralf Georg Reuth: *Rommel. Das Ende einer Legende.* Piper, 2004
Lektüreempfehlung! Ein packendes, im besten Sinn aufklärendes Buch.

Ralf Georg Reuth: *Rommel. Des Führers General.* Piper, 1987

Krisen und Wandel

13 Kaiser Mutsuhito und der Wandel Japans

Stephen J. Ericson: *The Sound of the Whistle. Railroads and the State in Meiji Japan.* Harvard University Press, 1996

E. Herbert Norman: *Japan's Emergence as a Modern State. Political and Economic Problems of the Meiji Period. 60th Anniversary Edition.* Hrsg. von Lawrence T. Woods. UBC Press, 2000

Marius B. Jansen: *The Making of Modern Japan.* The Belknap Press of Harvard University Press, 2000

Jean-Jacques Tschudin und Claude Hamon (Hrsg.): *La Nation en marche. Etudes sur le Japon impérial de Meiji.* Editions Phillippe Picquier, 1999

14 US-Präsident John F. Kennedy und die Kuba-Krise

Hugh Brogan: *Kennedy.* Longman, 1996

Bernd Greiner: *Kuba-Krise. 13 Tage im Oktober. Analysen, Dokumente, Zeitzeugen.* Schriften der Hamburger Stiftung für Sozialgeschichte des 20. Jahrhunderts. Volksblatt Verlag, 2. Aufl., 1991

Robert F. Kennedy: *Thirteen Days. A Memoir of the Cuban Missile Crisis.* Norton & Norton, 1969

Innovation und Technologie

15 Johannes Gutenberg und der finanzielle Ruin

Herzog August Bibliothek Wolfenbüttel (Hrsg.)/Paul Raabe (Bearb.): *Gutenberg. 550 Jahre Buchdruck in Europa.* VCH, 1990

Hans-Joachim Koppitz: *Gutenberg – Leben und Werk. Eine Einführung.* Jahresgabe 2000 der Mainzer Philosophischen Fakultätsgesellschaft e. V.

Stadt Mainz (Hrsg.)/Wolfgang Dobras (Bearb.): *Gutenberg. aventur und kunst. Vom Geheimunternehmen zur ersten Medienrevolution.* Herrmann Schmidt, 2000

16 Alexander Graham Bell und die Erfindung des Telefons

Robert V. Bruce: *Bell. Alexander Graham Bell and the Conquest of Solitude.* Cornell University Press, 1990

James Mackay: *Sounds out of Silence. A Life of Alexander Graham Bell.* Mainstream Publishing, 1997

Marketing und Kundenbeziehung

17 Paulus und der größte Marketingerfolg der Geschichte

Klaus Haaker: *Paulus. Der Werdegang eines Apostels.* Verlag Katholisches Bibelwerk, 1997

Gerhard Iber (Hrsg.): *Neues Testament. Einführung, Texte, Kommentare.* 4. Aufl., Piper, 1985

Udo Schnelle: *Paulus. Leben und Denken.* de Gruyter, 2003

Walter Wangerin: *Paul. A Novel.* Lion, 2000 (Deutsche Ausgabe: *Der Apostel. Paulus, ein Leben.* Aus dem Englischen von Jörg Achim Zoll. R. Brockhaus/Styria, 2001 [Taschenbuchausgabe: Diana, 2003])
Lektüreempfehlung! Der literarisch durchaus ambitionierte, multiperspektivische Roman zeichnet ein spannendes Bild des Paulus.

18 Gandhi und der „Salzmarsch" der indischen Unabhängigkeitsbewegung

Jürgen Bruhn: *„... dann, sage ich, brich das Gesetz" Ziviler Ungehorsam: Von Gandhis Salzmarsch bis zum Generalstreik.* Röderberg, 1985

Antony Copley: *Gandhi. Against the Tide.* Basil Blackwell, 1987

Barbara Driessen: *„Mahatma" Gandhi als Journalist: Mit der Waffe der Publizität. Der „Salzmarsch" von 1930 als moderne Medieninszenierung.* Holger Ehling Publishing/IKO – Verlag für Interkulturelle Kommunikation, 2002

Bhikhu Parekh: *Gandhi.* Oxford University Press, 1997

Medien und Öffentlichkeit

19 Demosthenes und sein mündlicher Widerstand gegen Makedonien

Demosthenes: *Politische Reden.* Herausgegeben und übersetzt von Wolfhart Unte. Reclam, 1985

Craig A. Gibson: *Interpreting a Classic. Demosthenes and His Ancient Commentators.* University of California Press, 2002

Gustav Adolf Lehmann: *Demosthenes von Athen: Ein Leben für die Freiheit.* C. H. Beck, 2004

20 Ronald Reagan und seine größte Rolle

Richard S. Conley (Hrsg.): *Reassessing the Reagan Presidency.* University Press of America, 2003

Davis W. Houk und Amos Kiewe (Hrsg.): *Actor, Ideologue, Politician. The Public Speeches of Ronald Reagan.* Greenwood Press, 1993

Haynes Johnson: *Sleepwalking through History. America in the Reagan Years.* W. W. Norton, 2003

Ronald Reagan: *An American Life.* Simon and Schuster, 1990

Heiko Ripper: *Der Große Kommunikator. Die Medienstrategie Ronald Reagans im Kontext der US-Präsidenten.* Alber, 1998

Konkurrenz und Wettbewerb

21 Hannibal und sein Krieg gegen Rom

Badisches Landesmuseum Karlsruhe (Hrsg.): *Hannibal ad Portas. Macht und Reichtum Karthagos.* [Katalog zur Sonderausstellung des Landes Baden-Württemberg im Badischen Landesmuseum Schloss Karlsruhe, 25.9.2004–30.1.2005] Theiss, 2004

Gilbert Charles-Picard und Colette Charles-Picard: *La vie quotidienne à Carthage au temps d'Hannibal.* Librairie Hachette, 1958 u. ö. (Deutsche Ausgabe: *Karthago. Leben und Kultur.* Aus dem Französischen von Ignaz Miller. Reclam, 1983)

Gregory Daly: *Cannae. The experience of battle in the Second Punic War.* Routledge, 2002

Dexter Hoyos: *Hannibal's Dynasty. Power and politics in the western Mediterranean, 247-183 BC.* Routledge, 2003

22 Napoleon und seine Kriege gegen den Rest Europas

Mark Adkin: *The Waterloo Companion.* Aurum Press, 2001

Franz Schnabel: *Deutsche Geschichte im Neunzehnten Jahrhundert.* Bd. 1, Herder, 1947

Gunther E. Rothenberg: *The Napoleonic Wars.* Cassell, 1999

Verträge und Verhandlungen

23 Albertus Magnus und die schwierigen Verhandlungen mit der freien Reichsstadt Köln

Ingrid Craemer-Ruegenberg: *Albertus Magnus.* Beck, 1980

Manfred Entrich: *Albertus Magnus. Sein Leben und seine Bedeutung.* Styria, 1982

Historisches Archiv der Stadt Köln (Hrsg.)/Hugo Stehkämper (Bearb.): *Albertus Magnus. Ausstellung zum 700. Todestag.* Köln, 1980

Walter Senner (Hrsg.): *Albertus Magnus. Zum Gedenken nach 800 Jahren: Neue Zugänge, Aspekte und Perspektiven.* Akademie Verlag, 2001

24 Konrad Adenauer, Charles de Gaulle und der Elysée-Vertrag

Ulrich Frank-Planitz: *Konrad Adenauer. Eine Biographie in Bild und Wort.* DVA, 1990

Ronald Irving: *Adenauer.* Longman, 2002

Peter Koch: *Konrad Adenauer. Eine politische Biographie.* Rowohlt, 1985

Henning Köhler: *Adenauer. Eine politische Biographie.* Propyläen, 1994

Hans-Peter Schwarz: *Anmerkungen zu Adenauer.* DVA, 2004

Manfred Steinkühler: *Der deutsch-französische Vertrag von 1963. Entstehung, diplomatische Anwendung und politische Bedeutung in den Jahren von 1958 bis 1969.* Duncker & Humblot, 2002

Konflikte und Kultur

25 Abraham Lincoln und der Amerikanische Bürgerkrieg

Erich Angermann: *Abraham Lincoln und die Erneuerung der nationalen Identität der Vereinigten Staaten von Amerika.* Historisches Kolleg München, 1984

Hans R. Guggisberg: *Geschichte der USA.* 3. Aufl., Kohlhammer, 1993

Frank Longford: *Abraham Lincoln.* Weidenfeld and Nicolson, 1974

Stephen B. Oates: *Abraham Lincoln. The Man Behind the Myth.* Harper & Row, 1984

26 Willy Brandt und der Kniefall in Warschau

Willy Brandt: *Erinnerungen.* Propyläen, 1989

Hanna Krall, Teofila Reich-Ranicki: *Es war der letzte Augenblick. Leben im Warschauer Ghetto.* DVA, 2000

Peter Merseburger: *Willy Brandt. Visionär und Realist.* DVA, 2002

Johannes Rau: *Willy Brandt. Rede anlässlich des 10. Todestags am 8. Oktober 2002 in Berlin.* Friedrich-Ebert-Stiftung/Bundeskanzler-Willy-Brandt-Stiftung, 2002

Klaus Wettig (Hrsg.): *Kniefall in Warschau. Der Librettist Philipp Kochheim. Der Komponist Gerhard Rosenfeld. Der Regisseur John Dew.* Parthas, 1997

Erhard Roy Wiehn: *Ghetto Warschau. Aufstand und Vernichtung 1943 fünfzig Jahre danach zum Gedenken.* Hartung-Gorre, 1993

Personalführung und Team

27 Karl II von England und das Ende der Cromwell-Diktatur

Ronald Hutton: *The Restoration. A Political and Religious History of England and Wales 1658–1667.* Oxford University Press, 1985

N. H. Keeble: *The Restoration. England in the 1660s.* Blackwell, 2002

28 Die Jakobiner und die Französische Nationalversammlung

François Furet und Mona Ozouf (Hrsg.): *Dictionnaire critique de la Révolution française.* 2 Bde., Flammarion, 1988 (Deutsche Ausgabe: *Kritisches Wörterbuch der Französischen Revolution.* 2 Bde., Suhrkamp, 1996)

Colin Jones: *The Longman Companion to the French Revolution.* Longman, 1988

Ernst Schulin: *Die Französische Revolution.* 4. Aufl., C. H. Beck, 2004

29 Reichskanzler von Caprivi und die schwierige Nachfolge Bismarcks

J. Alden Nichols: *Germany After Bismarck. The Caprivi Era 1890–1894.* Norton, 1958

Heinrich August Winkler: *Der lange Weg nach Westen. Deutsche Geschichte vom Ende des Alten Reiches bis zum Untergang der Weimarer Republik.* 4. Aufl., C. H. Beck, 2002

Berater und Trainer

30 Seneca und die Zügelung Neros

Manfred Fuhrmann: *Seneca und Kaiser Nero.* Alexander Fest, 1997
Lektüreempfehlung! Ein auch optisch sehr ansprechendes, überaus lesenswertes Buch des bekannten Antike-Experten

Pierre Grimal: *Sénèque ou la conscience de l'Empire.* Les Belles Lettres, 1979

Anna Lydia Motto: *Further Essays on Seneca.* Peter Lang, 2001

Villy Sørensen: *Seneca. Ein Humanist an Neros Hof.* C. H. Beck, 1984

31 Theodora und die Rettung von Byzanz

Robert Browning: *Justinian and Theodora.* Praeger, 1971

James Allan Evans: *The Empress Theodora. Partner of Justinian.* University of Texas Press, 2002

32 Raissa Gorbatschowa und ihr Einfluss auf den Wandel in Russland

Urda Jürgens: *Raissa Gorbatschowa.* Econ, 1990

Donald Morrison (Hrsg.): *Mikhail S. Gorbachev. An Intimate Biography.* Penguin (New York), 1988

Willi Steinbacher: *Gorbatschow und seine Ära aus der Sicht der Presse in den Jahren 1985–1991.* Herchen, 1993

Motivation und Begeisterung

33 Alexander der Große und der Sieg gegen die übermächtigen Perser

Hans-Joachim Gehrke und Helmuth Schneider (Hrsg.): *Geschichte der Antike. Ein Studienbuch.* Metzler 2000

Kurt Martin: *Die Alexanderschlacht von Albrecht Altdorfer.* Bruckmann, 1969

Fritz Schachermayr: *Alexander der Große. Das Problem seiner Persönlichkeit und seines Wirkens.* Verlag der Österreichischen Akademie der Wissenschaften, 1973

William Woodthorpe Tarn: *Alexander the Great.* 2 Bde., Cambridge University Press, 1948 (Deutsche Ausgabe: *Alexander der Große.* Aus dem Englischen von Gisela Spreen-Héraucourt und Will Héraucourt. Wissenschaftliche Buchgesellschaft, 1963)

Wolfgang Will: *Alexander der Große.* Kohlhammer, 1986

34 Philipp Jakob Siebenpfeiffer, Johann Georg August Wirth und das Hambacher Fest

Kultusministerium Rheinland-Pfalz (Hrsg.): *Hambacher Fest. Freiheit und Einheit, Deutschland und Europa.* Eine Ausstellung des Landes Rheinland-Pfalz zum 150jährigen Jubiläum des Hambacher Festes, Hambacher Schloss, Neustadt an der Weinstrasse. Katalog zur Dauerausstellung [Katalogtexte: Cornelia Foerster]. Meininger, 1986

Reinhold-Maier-Stiftung Baden-Württemberg (Hrsg.): *150 Jahre Hambacher Fest, 150 Jahre politischer Liberalismus in Deutschland.* Schriftenreihe der Reinhold-Maier-Stiftung Baden-Württemberg, 1982

35 Rosa Luxemburg und ihre Reden über Sozialismus in Deutschland

Ossip K. Flechtheim: *Rosa Luxemburg zur Einführung.* Junius, 1985

Paul Fröhlich: *Rosa Luxemburg. Gedanke und Tat.* 4. Aufl., EVA, 1967

Helmut Hirsch: *Rosa Luxemburg.* Rowohlt, 1969

Trauthild Klara Schärr und Margarete Maurer (Hrsg.): *Rosa Luxemburg: „Ich bin ein Land der unbeschränkten Möglichkeiten".* RLI-Verlag [Rosa Luxemburg Institut, Wien], 1999

Organisation und Verwaltung

36 Reichsfreiherr vom und zum Stein und die Reform Preußens in der napoleonischen Zeit

Hans Dollinger: *Preußen. Eine Kulturgeschichte in Bildern und Dokumenten.* Süddeutscher Verlag, 1980

Heinz Duchhardt und Karl Teppe (Hrsg.): *Karl von und zum Stein: Der Akteur, der Autor, seine Wirkungs- und Rezeptionsgeschichte.* Zabern, 2003

Georg Holmsten: *Freiherr vom Stein.* Rowohlt, 1975

Walther Hubatsch: *Die Stein-Hardenbergschen Reformen.* Wissenschaftliche Buchgesellschaft, 1977

Dieter Schwab: *Die „Selbstverwaltungsidee" des Freiherrn vom Stein und ihre geistigen Grundlagen.* Athenäum, 1971

37 Walther Rathenau und die Optimierung der deutschen Kriegsmaschine

Gerhard Hecker: *Walther Rathenau und sein Verhältnis zu Militär und Krieg.* Boldt, 1983

Christian Schölzl: *Walther Rathenau.* Hentrich & Hentrich, 2003

Harry Wilde: *Walther Rathenau.* Rowohlt, 1971

Hans Wilderotter (Hrsg.): *Die Extreme berühren sich. Walther Rathenau 1867–1922.* [Katalog zur Ausstellung des Deutschen Historischen Museums Berlin] Argon, 1993

Projekte und Prozesse

38 Baron Haussmann und die brachiale Umgestaltung von Paris

Joan Margaret und Brian Chapman: *The Life and Times of Baron Haussmann. Paris in the Second Empire.* Weidenfeld and Nicolson, 1957

Rosemarie Gerken: *„Transformation" und „Embellissement" von Paris in der Karikatur. Zur Umwandlung der französischen Hauptstadt im Zweiten Kaiserreich durch den Baron Haussmann.* Olms, 1997

Klaus Schüle: *Paris. Vordergründe – Hintergründe – Abgründe. Stadtentwicklung, Stadtgeschichte und soziokultureller Wandel.* Aries, 1997

39 Helmut Kohl und der 10-Punkte-Plan zur Wiedervereinigung Deutschlands

Manfred Görtemaker: *Der Weg zur Einheit.* [Informationen zur politischen Bildung, Bd. 250] Bundeszentrale für politische Bildung, 2001

Helmut Kohl, Kai Dieckmann und Ralf Georg Reuth: *„Ich wollte Deutschlands Einheit".* Propyläen, 1996

Selbstmanagement und Soft Skills

40 Alkibiades und sein unheilvolles Wirken in Griechenland

Edmund F. Bloedow. *Alcibiades Reexamined.* Steiner, 1973

David Gribble: *Alcibiades and Athens. A Study in Literary Presentation.* Oxford University Press, 1999

Platon: *Symposion.* Herausgegeben und übersetzt von Barbara Zehnpfennig. Meiner, 2000

41 Marc Aurel und seine aufrechter Kampf an allen Fronten

Marc Aurel: *Wege zu sich selbst.* Herausgegeben und übersetzt von Rainer Nickel. Artemis & Winkler, 1998
Lektüreempfehlung! Moderne, sehr gut lesbare Übersetzung des Klassikers

Enrico Monti: *Marc Aurel. Kaiser aus Pflicht.* Aus dem Italienischen von Heidemarie Böcker. Pustet, 2000

Klaus Rosen: *Marc Aurel.* Rowohlt, 1997

42 Maria Theresia, die erfolgreichste Politikerin der deutschen Geschichte

Peter Berglar: *Maria Theresia.* Rowohlt, 1980

Hans Jessen: *Friedrich der Große und Maria Theresia in Augenzeugenberichten.* Rauch, 1965

William McGill: *Maria Theresia.* Twayne, 1972

Severin Perrig (Hrsg.): *Aus mütterlicher Wohlmeinung. Kaiserin Maria Theresia und ihre Kinder – eine Korrespondenz.* Böhlau, 1999

Themen

Personen

Bildquellen

Abb. S. 26, Ullsteinbild

Abb. S. 41, Wikipedia

Abb. S. 47, Wikipedia

Abb. S. 72, AKG

Abb. S. 93, Wikipedia

Abb. S. 103, Wikipedia

Abb. S. 115, Ullsteinbild

Abb. S. 126, Ullsteinbild

Abb. S. 146, Wikipedia

Abb. S. 173, Wikipedia

Abb. S. 243, AKG

Der Autor

Aufgewachsen im bodenständigen Westfalen, studierte Jan Demas zunächst Jura, um etwas Anständiges werden zu können, danach Literaturgeschichte und Philosophie, um es nicht sofort werden zu müssen. Anschließend bündelte er seine Talente: Er arbeitete bei der Spitzenorganisation der deutschen Wissenschaft und Forschung, übersetzte Sachbücher und Romane, war in leitender Funktion in der Medienbranche beschäftigt und ist heute Mitinhaber eines Beratungsunternehmens. Der Frage, wie geistiges Erbe und modernes Leben eine neue Einheit bilden könnten, gilt seine besondere Neugier. Seit 2003 lebt Jan Demas in Berlin, für ihn Deutschlands Stadt der Freiheit im symbolischen wie alltäglichen Sinn.

Kontakt: jd@jan-demas.de